Wilhelm Gottfried von Moser

Neues Forst-Archiv zur Erweiterung der Forst- und Jagd-Wissenschaft und der Forst- und Jagd-Literatur

Dritter Band

Wilhelm Gottfried von Moser

Neues Forst-Archiv zur Erweiterung der Forst- und Jagd-Wissenschaft und der Forst- und Jagd-Literatur
Dritter Band

ISBN/EAN: 9783742869401

Hergestellt in Europa, USA, Kanada, Australien, Japan

Cover: Foto ©berggeist007 / pixelio.de

Manufactured and distributed by brebook publishing software
(www.brebook.com)

Wilhelm Gottfried von Moser

Neues Forst-Archiv zur Erweiterung der Forst- und

Jagd-Wissenschaft und der Forst- und Jagd-Literatur

Neues Forst-Archiv

zur Erweiterung der

Forst- und Jagd-Wissenschaft

und der

Forst- und Jagd-Literatur;

ehmals herausgegeben

von

Wilhelm Gottfried von Moser,

nun aber fortgeſezt

in Geſellſchaft mehrerer Gelehrten

und

erfahrner Forſtwirthe

von

D. Chriſtoph Wilhelm Jakob Gatterer,

Kurpfälziſchem würklichen Bergrathe, ordentl. öffentl.
Profeſſor der Landwirthſchaft, Forſt⸗ Fabrik⸗ und Handlungs⸗
wiſſenſchaft auf der Staatswirthſchafts hohen Schule
zu Heidelberg, und mehrerer gelehrten
Geſellſchaften Mitglied.

Dritter Band.
Mit einer Kupfertafel.

Ulm, 1797.
Im Verlage der Stettiniſchen Buchhandlung.

Inhalt.

I. Ungedruckte Abhandlungen.

1. Betrachtungen über verschiedene Gegenstände, welche einer pfleglichen Forstwirthschaft im Nordgau am meisten nachtheilig sind. S. 3.

2. Nachtrag zu den der nordgauischen Forstwirthschaft nachtheiligen Gegenständen; unmaßgeblicher Vorschlag zur Holz-Ersparung.

II. Uebersetzungen.

3. Nachricht von dem Zucker-Ahorn in den nordamerikanischen Freystaaten, in einem Briefe an Thomas Jefferson Esq. von Benjamin Rush; aus dem Englischen übersetzt. S. 49 — 73.

4. Anmerkungen des Herausgebers zu vorstehendem Aufsatze. S. 73 — 88.

III. Auszüge aus anderen Schriften.

5. Die Kultur des unächten oder weißblühenden Akazienbaums; ein gedrängter, doch fruchtbarer Auszug aus den Schriften des Hrn. Regierungsrath Medikus über diesen Gegenstand, von Joh. Christian Gotthard. S. 91 — 110.

6. Anmerkungen des Herausgebers zu vorstehendem Aufsatze. S. 111 — 114.

IV. Aeltere und neuere Verordnungen in Forst- und Jagd-Sachen.

7. Forstverordnungen für das Herzogthum Zweybrücken; vom 4. Aug. 1785. S. 117 — 146.

*3

8. Der

Inhalt.

8. Der Reichsstadt Nürnberg Dekret, die Lohe-Fichten betreffend; vom 10. May 1718. S. 146 — 149.

9. Fürstlich Hessen-Darmstädtische Verordnung, die Abstellung verschiedener Unordnungen in den Forsten betreffend; vom 20. April 1776. S. 149 — 162.

10. Churpfälzisches Rescript, die Forstgebühren vom Ausmessen herrschaftlicher Waldungen, und von der Abgabe des Brennholzes betreffend; vom 20. Märj 1745. S. 162 — 164.

11. Allgemeine Instruktionen für die Forste und Waldungen, festgesetzt durch den (französischen) Generaldirektor der Domainen und Contributionen in den eroberten Ländern zwischen Rhein und Mosel, in Gemäsheit der Verfügungen von dem Geschluß des Ausschusses des öffentlichen Wohls vom 8ten Fructidor des 3ten Jahres der einen und untheilbaren französischen Republik. S. 164 — 182.

12. Herzoglich Zweybrückische Verordnung, wegen Haltung der Ziegen und deren Beschränkung; vom 26. May 1791. S. 183 — 186.

13. Der Reichsstadt Nürnberg Dekret, wodurch den Vogelstellern das Abhauen der schönen, jungen, geschlachten Bäumlein verboten wird; vom 19. Juli 1731, und 21. Juli 1736. S. 186 — 187.

14. Fürstlich Hessen-Darmstädtische Verordnung, die Bestimmung der Jägd-Heege-Setz- und Prunft-Zeiten betreffend; vom 1. Juli 1776. S. 188 — 190.

15. Instruktion von der kurpfälzischen Hofkammer für die Renovatoren, in Gemäsheit welcher künftighin die Waldungen vermessen, aufgenommen und in Plan gelegt werden sollen; vom 22. Märj 1783. S. 190 — 202.

16. Der Reichsstadt Nürnberg Mandat, das Eichel-Klauben betreffend; vom 7. Sept. 1737. S. 203 — 204.

17. Churpfälzische Verordnung, die Errichtung eines besondern Churpfalz-Hof-Cammer-Forstamts betreffend; vom 27. April 1787. S. 205 — 211.

18. Der Reichsstadt Nürnberg Mandat, das Holzlesen und den Waldzins ꝛc. der Waldgenossen betreffend; vom 26. Nov. 1735. S. 211 — 213.

19. Chur-

Inhalt.

19. Churpfälzische Verordnung, die zu treffenden Anstalten bey entstehenden Bränden in den Waldungen betreffend; vom 17. Juni 1796. S. 213 — 215.

20. Der Reichsstadt Nürnberg Mandat, das Streurechen betreffend; vom 27. Sept. 1738. S. 215 — 217.

21. Churpfälzisches Rescript, die Begebung und Betreibung des Aeckerichs in den Waldungen, und die Versteigung und Anweisung des Brand-Holzes betreffend; vom 23. März 1740. S. 217 — 220.

22. Der Reichsstadt Nürnberg Mandat, das Holzen und die Waldhütung betreffend; vom 31. März 1736. S. 220 — 225.

23. Churpfälzische Verordnung, daß bey Vorgang deren Gemeinen Holzversteigungen durch die Ortsvorstände jedesmal die Forstbehörden zugezogen werden sollen; vom 9. Nov. 1796. S. 225 — 226.

V. Neuere Forst = und Jagd = Literatur.

24. Verzeichniß der auf der Oster-Messe 1796. neu erschienenen Forst- und Jagd-Schriften. S. 229 — 237.

25. Verzeichniß der auf der Michaelis-Messe 1796. neu erschienenen Forst- und Jagd-Schriften. S. 238 — 242.

VI. Vermischte Nachrichten.

26. Anzeige von der Herzoglich = Sächsisch = Gothaischen und Altenburgischen Societät der Forst = und Jagdkunde zu Waltershausen, nebst den vorläufigen Statuten derselben, 1797. S. 245 — 254.

27. Anweisung zur Akazien = Saat nebst Bekanntmachung der darauf gesetzten Belohnung für die Nürnbergischen Landleute und Gärtner, von der Gesellschaft zur Beförderung der vaterländischen Industrie 1796. S. 254 — 259.

28. Gutachten eines Forstverständigen über die Verschiedenheit des Waldmaaßes in den Rheingegenden. S. 259 — 265.

29. Bestimmung und Reduction des Nieder = Oesterreichischen Klafters auf das kurpfälzische Maas, nach der von dem k. k. Ober = Kriegs = Commissariat gegebenen Erklärung; vom 1. Dec. 1796. S. 265 — 266.

* 4   30. An.

Inhalt.

30. Anzeige der sämmtlichen gedruckten Schriften des Herrn Friedrich August Ludwig von Burgsdorf's, königlich preussischen Oberforstmeisters zu Berlin, nach ihrer Zeitfolge. S. 266 — 274.

31. Beschreibung und Abbildung der zum Torfbrennen dienlichen Heerde und Oefen. S. 275 — 280.

32. Von der besten Behandlungsart des Steinkohlenbrandes in Oefen zur Ersparung des Holzes. S. 280 — 283.

33. Forst- und Jagd-Personale in den sämmtlichen pfalzbaierschen Ländern zu Anfange des Jahres 1797. S. 283 — 313.

34. Preise von Holzsaamen, welche bey dem Hofjäger Streubel in Glasten ohnweit Grimma in Sachsen zu haben sind. S. 314.

I.

I. Ungedruckte Abhandlungen.

Betrachtungen

über

verschiedene Gegenstände,

welche

einer pfleglichen Forstwissenschaft im Nordgau
am meisten nachtheilig sind.

Vorbericht.

Der Gedanke, daß die wichtigsten Anstalten und nützlichsten Einrichtungen oft zwecklos oder unausführbar bleiben, wenn nicht vorher die denenselben entgegenstrebende Gegenstände gehoben werden, verleitete mich, jene Gegenstände zu sammeln, welche der besten Forstordnung für unser Nordgau am meisten nachtheilig sind, und sie mit einiger Erläuterung in gegenwärtiger Schrift niederzuschreiben, damit sie bey etwaniger in hierländischem Forstwesen vorzunehmender Veränderung zu einiger Einsicht dienen möchte.

Wir besitzen zwar ohnedem die beste und zweckmäßigste Forstordnung, die gewiß von jedem Unbefangenen mit Vergnügen bemerkt wird; allein nur die nachfolgenden noch obwaltenden übeln Gegenstände sind es, die dem allgemeinen Besten den Nutzen entziehen, den sie, wenn jene gehoben würden, über alle Klassen verbreiten würde; denn ohne Vertilgung derselben wird nie wahre Forstwirthschaftspflege erzielet werden können.

Möchte dieses ein Beytrag zur Steuer derselben werden, so würde es der schmeichelhafteste Gedanke für mich seyn, dadurch meinem Vaterland einigen Dienst geleistet, und meiner Pflicht Genüge gethan zu haben.

Der Verfasser.

Einlei-

Einleitung. *)

Welchen vorzüglichen Nutzen reichhaltige Wälder einem Staat und dem gemeinen Wesen verschaffen, muß jedem sogleich auffallen, wenn er die Nothwendigkeit und den täglichen und mannigfaltigen Gebrauch des Holzes auch nur obenhin betrachtet. Dieses wichtige Naturprodukt hat fast auf jeden Erwerbungszweig eines betrieb- und arbeitsamen Volkes den mächtigsten Einfluß, und eröffnet dadurch entweder unmittelbar oder mittelbar die ergiebigsten Geldminen, sowohl für die öffentlichen Einkünfte des Staats, als auch selbst für die Bewohner desselben.

Je ausgebreiteter also der Nutzen reichhaltiger Wälder ist, mit desto größerer Aufmerksamkeit müssen Mittel gewählet werden, welche die Aufrechthaltung und die ewige Andauer desselben befördern; und mit desto größerer Sorgfalt muß alles dasjenige aus dem Wege geräumet werden, welches demselben auf irgend

---

*) Das jetzige Nordgau, welches das wahre genannt wird, begreift den östlichen Theil des Fürstenthums Neuburg, zwischen der Oberpfalz und Baiern, und enthält die Aemter Burglengenfeld, Allersperg, Hilpoltstein, Ha'deck, Velburg, Luppurg, Berezhausen, Laaber, Schmidmühlen, Kallmünz, Schwandorf, Regenstauf und Parsberg.

A. d. H.

irgend eine Art schädlich und nachtheilig ist, damit nicht bey einreissendem Mangel alle jene nützlichen Gewerbe aufzuhören gezwungen seyen, welches ehevor der Ueberfluß veranlaßte.

Beym hierländischen Forstwesen möchten wohl nachfolgende 8 Abtheilungen die schädlichsten Gegenstände enthalten, welche jeder guten Anstalt zur Aufrechthaltung unserer Wälder, und jeder wahren Forstwirthschaftspflege die größten Schwierigkeiten in den Weg legen, oder wohl gar unausführbar machen; als:

Innhalt.

Innhalt.

1tens. a) Wenn Forstämter nicht mit Männern besetzt werden, die reelle und praktische Forstkenntnisse besitzen, so stehet den Wäldern ein völliger Ruin bevor.

b) Dieser Ruin aber wird noch mehr befördert, wenn die angestellten Förster nicht eine hinreichende Besoldung geniessen, wovon sie ehrlich leben können.

2tens. Ueber das allzugroße Forstpersonale im Nordgau.

3tens. Ueber den freyen und uneingeschränkten Holzhandel der Unterthanen.

4tens. Ueber die Forstgerechtigkeiten in gewissem Betracht.

5tens. Ueber das übermäßige Streurechen.

6tens. Ueber das Einhüten des Viehes in die Wälder und Schläge.

7tens. Ueber den Verkauf der Bau- und Werkhölzer nach dem betrüglichen Augenmaaße.

8tens. Ueber die unrichtige Vermarkung der Churfürstl. Waldungen im Nordgau.

§. 1.

§. 1.

a) Wenn Forstämter nicht mit Männern befetzt werden, die reelle und praktische Forstkenntniffe bifitzen, fo ftehet den Wäldern ein völliger Ruin bevor.

b) Diefer Ruin aber wird noch mehr befördert, wenn die angeftellten Förfter nicht eine hinreichende Befoldung genieffen, wovon fie ehrlich leben können.

a) In einem Staate, wo man den Nutzen reichhaltiger Wälder zu fchätzen weiß, muß wohl zuvörderft das vorzüglichfte Augenmerk auf jene Männer gerichtet werden, denen man die Obforge folcher Wälder anvertrauet; denn meiftentheils von ihnen, wenn fich anders keine wibrigen Naturbegebenheiten ereignen, hänget die Aufnahme ober der Ruin ganzer Reviere und Wälder ab. Man hat daher vorzüglich darauf Bedacht zu nehmen, daß man diefes für das öffentliche Wohl und für die Nachkommenfchaft fo höchft wichtige Amt Männern anvertrauet, deren Rechtfchaffenheit bewährt, deren Wiffenfchaft und praktifche Kenntniffe in diefem vielbegreifenden Fach geprüft, und deren Fleiß und Eifer unermübet ift! — Diefes find die Haupttugenden eines wahren Forftmanns.

Was die Rechtfchaffenheit betrifft: fo ift biefes fchon die Pflicht eines jeden Mannes, und der Staat ahndet vorzüglich das Vergehen gegen felbe an Männern, denen er öffentliche Aemter anvertrauet. Ich

fchränke

ſchränke mich daher blos darauf ein: Ein Forſtmann
muß praktiſche und reelle Kenntniſſe vom Forſtweſen beſitzen. Er muß es verſtehen, wie ein Wald forſtmäßig
zu behandeln, und beſonders wie das Wachsthum und
der Beſtand ſeines ihm anvertrauten Waldes beſchaffen
ſeye. Er ſoll geometriſche Kenntniſſe beſitzen, wie ein
Wald und deſſen anſtoßende Revieren aufzunehmen
ſeyen? Er muß es wiſſen, wie derſelbe zu ſchätzen und
ſein jährlicher Zuwachs zu berechnen ſeye, um beſtimmen zu können, wie viele Klafter Brennholz und wie
viele Stämme Bau- und Werkholz jährlich, ohne Nachtheil für die Folge, aus ſelben gefällt werden dürfen,
damit der Nachwuchs am Anfange, nach vollendeter
Abtreibung eines Waldes, ſchon wieder ſeine Haubarkeit
erreicht habe. Er muß die Einſichten haben, wie die
Abtreibung eines Waldes forſtwirthſchaftlich vorzunehmen, wie Haue zu führen, und Windbrüchen vorzubeugen ſeye; wie der Anflug auf den gemachten Schlägen
zu befördern, wie öde Gründe zu behandeln und zu be-
ſämen ſeyen, was zum Fortkommen und Wachsthum
junger Pflanzen gedeihlich, welches Erdreich dem Wachsthum dieſer oder jener Holzgattung dienlich, ferner wie
viel Jahre jede Holzgattung zu ſeiner Haubarkeit erfordere, welches Holz zu dieſer oder jener Gattung Nutz-
Werk- oder Bauholz dienlich und am beſten verwerthet
werden könne. Wie Bauſtämme zu behandeln, derſelben körperliche Innhalt zu berechnen, und ihre verhältnißmäßigen Preiſe zu beſtimmen und abzugeben ſeye.
Ueberdieß ſoll er einige mineralogiſche Kenntniſſe beſitzen, um ſeine ihm anvertrauten Reviere unterſuchen zu
können, ob nicht darinn Torf, Steinkohlen, Steinbrüche, Erzt, Quellen und andere für das Höchſtherrſchaft-
liche Intereſſe wichtige Produkte verborgen ſeyen. Er
ſoll auch hydrauliſche Wiſſenſchaften beſitzen, wie Waſ-
ſergebäude und Dämme vortheilhaft anzulegen, wie dem

                                        Aus-

Ausreißen der Ströme und Flüsse vorzubeugen, dieselben in ihren unschadhaften Lauf zu bringen, oder ihre
allenfallsige Schiffsbarkeit zu erhalten seye, damit nicht
durch die Gewalt des Stromes die Ufer zerstöret, oder
wohl gar die Gränzen beeinträchtiget werden, und dergleichen mehr, welches ich der Kürze wegen übergehen
muß. Zu allen diesen Kenntnissen und Wissenschaften
wird überdieß noch eine vieljährige praktische Erfahrung
erfordert, weil sehr viele Vorfälle in einem Walde obwalten, welche genau beobachtet und vernünftig entschieden werden müssen.

Hat hingegen ein Forstmann nicht alle diese Kenntnisse im möglichstvollkommensten Grade, welches Unheil
entstehet nicht sodann in einer Forstwirthschaft? Es
werden verkehrte Einrichtungen getroffen, es wird eine
falsche Oekonomie eingeführet, die einträglichsten Wälber werden abgeödet, sie werden durch verkehrt geführten
Hau ausgelichtet, und den schädlichsten Verwüstungen
der Stürme und Windbrüche Preis gegeben, oder wenigstens wird den gemachten Schlägen der nöthige Anflug entzogen, und weitschichtige Blößen bleiben unbe-
bauet; so entstehet dann nach und nach der Ruin der
Wälder ganzer Ländereyen, ein allgemeiner Holzmangel
ist die Folge davon, und mit ihm der Untergang vieler
Fabriken, Künste und Gewerbe, die ehevor der Ueberfluß dieses so wohlthätigen Produkts erzeugte.

Es bleibt daher entschieden, wie höchst wichtig einem Staat ein Forstmann von geprüften und ausgebreiteten Forstkenntnissen sey, dem Waldungen vom höchsten
Werth anvertrauet sind, von deren gehörigen Behandlung so vieles für das Interesse des Staats, der Einwohner und der Nachkömmlinge abhängt. — Wäre es
daher nicht billig, daß sich solche um das Vaterland so

sehr

sehr verdient machende Männer eines festen und hinreichenden Salariums erfreuen dürsten, wovon sie ehrlich
leben könnten?

b) Man vergleiche den Gehalt irgend eines nü-
tzenden Försters mit jenem eines Bedienten in irgend einer Stadt, und man wird finden, wie sehr das Salarium dieser oft zwecklosen Geschöpfe jenes des verdienst-
vollen Mannes übersteige. Hinreichende Lebensmittel
sind die Triebfeder in Geschäften, die Spannkraft in
Ausübung, die Aufrechthaltung der Rechtschaffenheit.
Wenn ersteres fehlt, und wenn noch überdieß dem Un-
bemittelten mehrere Ausgaben aufgebürdet werden, dann
erschlaffet der Muth in Ausübung, sein Geist wird un-
thätig, und selbst seine Rechtschaffenheit wird untergra-
ben. — Er muß als Familienvater auf Mittel denken,
wodurch er sich und seine Familie vor Dürftigkeit schü-
tzet, und dazu stehet ihm kein anderer Weg offen, als
daß er es zum größten Nachtheil des Staats mit jenen
Unterthanen hält, die niederträchtig genug sind, sich für
jede dem Förster angediehene Unterstützung zehnfach aus
dem Walde bezahlt zu machen. Er muß zuletzt selbst
mit Hand anlegen, seine zum Besten des Staats und
zum Wohl des gemeinen Wesens getroffenen Einrichtungen nunmehr zu Gunsten seiner habsüchtigen Unterstützer
zu vernichten, und mit beklommnem Herzen den Ruin
der Wälder befördern zu helfen, weil er nur darinn seine
Aufrechthaltung und sein Brod finden kann, dahingegen
wenn der Eifer dieses Mannes durch ein hinreichendes,
gewiß in gar keinen Vergleich gegen dem aus dem an-
gerichteten Schaden gezogenen Vortheils kommendes Gehalt unterstützt worden wäre, nicht allein dieser Schaden
vermieden, sondern noch dazu auf hundertfältige Weise
dem Staat und dem gemeinen Wesen genützet worden
wäre.

Der

Der Nutzen des Staats und das Wohl des gemeinen Wesens fordert es daher selbst, talentvolle Forstmänner mit einem hinreichenden und festgesetzten Gehalt zu unterstützen, wovon Sie und ihre Familie ehrlich leben können. Dieses Gehalt dürfte aber keineswegs aus Grundstücken oder Feldbau bestehen, denn wenn der Förster seiner Nahrung wegen das Feld zu bauen gezwungen ist, so muß schlechterdings dadurch die Waldaufsicht leiden, und wenn er sich auch die erforderlichen Leute dazu hält, so liegt jedem schon sein Gewinn zu nahe am Herzen, und seine Gegenwart wird zur Anspornung der Leute gleichfalls erforderlich, und folglich wieder dem Walde entzogen. Den Feldbau aber von Waldunterthanen bestellen zu lassen, ist noch gefährlicher, weil es diese Leute schlechterdings nicht als Scharwerk oder Frohndienst verrichten können, und daher sich für ihre dem Förster geleisteten Dienste ans dem Walde zu vergüten suchen werden. Meines Erachtens soll wegen den oben angeführten Gründen einem Förster nicht einmal eigener Feldbau, und noch weniger anderes Gewerbe erlaubt seyn, weil ein Forstmann für die Waldverrichtungen bestimmt ist, und für diese Verrichtungen durch ein festgesetztes Gehalt schon befriedigt werden müsse, daß er alles Uebrige dabey entbehren kann. Höchstens könnte ihm ein Garten, ein Kohlfeld, eine Wiese zum häuslichen Gebrauch gestattet werden.

Wie könnte aber ein so angesehenes Forstpersonale mit besserem Gehalt unterstützt werden, da selbe doch nur von dem jährlichen Ertrage des Waldes unterhalten, und derselbe durch alle Glieder verhältnißmäßig vertheilt werden müsse? — — Diese wichtige Frage hoffe ich in folgender Abhandlung zu beantworten. — —

§. 2.

§. 2.

Ueber das allzugroße Forſtperſonale im Nordgau.

Wie nachtheilig es einem Walde iſt, wenn der über ſelben geſetzte Förſter nicht durch ſein ihm ausgeſetztes Salarium eine hinreichende Verſorgung genießet, glaube ich ſchon in vorhergehender Abhandlung ſattſam bewieſen zu haben. Welcher Ruin aber muß es nicht für eine ganze Gegend ſeyn, wenn über deſſen Forſtreviere ein großes Forſtperſonale aufgeſtellet iſt, wovon die eine Hälfte nur halb, und die andere gar nicht zu leben hat, und beyde Theile doch leben müſſen? würde es wohl einer vernünftigen Forſtordnung zuwider laufen, wenn man anrathen wollte, daß ein allzugroßes Forſtperſonale vermindert würde? Zumal, wenn die Gegend ſo beſchaffen wäre, daß ſelbe auch durch ein geringeres Forſtperſonale hinlänglich verſehen werden könne? — Ich meines Erachtens glaube, daß dadurch eine beſſere Ordnung, ſo wie auch mehr Vortheil für das höchſte Aerarium und weniger Holzfrevel bewürkt werden könne. Durch eben dieſes Mittel würde auch von den Waldertragniſſen das kleinere Forſtperſonale beſſer beſoldet werden können.

Das Oberforſtmeiſteramt im Nordgau zu Burglengenfeld zum Beyſpiel begreift nach ſeiner heutigen Abtheilung 14 Forſtämter in ſich, wovon die Wohnörter der Förſter (die doch meiſtens in der Mitte ihres Forſtamtsbezirk liegen) nicht über zwey Stunden von einander entfernet ſind, folglich meiſtens in kleine Forſtreviere vertheilet iſt. Dieſe kleinen Forſtbezirke werden durch 7 Oberförſter, 6 Amtsförſter, und 7 denen Oberförſtern beygefügte Unterförſter, folglich durch 20 Mann verſehen. Bey einer gehörigen Ordnung und richtigen Vertheilung könnten dieſe 14 Forſtämter nach und nach

durch)

durch die Absterbung der darauf angestellten Förster ganz
füglich um einige vermindert werden, wenn die eingehen-
den kleineren Forstämter an die anstoßenden vertheilet,
und diese hernach mit tüchtigen Subjekten besetzt würden.
Durch dieses würde sich sogleich ein Fond darbiethen,
wovon die angestellten Förster gehörig unterstützt werden können.

Wie aber, wenn man durch die Vereinigung mehrerer Forstbeamter das Gehalt ihrer Förster zu vermehren suchen wird, entzieht man nicht eben durch diese
Vereinigung dem Walde seine gehörige Aufsicht, und
würde man dadurch nicht noch mehr die Holzdieberenen
befördern? Denn nachdem ungeachtet der Aufsicht mehrerer Förster diesem schädlichen Uebel nicht vorgebeugt
werden könnte, wie sehr, würde es überhand nehmen,
wenn die Aufsicht vermindert wird.

Die Holzdieberen würde, so lang den Unterthanen
der freye Holzhandel erlaubt ist, nicht vermindert
werden können, und wenn ein noch so großes Forstpersonale aufgestellet würde. Ein großes Forstpersonale
aber vermindert nach gegenwärtiger Einrichtung, und
nach einer eigenen Erfahrung die Holzdieberen nicht,
sondern befördert sie vielmehr. Oben in der ersten Abhandlung angeführte Gründe mögen es schon beweisen,
wie wahrhaft dieses ist. Vorzüglich aber und am al-
lermeisten befördern sie die Unterförster; sie sind das
schädlichste Insekt der Wälder, die, ohne den mindesten
Nutzen zu stiften, nur auf ihre eigene niedrige Habsucht
bedacht sind. Zehnmal besser würde es seyn, und zehnmal weniger Holzfrevel würde begangen werden, wenn
sie zu Hause ihre Besoldung verzehren müßten, und es
ihnen gar nicht erlaubt wäre, in den Wald zu gehen;
denn außerdem, daß, wenn der Oberförster eine Holzan-
weisung

weiſung vorzunehmen hat, ſie dabey zugegen ſind, und
das ihnen treffende Anweisgeld in Empfang zn nehmen,
haben ſie keine hauptſächliche Waldverrichtung; es ſeye
denn, daß ſie faſt tagtäglich, um ihre eigennützigen Abſichten auszuführen, die Waldungen und Reviere durch-
ſpähen, und ſtatt die Holz- und Waldfrevel zu verhindern, und gute und ſtete Nachſicht zu pflegen, werden
unter ihrer Begünſtigung Schläge abgehütet, der Wald
ausgelichtet, und alle möglichen Arten von ſträflichem
Unfug zum größten Schaden der Waldungen getrieben.
Es iſt eine ausgemachte Wahrheit, daß die Unterförſter
von ihrer äußerſt geringen Beſoldung unmöglich leben
können, und dennoch leben müſſen; und eben ſo wahr
iſt es, daß ſie gewiß beſſer leben, als mancher ehrlicher
Oberförſter! und dieſes geht mit ſehr natürlichen Dingen her.

Unter dem Vorwand, daß ſie von ihrer äußerſt geringen Beſoldung ohnmöglich leben können, werden zu
allen Zeiten des Jahres Sammlungen von allen möglichen Bedürfniſſen, die nur immer in einer Hauswirth-
ſchaft gebraucht werden können, im ganzen Forſtrevier
angeſtellt, und theils durch Impertinenz, theils durch
Drohungen ſo viel von den Forſtunterthanen erpreßt,
daß auch noch ein großer Ueberfluß zum Wiederverkauf
übrig bleibt, der denn zu Geld gemacht wird.

Die Bauern, gereizt durch den Gewinn des freyen
Holzhandels, geben dieſes meiſtens alles willig und im
vollſten Maaße, weil ſie ſchon wiſſen, wodurch ſie ſich
vielfältig wiederum dafür bezahlt machen können, welches natürlich der Wald erſetzen muß. Verſchmitzte
Holzdiebe, die meiſtens am ſtärkſten den Holzhandel
treiben, ſtellen ſich daher, zumal bey ihren Sammlungen, viel freygebiger mit ihren Geſchenken und Dienſt-
                                                    aners

Anerbiethungen ein. Wird ein solcher in Betretung eines Waldfrevels von dem Unterförster erwischt, so wird die Sache im strengsten Geheim behandelt, und das Ganze in aller Stille beygelegt, ja öfters selbst die Gelegenheit an Hand gegeben, wie sie sich für das Geleistete aus dem Walde wieder vergüten können. Erwischt nun einen solchen Holzfrevler der Oberförster, so läßt er sich lieber doppelt strafen, als daß er etwas von seinen Verträgen mit dem Unterförster offenbaret, der ihn schon wieder bey guter Gelegenheit zu entschädigen weiß. Doch treibt dieser sein Gewerbe etwas gar zu bunt, und der Unterförster befürchten muß, dadurch in Verdacht zu kommen, so setzt er ihn wohl selber mit einigen Kleinigkeiten auf die Waldstrafe, der er sich auch ganz willig unterwirft, weil er dadurch die Ehre seines Beschützers rettet, der auf diese Weise noch dazu allen Argwohn des Unterschleifes von sich abzulehnen, und den Fleiß und Eifer zu beweisen glaubt, wodurch seine Existenz für den Wald so wichtig wird.

Um aber von allen Waldertägnissen ihren schädlichen Gewinn zu ziehen, so unterhalten die Unterförster mittels ihrer Söhne, wovon sie immer einen oder zwey zu Hause behalten, einen geheimen Wildprethandel, und sind daher, so zu sagen, privilegirte Wildschützen, vor deren Nachstellung kein Wild im Walde sicher ist, wenn sie es anderst, ohne entdeckt zu werden, verwerthen können. Damit wissen sie sich auch so manchen wichtigen Gönner und Beschützer zu verschaffen, und zu erhalten, der aus den besten Gründen ihre Nutzbarkeit anzurühmen weiß. Hört der Oberförster im Walde einen Schuß, und geht darauf zu, so heißt es: Ich habe auf einen Hund, eine Katze, einen Raubvogel geschossen, und gefehlt; wenn schon in irgend einem Dickicht ein Stück Wild verborgen liegt. — So setzen sie und ihre Söhne

Tag und Nacht, immer unter dem Vorwand der uner-
müdeten Aufſicht, ihre Nachſtellungen fort, nehmen wieder ihr Mittag = und Abendeſſen bey den Bauren, die
ſie mit all ihren Delikateſſen bewirthen müſſen.

Nicht von ihrer weiſen Oekonomie alſo, und noch
weniger von ihrem geringen Gehalt, ſondern von ihren
Sammlungen, von Holzunterſchleif und ihrem geheimen
Wildpretthandel nur allein können ſich die Unterförſter
ſolche Geldſummen erwerben, womit ſie ſich ſo viele liegende Gründe, Güter und Eigenſchaft anſchaffen können, und ſelbſt dieſe Gründe und Aecker laſſen ſie ſich
wieder von den Waldunterthanen beſtellen, wozu ſie öfters zu deren Beſämung den Saamen ſelbſt mitbringen
müſſen. Ueberhaupt müſſen ihnen die Bauren alle
Feld = und ökonomiſchen Arbeiten unentgeldlich verrichten, als Streue und Dung führen, ackern, ſäen, ärnd-
ten, und dergl.

Dieſer für den Landmann, beſonders in der Aernd-
te ſo koſtbare Zeitverluſt, und die ſchwere Arbeit kann für
ihn keine ſo leichte Aufopferung ſeyn, da er dadurch ſeine
eigenen Geſchäfte verſäumet, und wie kann die Verſäum-
niß und die ſchwere Arbeit dem Bauer anderſt, als aus
dem Walde vergütet werden?

Ja ſogar Handwerksleute, als Schuſter, Schnei-
der, Weber, ſind von den Erpreſſungen der Unterförſter
nicht befreyt, und müſſen ihnen ihre Arbeiten zum Theil
umſonſt verrichten. Selbſt die ärmſten Landleute, als
Hirten und Taglöhner, die ſich jeden Biſſen Brod mit
ihrem Schweiſe und der härteſten Arbeit verdienen,
müſſen ihnen umſonſt ſtricken, ſpinnen, ja ſogar Beeſen
binden und dergl. mehr unentgeldlich verrichten, und ſollen dieſe mit allem dem ein Opfer zu machen im Stande
ſeyn?

seyn? oder wird nicht dadurch die Zahl der Holzfrevler vermehrt?

Und damit sie über alles, womit noch einiger Nußen im Forstwesen gestiftet werden könnte, ihr schädliches Gift verbreiten, so bestreben sich die Unterförster äusserst, auch die Jägerbursche, auf deren Treue sich der Oberförster verlaßen zu können glaubet, mit in ihr schädliches Gewerbe zu verwickeln, laßen selbige anfänglich an ihren Vergnügungen Theil nehmen, und nachher durch Ueberlaßung eines Theils ihres schädlichen Gewinns suchen sie selbe ganz auf ihre Seite zu ziehen; diese müßen ihnen nun genauen Rapport bringen, welche Verrichtungen der Oberförster vorzunehmen hat, um dadurch desto ungestörter ihre eigennüßige Habsucht ausführen zu können.

Alles dieses, glaube ich, beweiset überflüßig, wie schädlich diese Art Leute dem Forstwesen sind, deren Verheerungen aber nicht anderst, als durch eine völlige Ausrottung ihrer Existenz kann gesteuert werden. Denn obwohl ihnen schon öfters dergleichen oben beschriebene Sammlungen und Schaarfuhren von höheren Orten aus untersagt worden sind, so wißen sie es doch so einzurichten, daß ihnen die Leute alles dieses selbst unter dem Namen eines Verkaufs ins Haus hinein nachtragen, und die Fuhren, als würden sie bezahlt, verrichten; denn dieses ist eine Kette, die unauflösbar zusammenhängt, weil das Intereße des einen, wie des andern auf das engste mit einander verbunden ist, und einer den andern ohne seinen größten Schaden nicht verrathen kann; denn, leistet der Bauer dem Unterförster seinen Tribut nicht, so höret der Holzunterschleif und die fette Viehweide auf; und höret der Unterschleif und Viehweide des Bauren auf, so verlieret der Unterförster seine Schinken, Eyer, Schmalz, Butter und übrigen Revenüen,

daher kann in diesem Punkt kein gerichtlicher Beweis
gegen sie aufgeführt werden.

Allein ihr Eigenthum, die Aussteuer ihrer Kinder,
und ihre übrige Lebensart mag schon zum hinlänglichen
Beweise dienen, daß sie sich dieses alles nicht von ihrem
Gehalte ersparen können, und ihr geringes Gehalt selbst
beweiset schon, daß sie sich anderer Mittel bedienen müssen, um ihr Auskommen zu finden, daß sie aber diese
Mittel sehr wohl zu benutzen wissen, überzeuget schon ihr
gegenwärtiger Vermögenszustand; denn obwohl so mancher ganz unbegütert auf so einen Dienst gekommen, so
sind sie doch gegenwärtig alle wohlhabende Leute, die
auch wohl ohne dieses geringe Gehalt ihr Auskommen
hätten.

Da aber dergleichen Leute so höchst überflüssig, ja
schädlich bey dem Forstwesen sind, würde dann ein Staat
unrecht handeln, wenn er sie nach und nach eingehen
und aussterben liesse? Der Wald würde dadurch von
einem verheerenden Insekt, und der Unterthan von einer
Qual befreyet werden. Die Aufsicht des Waldes könnte
ohnedem und gewiß vorzüglicher durch die Oberförster
mit ihren Jägerburschen, über welche sie ein völliges
Recht haben, folglich auch jedes Vergehen besser ahnden
und vorbeugen können, besser betrieben werden, zumal
wenn der freye Holzhandel der Unterthanen mehr be-
schränkt würde, von dem in nachfolgender Abhandlung
mehreres erörtert wird.

Der Einwurf könnte hier freylich noch gemacht
werden: Wenn man die Unterförster eingehen liesse,
wer würde die Controlle gegen die Oberförster führen;
diese könnten nachher nach ihrem freyen Willen schalten,
und das Uebel würde ärger, als zuvor werden. So gut
und zweckmäßig auch immer die Controlle seyn mag;

so glaube ich, daß die Unterförster eben nicht die geschick-
testen sind, eine Controlle zu führen, weil die wenigsten
nur zur Noth ihren Namen schreiben können. Ueber
das! was kann von so einer Controlle wohl erwartet
werden, wenn der Ober - und Unterförster aus Unzuläng-
lichkeit ihrer Besoldung gezwungen sind, es mit einander
zu halten, und zum Nachtheil des höchsten Aerariums
einander ihren Unterhalt befördern zu helfen? und endlich, wer führt den beyden Amtsförstern, denen keine
Unterförster beygefügt sind, die Controlle?

Es wird ohnedem schon die Nachsicht vom Oberforstmeisteramt in allen Forstämtern gepflogen, und
wäre überdieß noch eine besondere Controlle nöthig, so
wäre sie gewiß vorzüglicher, wenn sie von Männern gepflogen würde, die sonst nichts weiteres im Walde zu
suchen haben.

Betrachtet man nun überhaupt allen den Schaden,
den ein großes Forstpersonale anrichten kann, wenn es
kein hinreichendes Gehalt zu genießen hat, und also gezwungen ist, sich Mittel zu bedienen, die nichts weniger,
als den völligen Ruin der Waldungen nach sich ziehen
können, so kann für das Forstwesen gewiß nichts wichti-
geres seyn, als dagegen baldigst die besten Maasregeln
und vortheilhaftesten Abänderungen zu treffen.

§. 3.
Ueber den freyen und uneingeschränkten Holzhandel der Unterthanen.

Was den Werth oder Unwerth des eigentlichen
Holzhandels im Großen betrifft, welchen ein Land mit
Auswärtigen treibet, lasse ich unberührt. In gegenwärtiger Abhandlung verstehe ich blos jenen Holzhandel
im Kleinen, den die Bauren in den nächsten Städten
oder

oder Flecken treiben, und welcher, wenn er nicht ganz
abzuſtellen ſeye, doch nur unter gewiſſen Einſchränkungen
von denſelben betrieben werden ſolle.

Es iſt augenſcheinlich, daß meiſtens dieſer freye
Holzhandel die Bauren zur Holzbieberey verleitet, da
ihnen nichts einträglicher ſeyn kann, als eben dieſer Handel,
weil ſie weiter nichts, als ihre Arbeit daran zu ſetzen
brauchen, die ihnen der Verkauf dieſes Holzes überflüſ-
ſig bezahlet.

Die gefährlichſten von allen Holzbieben aber ſind
jene Bauren, die eigenes Gehölze haben; denn, wenn
ſie nicht gleich auf der Stelle von dem Förſter ertappt
werden, und ſich erſt das geſtohlene Holz in ihren Höfen
vorfindet, ſo wiſſen ſie ſchon in ihrem Gehölze friſche
Stöcke, die ſie immer vorräthig haben, dem Förſter nach-
zuweiſen, welchen ſie ſodann unter den häufigſten Be-
ſchimpfungen wieder fortſchicken. Auf dieſe Weiſe wiſſen ſie ſich ein großes Quantum Holz aus den Churfürſtl. Wäldern zu verſchaffen, womit ſie ſofort die nächſ-
ſten Städte und Flecken verſehen, deren Einwohner frey
geſtehen, daß ſie ihr benöthigtes Brennholz viel wohlfeiler von den Bauren, als von denen Forſtämtern erhalten.

Durch dergleichen Holzfrevel aber leidet nicht nur
allein der Wald an dem Abgang des Holzes, der dadurch ausgelichtet und entblößt wird, ſo ſehr, daß es
nöthig wäre, mit der Holzabgabe zurückzuhalten, weil
ſonſt Holzmangel einreiſſen würde, ſondern auch dadurch
wird dem Walde ſchon ein unerſetzlicher Schaden zugefügt, daß ſolche Plätze, die wegen ihrer Lage ſo ſehr dieſen Diebereyen ausgeſetzt ſind, oft über 50 und 60 Jahre öde und unbewachſen liegen bleiben müſſen, bis dahin
der forſtmäßige Hau trifft. Welchen faſt nicht zu berechnen.

rechnenden Verlust dieses verursachet, erhellet klar daraus, wenn man bedenkt, daß ein solcher Platz, der jetzt
schon das brauchbarste Holz geliefert, bis er wieder seinen
haubaren Stand erreicht, nochmal so viel Zeit erfordert,
als jener, wo ein ordentlicher Hau geführet worden.

Würde daher dieser Holzhandel den Unterthanen
gänzlich untersagt, so würde sich diese Holzdieberey nicht
nur von selbst aufheben, sondern die Holzbedürftigen wären gezwungen, ihr benöthigtes Holz selbst auszunehmen,
durch welches gewiß die Höchstherrschaftliche Forstkasse
einen Zufluß von beträchtlichen Summen, die gegenwärtig die Bauern widerrechtlich beziehen, erhalten würde, weil alles dasjenige, was die Städte- und Flecken-
bewohner für ihr Holz bezahlen, in die Forstkasse flies-
sen würde, indem doch ein jeder seine jährlichen Holz-
bedürfnisse nöthig hat, welche er nunmehr durch den ordentlichen Weg sich verschaffen müsse, welches auch schon
überdieß für den Wald weit nützlicher wäre, weil alles
dasjenige in ordentlichen Hau genommen würde, so in
seinem gleichen Anflug wieder aufwachsen könnte. Ueberdieß könnten die Waldungen mit dem halben Forstpersonale besser versehen, und den übrigen Holzfreveln eben
so gut vorgebeugt werden, als mit noch so vielen Leuten.

Es ist freylich die Pflicht der Förster, die eifrigste
und stete Nachsicht in den Wäldern zu pflegen; allein
der eifrigste Förster ist nicht im Stande, alles zu hüten,
und denen schlauesten Ausspähungen entgegen zu arbeiten, besonders wo gering besoldete Unterförster vorhanden
sind, die meistens selbst die Unterhändler davon machen.
Es werden zwar des Jahrs hindurch sehr viele des
Waldfrevels halber gestraft, allein dieses macht wenig
Eindruck auf sie, sie warten nur vielmehr die Gelegenheit ab, sich für das bestrafte Geld wieder aus dem

Walde

Walde bezahlt zu machen. Geldſtrafen wirken daher auf verſchmißte Holzdiebe nur ſehr wenig: vielleicht würden Leibesſtrafen bey jenen mehr Wirkung haben, wenn ſie, nachdem ſie den Werth des geſtohlenen Hol‑ zes erſetzet, noch damit belegt würden. Es lieſſe ſich hoffen, daß ſie dieſe mehr von dem Holzfrevel abſchreckte.

Damit aber Unterthanen, welche ein übriges Holz aus ihren Wäldern entbehren können, im Verkauf deſ‑ ſelben nicht gehemmet werden, ſo könnte derſelbe unter gewiſſen Bedingungen, und zwar mit jedesmaligem Vorwiſſen des Förſters, denenſelben geſtattet werden, damit nicht mit Herrſchaftl. Holz ein Unterſchleif ge‑ macht werde.

In Betreff dieſes Holzhandels aber würde es noch immer gefährlich bleiben, wenn ſelbſt Förſter aus unzu‑ reichender Beſoldung und Nahrungsſorge daran Antheil zu nehmen gezwungen wären, welchen Schaden dieſes anrichtet, erhellet ſchon aus vorhergehenden Abhand‑ lungen.

Da aber der Holzhandel nur einzig denen Forſt‑ ämtern aus denen herrſchaftl. Walbungen, und nicht de‑ nen Unterthanen zuſteht, ſo würde es einer pfleglichen Forſtwirthſchaft gewiß vortheilhaft ſeyn, wenn, wo es anders die Umſtände erlauben, ein beſonderer Platz ein‑ gerichtet werde, wo man ſowohl Bau‑ als Brennholz vorräthig aufbewahren könnte, um damit die Untertha‑ nen zu allen Zeiten des Jahres nach ihrer Nothdurft mit einem guten und ausgetrockneten Holz verſehen zu können: worüber ſowohl über den Ab‑ als Zugang ein doppeltes Regiſter ſowohl vom Oberforſtmeiſteramt, als Förſter geführet, und dadurch allem Unterſchleif vor‑ gebeugt werden könnte.

§. 4.

§. 4.

Ueber die Forstgerechtigkeiten im gewissen Betracht.

Die Forstgerechtigkeiten (glaub ich) sind Gnaden, so Landesfürsten in den ältesten Zeiten den Unterthanen ertheilet, um die Wälder von dem unnützen Klaubholze, und die Schläge von denen Stöcken zu reinigen, und ihnen dieselbe gegen Erlegung eines gewissen und sehr geringen Waldzinses überlassen haben. — Zu damaligen Zeiten, wo die Gegenden noch nicht so sehr bevölkert, folglich auch an Holz noch kein so großer Mangel war, war dieses gewiß eine der weisesten Verordnungen, gegenwärtig aber, wo der Holzmangel schon fühlbarer wird, und wo die Unterthanen durch den Holzhandel so sehr gereizt werden, wollen die Stöcke und das Klaubholz nicht mehr für ihre Gewinnsucht hinreichen: sie maßen sich daher auch dürre Stämme an, von welchen sie vorgeben, daß auch diese unter ihrer Gerechtsame begriffen wären, und um dieselben zu vervielfältigen, hauen sie auch frische Stangen unvermerkt mit etlichen Hieben an, damit sie nach und nach abstehen und austrocknen, und so ihrer vermeinten Gerechtsame heimfallen. Ueberdieß, da an den ihnen bestimmten Holztagen mehr als hundert dergleichen Leute in dem ganzen Wald herumschwärmen, folglich die Gegenwart der Förster nicht überall gleich vertheilt seyn kann, so tragen sie auch kein Bedenken, ganze Fuhren frische und gesunde Stämme auszuhauen, und durch dieses unverzeihliche Verfahren die Stangenhölzer auf die nachtheiligste Art auszulichten. Und wenn selbst dergleichen Holzfrevler von den Förstern gepfändet werden, so ist die schwerste Geldstrafe nicht hinreichend, den Schaden zu ersetzen, den dieselben dem Walde und dem höchsten Interesse zufügen; denn es fordert vielleicht einen Zeit-

raum

raum von einem Jahrhundert, bis die ordentliche Reihe
des Haues diese Gegend trifft, während welcher Zeit
solche Plätze öde und unbewachsen liegen bleiben müssen, und den wieder eben so langen Zeitraum, bis der
Schade durch die gewachsene Bäume wieder ersetzt wird.
Ueberdas werden auch mehrere Kosten und Mühe erfordert. solche durch das Auslichten verwaßte Plätze wieder
zu besämen. Es wäre vielleicht der Schaden noch ver-
zeihlicher, wenn sie Bäume von jenem Platze entwendeten, denn das nächste Jahr der Hau trifft, weil wenigstens zu deren Nachwuchs nur ein Zeitraum erfordert
würde. Ob nunmehr aber eine forstwirthschaftliche
Ordnung nicht erfordere, solche Gerechtsame gänzlich auf-
zuheben, wird den Berathschlagungen des allgemeinen
Besten heimgestellet. Der Unfug aber, der dabey getrieben wird, dürfte hingegen auf alle Fälle eingeschränkt
werden.

Es würde immer schon eine Wirkung haben, wenn
es forstberechtigten Unterthanen verboten wäre, dürre
Stangen als Forstrecht umzuhauen, und ihnen blos die
Stöcke, Wurzeln und Aeste der neugemachten Schläge
als ihre Gerechtsame eingeräumet würden. Dieselben
könnten sie ausgraben, zusammenräumen, und sodann
an einem bestimmten Tag im Beyseyn des Försters aus
dem Walde abführen. Gut wäre es auch, wenn ihnen
das Sammeln durch den ganzen Wald untersagt würde;
denn dieses Herumstreifen ziehet wieder nichts anders,
als gelegentliche Holzdieberyen nach sich.

§. 5.
Ueber das übermäßige Streuerechen.

Die Natur scheint es in ihrem Gesetz verordnet zu
haben, daß Bäume im Herbst mit ihrem Laub und Nadeln ihre Wurzeln bedecken, um sie vor des Winters
Kälte

Kälte und Frost, so wie auch vor des Sommers brennenden Sommerhitze und Trockne zu beschützen, und
daß zugleich im Frühjahr die durch den schmelzenden
Schnee, den Regen und der eintretenden Wärme in
Fäulniß übergehende Streue eben diese Wurzeln beßere
und kräftigere Säfte zubringe, die ihren Wachsthum
befördern und verschönern.

Daher erzeugen Wälder, die keines Frevlers Hand
beschädiget, noch die Habsucht ausplündert, sondern die
ganz der pflegenden Hand der Natur überlaßen worden,
Bäume von ungeheurer Größe, Schönheit und Stärke.

Zwar können in bewohnten Gegenden, wo man
alle Produkte der Natur zu benutzen suchet, und wo sie
zuletzt selbst zur Nothdurft werden, vorzüglich aber die
Produkte der Wälder, nicht so ganz verschonet bleiben;
ja vielmehr sind sie als Wohlthaten von der Natur dem
Menschen bescheeret, wenn sich der Mensch derselben nur
mit Maas bedienet, und ihr nicht selbst das Nöthige zu
ihrer ferneren Wirkung entziehet.

Die Streue also ist sowohl zur Beschützung als
Begailung der Bäume äußerst nöthig, und wo sie den
Wäldern übermäßig entzogen wird, da leidet das Wachsthum der Bäume, die Jahresschübe werden nicht so
lang, und können daher nicht so viele Nadeln ansetzen,
folglich auch nicht so viele Streue abwerfen; wird ihnen
auch diese wieder entzogen, so wird von Jahr zu Jahr
der jährliche Holzzuwachs schwächer, welches durch das
Ganze einen unersetzlichen Schaden verursachet.

Eine zweckmäßige und gesetzliche Verordnung
könnte auch in diesem Zweige der Forstwirthschaftspflege
von vorzüglichem Nutzen seyn.

In

In den meiſten unſerer Nadel- vorzüglich Ziegen-
wälder im Nordgau wird des Jahres zweymal alle
Streue rein ausgerechet, ſo daß auch nicht ein Plaß
von einer Quadratruthe übrig bleibt; ja ſelbſt die jungen
Anflüge bleiben nicht verſchont; wie ſoll daher von dieſem jungen Gebüſche ein guter Nachwuchs zu erwarten
ſeyn, wenn ihnen ſchon in den erſten Jahren ihre natür-
liche Decke und ihre Begallung, die ihnen in unſerm
hieſigen ſandigen Boden ſo äußerſt nöthig wäre, entzogen wird? Nimmermehr werden wir unſern Nach-
kömmlingen ſolche Bäume ziehen, wie uns unſere Väter
überlaſſen haben.

Zwar hat ein löbl. Oberforſtmeiſteramt im Nordgau ſchon vor mehreren Jahren gegen dieſen verheerenden Unfug öfters gewaltig geeifert, aber minder im
Forſtweſen Erfahrne ſchreyen dagegen: wenn die Unterthanen nicht hinlängliche Streue bekommen, ſo können ſie ihren Feldbau nicht gehörig beſtellen, folglich
ihre aufhabende Gülten nicht mehr geben, und es leidet
ſelbſt der jährlich fallende Zehend darunter.

Die Urſache, warum jeßt die Streue nicht mehr
hinlänglich ſehe, da ſie doch ehedem überflüßig geweſen
wäre, und nie ganz abgerechet wurde, möchte wohl immer in angeriſſenen Mißbräuchen zu finden ſeyn. Ein
alter Bauer aus dem Forſtamte Kallmüß verſicherte
mich, daß in ſeiner Jugend der Churfürſtl. Forſt Raſſa
nicht um die Hälfte ausgerechet wurde, und doch jedermann Streue im Ueberfluß hatte, die übrige blieb in
dem Wald liegen, und verfaulte; hingegen zeigt auch
noch jener Holzſtand ſeine vollſte Stärke und Schönheit, da uns der jeßige nur ſpröde Stangen und magere
Zigen aufweiſet.

Freylich

Freylich mag die Bevölkerung im Nordgau um
vieles zugenommen haben, aber dagegen haben auch
die Waldungen nicht abgenommen, vielmehr sind seitdem viele öde Gründe mit Holz angebauet worden, die
schon hinlänglich Streue liefern. Allein man werfe noch
einmal einen Blick auf §. 3. zurück, und ziehe nur einigermaßen wieder, die durch den freyen Holzhandel den
Unterthanen übermäßig veranlaßten Holzdiebereyen in
Betrachtung. Jeder Unbefangene muß es gestehen,
daß nach Gestalt der Waldung in jedem Forste jährlich so viel Holz entwendet wird, welches zusammen
3, 4 bis 5 Fuhren Streue des Jahrs abwerfen möchte,
und da die Holzdieberey meistens im Auslichten solcher
Plätze besteht, wohin der ordentliche Hau oft in 40 oder
50 Jahren erst trifft, so wird durch selbe in einem solchen Zeitraum ein ungeheures Quantum der Landökonomie entzogen; denn, wenn auf eine solche Art jährlich
dem Walde 5 Fuhren Streue entzogen werden, so betragen solche schon nach einer probmäßigen Berechnung
in 10 Jahren 275, und in 20 Jahren 1050 Fuhren.
Wie kann es nun anderst kommen, als daß nicht in der
Länge der Zeit die durch Holzdieberey immer zunehmen-
de Abnahme der Streue einen Mangel verursachet, welcher sowohl in der Forst- als Landökonomie allgemein
gefühlt werden muß.

Ferner glaube ich, daß der allzugroße Viehstand,
den die Bauren seit mehreren Jahren zu unterhalten angefangen haben, diesen nun schon so sehr fühlbaren Mangel der Streue nur noch vermehre. So rühmlich und
vortheilhaft die Viehzucht auch immerhin seyn mag, so
glaube ich doch, daß es einer nähern Untersuchung werth
wäre: ob ein allzugroßer, über die Kräfte des Landes
gehender Viehstand dem gemeinen Wesen in der Folge
nicht vielmehr schädlich, als nützlich seye? und ob es
nicht

nicht beſſer wäre, wenn man ſelben in ſeine Gränzen
wieder zurück führe. Wenn man überlegt, daß die
Bauren nicht hinreichende Weidenſchaft, und für den
Winter viel zu wenig grüne Fütterung für all ihr Vieh
haben, und deßwegen alles Stroh verfüttern müſſen, damit ſie dieſes Vieh den Winter hindurch nur kümmerlich
beym Leben erhalten, folglich kein Stroh zum einſtreuen
übrig behalten, und ſich zu dieſem Endzweck ganz und
gar der Waldſtreue bedienen müſſen, daß aber eben dieſe
in unſern Wäldern nur zu habende Nadelſtreue ſelbſt
zur Begailung der Felder zum Getreidbau mehr ſchäd-
lich als nützlich ſeye, weil dieſe ſpröden Nadeln für den
hierländiſchen hitzigen Sandboden viel zu mager, und
zur Düngung deſſelben faſt untüchtig ſind, ſo glaube
ich den Schluß machen zu dürfen: daß ein geringerer,
dem Landesverhältniß angemeſſener Viehſtand demſelben
viel einträglicher wäre. Die Bauren würden dadurch
mehr Stroh zum Streuen übrig behalten, und dadurch
fetteren Dung gewinnen, womit ſie ihre Felder beſſer
begailen, folglich auch mehr Stroh und Getraide für
die Folge ziehen würden; welches im Allgemeinen gewiß mehr Nutzen bringen würde, als die jetzige magere
Viehzucht.

Dieſer Nutzen würde freylich noch mehr erzielt
werden können, wenn im Nordgau die Stallfütterung
eingeführt würde, weil man dadurch mit wenigerem Vieh
viel mehrern und beſſern Dung erhalten würde, welches
aber freylich nicht ohne viele Mühe und Schwierigkeit
hergehen möchte, weil noch viele, dieſer nützlichen Anordnung widerſprechende Gegenſtände obwalten, die alle
aus dem Weg zu räumen wären, und dennoch fordert
der Holzſtand und eine pflegliche Forſtwiſſenſchaft dieſe
nützliche Anordnung ſo ſehr! Wenigſtens ſollte eine
beſſere Einrichtung und Ordnung in dieſem übermäßigen
Streue-

Streuerechen eingeführt werden, damit doch der Natur
das wenige bleibe, was sie so sehr zu ihrer Wirksamkeit
fordert, und die Wälder im Nordgau nicht gänzlich zu
Grund gerichtet werden.

Dieser unmaßgeblichen Ordnung und Einrichtung
zu Folge, würde es dem Walde sehr einträglich seyn,
wenn sowohl denen forstberechtigten Unterthanen, welche
die Streue unentgeldlich erhalten, als auch jenen, welche
sie bezahlen müssen, jeden nach Verhältniß ihrer Feld-
gründe, dem Jauchert nach, wie es der Waldstand leidet, einen verhältnißmäßigen Streubogen eingeräumt
würde, und dieses zwar in Gegenwart des Oberforstmeisters und Kastenamts, und zwar deßwegen in Beyseyn des Kastenamtes, damit dasselbe selbst das Einsehen
habe, und die Unterthanen nicht (wie es schon geschehen)
jene unbilligen Beschwerden anbringen könne, als gebe
ihnen das Oberforstmeisteramt nicht hinlängliche Streue
genug, um ihre Gülten bezahlen zu können. —

Die Streue fuhrenweise zu verkaufen oder abzugeben, und nicht in bestimmte Bogen zu vertheilen, hat
immer sehr viel nachtheiliges, weil der Förster unmöglich bey jeder Fuhre Streue zugegen seyn kann, und
und jeder Bauer sagen könnte, er habe die Anzahl seiner
bedungenen Fuhren noch nicht erhalten. Dadurch würde immer der Wald wieder ganz ausgerechet werden,
hingegen wenn jeder seinen ihm angewiesenen Bogen,
der seinem Feldbau angemessen ist, so wie es der Waldstand leidet, erhält, so läßt er eher die Streue längere
Zeit zusammen fallen, um dadurch die vielen Arbeits-
kosten zu ersparen. Es würde daher nicht alle Jahre
auf einem Platz gerechet, wo denn immer etwas verfau-
let, welches für das Wachsthum der Bäume gedeihlich
ist. Auch könnten durch diese Einrichtung die jungen
Gebüsche ganz davon befreyt bleiben.

Ich

Ich überlasse daher dieses der Sorgfalt des gemeinen Bestens; gewiß würde es für das gemeine Beste vortheilhaft seyn, wenn das Unwesen des übermäßigen Streuerechens in etwas gesteuert würde, weil dadurch der Waldstand so außerordentlich leidet.

§. 6.

Ueber das Einhüten des Viehes in Wälder und Schläge.

Welchen unersetzlichen Schaden das Vieh auf jungen Schlägen anrichtet, dieses erfähret so mancher Holzeigenthümer; denn, wenn das Vieh einmal die Gipfel von den jungen Gebüschen abgebissen hat, so wird nimmermehr ein gutes Stammholz daraus erwachsen, auf solche Weise kann eine Heerde Vieh in einer halben Stunde einen jungen Anflug gänzlich zu Grunde richten, daß man ihn entwebers verkropft aufwachsen lassen muß, oder wenn man ja den Platz nicht für eine ganze Zeitfolge unbenützt lassen will, so muß dieser ganze Anflug gänzlich ausgereutet werden, um wieder frischen Holzanflug dahin zu bringen.

Abermals ein Beweis, wie schädlich das Austreiben des Viehes auf die Weide dem Holze werden kann, und wohin es die Hirten nur allzugerne weiden, weil sie da immer gutes Gras finden. Dieses wäre schon Grund genug, warum man, wie in vorhergehender Abhandlung angeführt worden, die Stallfütterung einführen möchte: denn wenn auch wirklich ein solcher Hirt vom Förster gepfändet wird, so kann doch dadurch der Schade nicht gleich wieder gut gemacht werden, den die Heerde angerichtet hat.

Es wollen zwar einige Forstverständige behaupten, daß das Vieh nach Johann dem Täufer den jungen

Schlägen

Schlägen keinen Schaden mehr zufügen könne, weil im
Nadelholz die Jahrschube um solche Zeit schon ganz
hart und rauh seyen, folglich das Vieh keinen mehr ab-
beisse. Dieses ist aber ein ungereimter, wider alle Erfahrung in der Forstwissenschaft laufender Satz; denn ist
es ein junger Anflug, wo die Pflanzen erst dieses Jahr
aufgegangen sind, so sind sie so weich und zart, als das
Gras nur immer seyn kann, folglich wird das Vieh,
dem sie vor Johanni gut bekommen sind, nach Johanni
wenig Unterschied damit machen; und sind es schon
Pflanzen von 3 bis 4 Jahren, so werden sie durch das
öftere Hin- und Hergehen des Viehes zertreten und
zerquetschet, daß sie entweder ausborren, oder für immer
unwachsbare Krüppel bleiben; und wo junges Laubholz
stehet, welches ohnehin dem Vieh hier zu Lande seltener
ist, so beißt es mit Begierde die Gipfel ab, ohne zu bedenken, ob es vor oder nach Johanni geschehe.

Ueberhaupt ist schon das Hüthen des Viehes in die
Wälder, wo es auch keinen Schaden thun kann, dennoch immer mehr schädlich, als nützlich; denn es geschieht fast täglich, daß den Hirten einige Stücke von
der Heerde entlaufen, so sich gemeiniglich nach denen
Schlägen ziehen, wo sie immer mehr Nahrung finden,
und allda großen Schaden anrichten.

Wäre es nur denen Bauren begreiflich zu machen,
daß sie von wenigen Kühen, die sie im Stall füttern,
mehrere Milch und bessern Dung bekämen, als von den
vielen, die sie auf den spröden Sandgründen herumlau-
fen lassen, welche dadurch die Milch verspritzen, und in
trocknen Jahren, wo öfters kein frischer Grashalm auf
einer ganzen Weide zu finden ist, weit hungriger nach
Hause kommen, als sie ausgetrieben wurden, und daß
ihnen selbst der so nöthige und beste Dung auf den
Triften verlohren geht.

Es giebt aber eine gewiſſe Sorte Leute, die ſich ſo ſehr das Höchſte herrſchaftl. Intereſſe, als auch das allgemeine Wohl zu Herzen nehmen, und daher verlangen, man müſſe dem Bauren erlauben, zu gewiſſen Zeiten ſein Vieh auf die Schläge treiben zu dürfen, weil die Bauren vieles Zinsſchmalz zu entrichten haben. Nun kömmt es darauf an, ob die Bauren dieſes Zinsſchmalz wegen ihrer Weidenſchaft oder wegen der jungen Schläge entrichten müſſen? Ueberhaupt aber ſcheint es, daß dieſe beſorgten Leute den Schaden nicht recht beherzigt haben, der daraus entſtehet, wenn ein Wald ruiniret wird, wie ſehr dadurch das höchſte Intereſſe leidet, und wie hernach der Unterthan Mangel an Holz und Streue leiden müſſe.

§. 7.

Ueber den Verkauf der Bau- und Werkhölzer nach dem betrüglichen Augenmaaße.

Der Verkauf der Bauſtämme und Werkhölzer nach dem Geſicht oder Augenmaaße, oder beſſer zu ſagen, nach der Willkühr des Verkäufers, wie es gegenwärtig noch im Nordgau üblich iſt, konnte mir nie anderſt, als auffallend ſeyn! Man bedenke, wie höchſt trüglich dieſe Art des Verkaufes iſt. Selbſt das Augenmaaß des glücklichſten Schätzers kann in dieſem Punkte nie infallibel ſeyn, weil ein Baum nach Geſtalt der Lage und des Geſichtspunktes jedesmal anderſt in die Augen fällt. Ein Baum gewinnt oder verliert in den Augen des Schätzers, wenn er auf einem Berg oder in einem Thale ſteht. Er fällt anderſt ins Geſicht, wenn er in einem geſchloſſenen Holze oder auf einer Blöße ſich befindet; und dieſer trüglichen Taxe wird die edelſte Holzgattung unterworfen, da man im Gegentheil die ſchlechteſte, und nur zum Verbrennen beſtimmte Holzgattung

ſorg-

forgfältig in das Klaftermaaß legt, und überhaupt mit
dem Verkauf deſſelben auf das pünktlichſte und reelleſte
verfahren wird.

Der gewiſſenhafteſte Förſter iſt nicht im Stande,
durch bloßes Anſehen den Werth eines Baumes verhält
nißmäßig nach ſeinem körperlichen Innhalt beſtimmen
zu können, und ſetze man noch dazu, daß der Käufer auf
ſeinen Vortheil jedesmal äußerſt bedacht iſt, wie leicht
iſt es ihm möglich, den rechtſchaffenſten Förſter, der ſich
auf kein ſicheres Maaß ſteifen kann, durch Verkleine
rung ſo lange zu lenken, bis der Preis zu ſeinem Vor
theil ausfället? Der rechtſchaffenſte Mann kann hier
inn wider ſeinen Willen blos aus unrichtiger Beurthei
lung das höchſt herrſchaftl. Intereſſe zum größten Nach
theil beeinträchtigen. Was kann nur nicht ein eigen
nütziger, oder jener, deſſen Jahrsgehalt, gemäß erſten
Punkts, unzulänglich iſt, in dieſem Fach dem Höchſten
Herrſchaftlichen Aerarium ſchaden?

Wie man dieſem Uebel vorbeugen könnte, und
man eine leichte und zuverläßige Art dieſe koſtbare Holz
gattung zu tariren, einführen möchte, dieß war der Ge
genſtand meines Nachdenkens ſchon ſeit mehreren Jahren.
Ich habe zu dieſem Endzweck mehrere, ſowohl einländiſche
als ausländiſche Holztarationen durchgeleſen, aber keine war
zu meinem Zweck hinreichend, weil ich theils fand, daß
der Preis mit der fallenden und ſteigenden Stärke des
Baums in keinem Verhältniſſe ſtand, ja öfters die ſtärk
ſten Bäume zum größten Nachtheil des höchſten herr
ſchaftlichen Intereſſe zu mindeſten Preiſen angeſchlagen
wurden, da hingegen der Preis ſchwacher Bäume bey
weitem ihren körperlichen Innhalt überſtieg.

So wurde im Jahr 1774. durch das Sulzbachi
ſche Intelligenzblatt Nro. XI. eine ſolche Tarationsliſte

C 2 bekannt

bekannt gemacht, unter folgendem Titel: Resolvirung
über den Waldzins des Stammholzes bey den
Churfürstlichen Forstämtern Sulzbach, Weiden
und Vohenstraus; gemäß selben wird ein Baum,
ohne Angabe der Länge, in der ersten Rubrike für Ein-
länder, der ½ Schuh Diameter hat, für 1 fl., und ein
noch einmal so starker, oder der 1 Schuh Diameter hält,
für 2 fl. verkauft. Wie höchst widrig und gegen alles
Verhältniß streitend, ja wie nachtheilig diese Taxations-
art für das Höchste Herrschaftliche Interesse ist, muß
Jedem sogleich auffallen, der nur einige Kenntnisse der
Mathematik besitzet, indem es in dieser Wissenschaft ein
unumstößlicher, ja physikalischer Grundsatz ist, daß jeder
Körper, der noch einmal so stark (dick), als ein anderer gleich langer Körper ist, viermal so viel innern Gehalt in sich fasse, also auch viermal so viel werth seye,
als der um die Hälfte schwächere. Sollte obige Taxa-
tionsart wirklich in erwähnten Forstämtern in Ausübung
gebracht worden seyn, so hat die höchste herrschaftliche
Forstkasse an jedem Baum, der 1 Schuh Diameter
hält, (wenn der Waldzins für jenen von ½ Schuh Diameter mit 1 fl. verhältnißmäßig ist) die Hälfte, nämlich
2 fl. verloren. Nach eben dieser Liste kostet der 2 Schuh
Diameter haltende Baum, ich weiß nicht, aus welchem
Grunde, 5 fl., und der 3 schuhige 8 fl. Da ersterer
doch gemäß seines Verhältnisses zu dem ½ schuhigen
Diameter à 1 fl., und gemäß des mathematischen Grund-
satzes, in Ansehung seines körperlichen Innhaltes (statt
5 fl.) 16 fl., und letzterer (statt 8 fl.) 36 fl. kosten
müßte.

Welch ungeheuren Schaden durch diese Taxations-
art dem höchsten Aerarium zugefügt worden ist, muß
jedermann einsehen? Vermuthlich aber ist der Preis
des ½ schuhigen Diameters à 1 fl. im Verhältniß des
Waldstandes viel zu hoch angesetzt worden.

Se

So wenig diese und dergleichen Taxationsarten zu
meinem Plan taugten, so getraute ich mich doch auch
nicht, jene zu wählen, die nach der Cubikrechnung bearbeitet waren: ich fand diese zwar nach dem Verhältniß
ausgearbeitet und berichtiget, allein jeden Baum cubisch
zu berechnen (obwohl dieses die zuverläßigste Art wäre)
würde bey einer großen und zahlreichen Holzabgabe viele
Beschwerniße haben, weil sowohl durch die mühsame
Umsetzung des Cubikinnhalts in den verhältnißmäßigen
Geldbetrag, da öfters mehrere hundert Cubikzolle, die
noch keinen Cubikschuh ausmachen, übrig bleiben, als
auch, weil diese Berechnungsart vielen Schwierigkeiten,
oder doch wenigstens längern Aufenthalt unterworfen
wäre; als auch, weil gegenwärtig nur die wenigsten
Förster in der Cubikrechnung bewandert sind, und dadurch viele nachtheilige Irrungen entstehen möchten.

Nach einer langen Reihe von Jahren, und bey einem steten Nachsinnen, auch in diesem Fach dem höchsten Aerarium und dem allgemeinen Interesse zu nützen,
und ein sicheres Mittel ausfindig zu machen, gelang es
mir endlich, auf folgende ganz probmäßige Art selbes
zu bewerkstelligen.

Ich maß nämlich des Baumes obern und untern
Durchmesser, glich selbe mit einander ab, und setzte
vom Schuh der Länge einen Preis fest, und schritt damit durch alle Diameter und Längen fort. Auf diese
Art verfertigte ich zehen Holztaxationsbücher, in immer
steigendem Preise, damit sie auf alle im Lande üblichen
Holzpreise und Gattungen anwendbar zu machen sind.
Sie sind so eingerichtet, daß den Unerfahrensten auch
ein vollkommener Begriff davon beygebracht werden
kann, und jeder, der nur Ziffern kennt, einen Baum
nach seinem wahren körperlichen Innhalt abschätzen kann,

C 3 wovon

wovon das Werk selber eine nähere Beschreibung
enthält.

Die Nothwendigkeit, das höchste Interesse, und
selbst der allgemeine Nutzen fordert es, daß eine sichere
Holztaxation der Bau- und Werkhölzer eingeführt
würde, weil dadurch nicht nur das höchste Interesse befördert, sondern auch selbst der Käufer vor allem Unterschleif gesichert wird, indem er selbst den wahren Gehalt
des Baums, und seinen verhältnißmäßigen Preis einsehen und bestimmen kann.

Zur bessern Uebersicht, und zur Bequemlichkeit des
Kaufenden wäre auch hier der im dritten Artikel schon
angerathene besondere Holzplatz oder Magazin sehr zu
empfehlen, wenn es anderst die Lage und die Umstände
erlauben; denn sodann könnten die Bäume, die nicht sogleich auf dem Schlage verkauft werden, nachdem sie
bemessen, und mit Nummern bezeichnet und einregistrirt
sind, auf diesen Platz zur Verwahrung gebracht werden:
dadurch würden die Käufer zu allen Zeiten ein ausge-
trocknetes, gutes, und ihrem Verlangen angemessenes
Holz finden. Ueber den Abgang und Zugang der Bäume könnte ordentliche Rechnung geführet werden, welche
sowohl für den Rechnungssteller, als für den Empfänger
befriedigend seyn würde, weil man dadurch den Vorrath
leicht übersehen, und den Fragenden gehörig bescheiden,
so wie auch jedes Versehen oder vorsetzlichen Betrug
leichter entdecken, und demselben gehörig begegnen könnte.

§. 8.

Ueber die unrichtige Vermarkung der Churfürstli-
chen Waldungen im Nordgau.

Nur in sehr wenigen Forstämtern im Nordgau
findet man eine richtige Vermarkung, und bestimmte
Gränzen,

im Nordgau.

Gränzen: die meisten sind unvermarkt, so zwar, daß
viele Förster die wahren Gränzen ihres Forstamts nicht
wissen, weil ihnen bey ihrem Amtsantritt keine richtige
Vermarkung konnte nachgewiesen werden.

Was durch diese unrichtige Vermarkung dem Gnädigsten Landesherrn an Holzgründen verloren geht, ist
leicht zu erachten, indem bey Weiterschreitung des anstoßenden Nachbars diesem kein gesetzliches Ziel kann
entgegen gesetzt werden, weil keines vorhanden ist; und
wenn auch wirklich diese Gründe im Streit befangen
bleiben, so können sie doch nicht forstwirthschaftlich behandelt werden.

Würde nun noch ein ungetreuer Förster, dem
vielleicht nur seine geringe Besoldung, gemäß erster Abhandlung, dazu verleitet, gegen einige Erkenntlichkeiten
bey Entziehung solcher Gründe still schweigen, oder
nachgiebig seyn, welcher beträchtliche Nachtheil könnte
dadurch dem höchsten Interesse zugefügt werden? und
dieses wäre um so leichter, weil man ohnedem keine bestimmten Gränzen findet. Es wäre daher höchst nothwendig, daß eine Hauptvermarkung in den Nordgauischen Wäldern vorgenommen würde, damit solche zuverläßig geometrisch aufgenommen, und in Plan gelegt
werden, wodurch nicht allein so manchen üblen Folgen
vorgebeugt, sondern auch selbst ein größerer Vortheil in
der Holzcultur bewirkt werden könnte. Außer einer
vorhergegangenen richtigen Vermarkung aber würden
alle Aufnahmen und Vermessungen immer unrichtig und
zwecklos bleiben, weil niemals die wahre Gränze angegeben, und kein richtiger Plan darüber gefertiget werden
kann.

2. Nach-

2. Nachtrag

zu den

der nordgauischen Forstwirthschaft nachtheiligen
Gegenständen:

unmaßgeblicher Vorschlag zur Holz-
ersparung.

Bey dem allgemein überhand nehmenden Streu- und
sich schon hin und wieder zeigenden Holzmangel
soll man wohl auch mit besonderer Sorgfalt alle jene
Naturprodukte zu benützen trachten, welche uns den Abgang des Holzes wieder ersetzen, um alle nur mögliche
Holzersparungen einzuführen.

Man durchreise unser Herzogthum, und man wird
den größten Mangel an Eichenholz wahrnehmen,
und dennoch findet man viele Gartenzäune von Eichenholz, ja sogar wird diese so seltene Holzgattung
bis zu den Schienen der gemeinen Körbe und Kretzen
verwendet, da doch die Gärten weit besser mit lebendigen
Hecken von Weißdorn zu einer ewigen Dauer verwahret
werden könnten, an welchem Gesträuche sich auch so gerne nicht die Raupen einnisten, die den Obstbäumen
schädlich

schädlich sind, auch keine so weit um sich greifende Wurzel treiben, die die Säfte dem Erdreich entziehen. Zu Körben aber würden die Weiden eben so gute Dienste, als die Eichenschienen leisten. — Wir haben Steine in Ueberfluß, und dennoch werden die meisten Landgebäude von Holz, oder doch wenigstens zur Hälfte von Holz aufgeführt. — Doch alles dieses wäre noch das wenigste, was übermäßig am Holze verschwendet wird. Die unserm Theile des Herzogthums nahe liegende Stadt Regensburg, und der freye Holzhandel der Unterthanen dahin, die vielen Eisen- und Hammerwerke, so in hiesiger Gegend angelegt sind, und die häufigen Ziegeleyen und Kalkbrenneröfen sind die unersättlichen Schlünde, welche in kurzem Zeitraum unermeßne Wälder verschlingen. Daburch stehet den Waldungen ein völliger Verfall bevor, und beraubt uns auch die Aussicht zu einem guten Nachwuchs, weil durch die Verminderung des Holzes auch die Streue, die der Landmann zu seiner Viehzucht vonnöthen hat, vermindert wird; sie muß daher dem Walde zu sehr entzogen werden, und so vermißt der Nachwuchs seine gehörige Begailung. Es kann von ihm also nichts anders, als was schon §. 5. gesagt worden, nämlich verkropfte Büsche erwartet werden, die ebenfalls wegen ihres spröden Wuchses nicht Streue genug abwerfen können, die nun der Landmann zur Begailung seiner Felder entbehren muß. Dem Landmanne entgeht also durch diese Feuerschlünde Holz und Streue, und dieses kann nichts anders, als den Verfall der Viehzucht und des Ackerbaues nach sich ziehen. Es leidet also der Nahrungsstand, und leidet dieser, so leidet ein Staat in allen seinen Theilen.

Es seye fern von mir, daß ich deßwegen die Holzsperre gegen eine uns benachbarte Stadt, oder wohl gar die Aufhebung der in manchem Betracht dem Lande so

nützl.

nützlichen Hammerwerke und Ziegeleyen vorschlagen
wollte! im Gegentheil soll uns dieses Verhältniß nur auf
Mittel denken lehren, die uns den Holzmangel steuern,
dieses nöthige Produkt zweckmäßig vertheilen, und die
Fabriken befördern helfen! und um diese zu entdecken,
dürfen wir uns nur ein wenig von unserm Vaterlande entfernen, und jene Völker fragen, bey denen ein völliger
Holzmangel herrschet: mit was sie ihre Feuerung bestellen? — England hat gewiß die vorzüglichsten Eisen-
Stahl- und Glasfabriken, und man bedient sich in selben zu deren Bearbeitung am wenigsten des Holzes.
Holland ist einer der bevölkertsten Staaten von Europa,
und besitzt keine Wälder! Der Mangel hat also diesen Nationen schon längst andere Produkte zu nützen ge-
lehret, daß sie gegenwärtig den Abgang des Holzes gar
nicht mehr fühlen. Die Fabriken in England wissen daher ohne Holz Eisen, Stahl und Glas zu bearbeiten,
und die Einwohner von Holland fürchten sich nicht ohne
Wälder vor dem rauhen Winter!

Wäre es daher nicht rathsam, diese Nationen in so
weit nachzuahmen, als uns eine weise Forst- und Landes-
ökonomie die Schonung unserer Wälder vorschreibt, um
nicht nur dem Holzmangel vorzubeugen, sondern auch un-
sre Landescultur und Fabriken in Aufnahm zu bringen,
welches gewiß dadurch geschieht, wenn wir das edlere
Holz zu besserem Gebrauch verwenden, als ganze Wälder davon verköhlen, oder sonst in überschwenglichem
Maaße verbrennen, und uns zu diesem Endzweck auch
jener Produkte bedienen, welche erwähnten Nationen
sogar das Holz vergessen machen.

Wir besitzen diese Produkte ebenfalls in unserm
Vaterlande, und es bedient sich derselben schon ein Theil
unsers gemeinschaftlichen Vaterlandes (die Herzogthümer
Jülich

Jülich und Berg) mit größtem Vortheil, nämlich der
Steinkohlen und des Torfes.

Steinkohlen findet man in den meisten Bergwerken
der Obern Pfalz, welche mit wenigen Kosten können gewonnen, und womit alle Eisen- und Hammerwerke sehr
leicht versehen werden können, wenn sich nur die Ham-
merbesitzer zu deren Gebrauch bequemen wollten, oder
wenn sie durch höchste Befehle dazu bemüßiget würden;
denn alle Einwendungen dagegen und Vorurtheile wider-
legen obige Nationen.

Torf gebe es gewiß in den sumpfigen Gegenden des
Nordgaus und Obern-Pfalz noch weit mehr, als Steinkohlen, und welcher, wenn er gehörig zubereitet, oder zu
Kohlen gebrannt würde, nicht nur zu gemeiner Feuerung,
sondern auch auf Eisenwerken, und in Kalk- und Ziegelbrennereyen mit größtem Nutzen verwendet werden könnte.
Welcher außerordentliche Nutzen wäre dieß schon für un-
sre Wälder, die dadurch in etwas von der alles verzeh-
renden Flamme verschont blieben? selbst für den Feldbau, oder für die Fischerey könnte dadurch gewonnen
werden; denn die Moräste würden entweder durch das
Torfstechen ausgetrocknet, und könnten zu Feldern bearbeitet werden, oder das Wasser könnte man in gehörige Teiche sammeln, wodurch die Fischerey gewinnen
würde.

Freylich würde es noch manches Vorurtheil zu
überwinden kosten, bis die Bewohner dieser Gegenden
die Vortheile dieser Brennmaterialien erkennen, und gehörig zu benutzen wissen! Der sicherste Weg, dieses zu
erzielen, glaube ich, wären vielleicht geschärfte Befehle,
und noch eher, wenn man die Bewohner durch den Gewinn, den man selben anfänglich zum Theil überlassen
sollte,

ſollte, und durch Beyſpiele reizen wollte. So verbraucht
z. B. die Stadt Regensburg jährlich eine auſſerordentliche Menge Holz, und dennoch kann ſich faſt der größte
Theil der ärmern Volksklaſſe, zumal bey gegenwärtigen
theuren Zeiten, nicht hinreichend mit Holz verſehen.
Könnte man daher denſelben ein wohlfeileres Feuerungs-
material zuführen, ſo würde man darinn gewiß häufigen
Abſatz finden. Durch dieſen Abſatz, und durch das
Beyſpiel des Gebrauches würden gewiß die Landbewoh-
ner angeſpornet werden, dieſe Feuerung in ihrer Haushaltung und zu Kalk- und Ziegelbrennereyen einzuführ-
ren. Nichts könnte auch leichter gewonnen und aus-
geführet werden, als Torf. In den Möſern (oder Mo-
räſten) zwiſchen Burglengenfeld und Schwandorff, und
ſo durch die ganze Obere Pfalz hin gäbe es gewiß Torf
in Ueberfluß, es brauchte alſo weiter nichts, als daß
ſelber aufgeſucht, geſtochen, getrocknet, und an die nahe
vorbey flieſſende Naab gebracht würde, wo ſelber ſodann
zu den leichteſten Koſten bis Regensburg und noch weiter zu Waſſer verfahren werden könnte. Freylich dieſes einzigen Produktes wegen auf der Naab eine eigene
Schiffahrt anzulegen, möchte fürs erſte noch zu koſt-
ſpielig ſeyn! Man könnte aber den Torf auf kleinen
Schiffen zu einer Niederlage bis Kallmünz bringen,
von wo aus ſchon große nnd ſchwer beladene Schiffe
in die Donau, und wieder aus ſelber zurück gehen, *)
ober

---

*) Dadurch wüchſen dieſem bevölkerten Ort wieder einige
Nahrungszweige mehr zu, der ohnedem durch die ange-
legte Straße von Schwandorf nach Amberg ſeine meiſte
Nahrung verlohren hat, weil ehevor die größte Paſſage
von Regensburg dadurch über Amberg nach Bayreuth,
Leipzig oder Nürnberg ꝛc. gieng, und doch den Orten
Burglengenfeld und Schwandorff die Haupt- Handels-
ſtraße

oder auch auf Flößen von geringen Bäumen gerades
Wegs nach Regensburg verfahren, daselbst könnten
selber entweder gleich, oder in dazu errichteten Maga-
zinen nach Verlangen verkauft werden. Möchte dieser Anfang von einer Schiffahrt auf diesem schönen
wasserreichen Fluß, der Naab, eine ausgebreitetere nach
sich ziehen, und durch einen Absatz der verschiedenen
Produkte der Pfalz die betriebsamen Bewohner derselben zu größern Unternehmungen anspornen, so könnte
vielleicht doch noch jener patriotische Wunsch erfüllt
werden,

---

straße nach Magdeburg und Eger übrig bliebe. Die Anlegung einer Vicinal- oder Communicationsstraße von
Regensburg über Kallmünz durch das Vielsthal nach Amberg würde gewiß für die ganze Gegend und auch für
Amberg von ganz besonderem Nutzen seyn, weil nicht
nur dadurch der Salztransport nach Amberg sehr erleichtert würde, indem die Amberger Salzschiffe den ganzen
Winter durch nicht fahren können, und öfters auch im
Sommer wegen des geringen Wasserstandes der Viels
zu fahren verhindert werden, der Umweg aber über
Schwandorff und die vielen Berge dahin bis Amberg
die Salzfracht auf der Axe zu sehr vertheuern, sondern
es würden auch die an der Viels angelegten vielen Ei-
senwerke theils durch den vergrößerten Absatz des Eisens
an die Fuhrwerker, und auch der bequemeren Ausfuhr
desselben, und der übrigen in dieser betriebsamen Gegend
gewonnenen Kunst und Naturprodukte, theils auch durch
die erleichterte Zufuhr des Erztes und der übrigen Materialien sehr gewinnen und befördert werden. Diese
Vicinal- oder Communicationsstraße würde auch mit
sehr geringen Kosten angelegt werden können, weil alle
Materialien im Ueberfluß vorhanden sind. Gegenwärtig
sind die Churfürstlichen, ziemlich volkreichen Marktflecken
Kallmünz, Schmiedmühlen, Rieden, außer ihrem Feldbau
sonst von allen ihren bürgerlichen Erwerbungszweigen fast
gänzlich entblößt, denen allen dadurch auf das beste auf-
geholfen werden könnte.

werden, daß dieser Fluß durch Kanäle mit dem Main
verbunden würde, **) wodurch wir mit unsern Brü-
dern am Rhein näher verbunden würden, und ein
Handel vom schwarzen Meere mitten durch Bayern
und die Pfalz bis nach Holland bewerkstelliget werden
könnte! —

*) Siehe Mayers hydrographische Karte aller Oestreichischen
Erbstaaten, und projektirte Vereinigung und Schiffbar-
machung der vornehmsten Flüsse ꝛc. Wien.

II.

II. Ueberſetzungen.

3. Nachricht

von dem

Zucker - Ahorn in den Nordamericanischen Freystaaten,

und

von der Art und Weise, Zucker aus demselben zu erhalten, nebst Bemerkungen über die Nützlichkeit dieses Produkts sowohl für den Staat, als für den Privatgebrauch. In einem Briefe an Thomas Jefferson Esq. Staatssekretär der vereinigten Staaten und Vicepräsidenten der amerikanischen physikalischen Gesellschaft, von Benjamin Rush, d. Arzneyk. D. und Prof. auf der Pensylvanischen Universität.

Aus dem unter der Presse befindlichen dritten Bande der Verhandlungen der amerikanischen physikalischen Gesellschaft ausgehoben, und auf Verlangen und zum Besten mehrerer angesehenen Bürger in verschiedenen Staaten einzeln herausgegeben (Philadelphia 1792. 8. 1 Bogen) *).

Hochgeschätzter Herr!

Ihrem Verlangen gemäß erhalten Sie hier für unsere Gesellschaft, in einem an Sie gerichteten Briefe

---

*) Dieser Aufsatz ist eine Uebersetzung der im IIten Bande des Neuen Forstarchivs S. 35. §. 30. angezeigten englischen Schrift.   A. d. H.

Briefe, eine kurze Nachricht von dem Zucker-Ahorn in
den vereinigten Staaten, nebſt allen Thatſachen und Bemerkungen, die ich theils über die Art und Weiſe, Zucker aus dieſem Baume zu erhalten, theils über die
Nützlichkeit dieſes Produktes ſowohl für den Staat, als
für den Privatgebrauch zu ſammeln im Stande war.

Der Zucker-Ahorn (Acer Sacharinum *Linn.*)
wächſt in den weſtlichen Grafſchaften aller mittlern
Staaten der amerikaniſchen Republik in großer Menge.
Die Bäume, die in Neu-York und Pennſylvania wachſen, geben mehr Zucker, als die, welche an dem Ohio
wachſen. Sie finden ſich gewöhnlich gemiſcht mit der
Buche a), Schierlingstanne b), weiſſen und Waſſer-
äſche c), dem Gurkenbaume d), der Linde e), Zitterpap-
pel f), dem Butternußbaume g), und wilden Kirſch-
baume h). Manchmal trifft man fünf bis ſechs Morgen
große Wäldchen von lauter Zucker-Ahornbäumen an:
weit häufiger aber ſtehen ſie zwiſchen einigen oder allen
der eben angeführten Bäume. Gewöhnlich findet man
auf einem Morgen Land 30 bis 50 Stämme. Sie
wachſen blos in dem fetteſten Boden, und nicht ſelten in
ſteinigem Grunde. In ihrer Nachbarſchaft ſind immer
Quellen des reinſten Waſſers. Völlig ausgewachſen,
haben ſie die Größe der weiſſen und ſchwarzen Eichen,
und zwey bis drey Fuß im Durchmeſſer *). Im Frühlinge

---

a) Fagus Ferruginea, L. (*Beech*) — b) Pinus abies americana, L. (*Hemlock*) — c) Fraxinus Americana, L.
(*White and Water Ash*) — d) Magnolia acuminata, L.
(*Cucumber tree*) — e) Tilia Americana, L. (*Linden*) —
f) Populus tremula, L. (*Aspen*) — g) Juglans alba
(oblonga), L (*Butter Nut*) — h) Prunus virginiana,
L (*Wild Cherry tree*).

*) Der Baron La Hontan giebt in ſeiner Reiſe nach Nord-
amerika folgende Nachricht von dem Ahornbaum in Canada.

linge treiben sie, ehe ein einziges Blatt zum Vorschein
kommt, eine schöne weisse Blüthe. Durch die Farbe
der Blüthe unterscheiden sie sich von dem Acer rubrum
oder gemeinen Ahorn, der eine rothe Blüthe hat. Das
Holz des Zucker-Ahorns brennt außerordentlich leicht,
und wird daher von Jägern und Landmessern vor allem
andern zur Feuerung gewählt. — Seine kleinen
Zweige sind so voll Zucker, daß die ersten Anbauer in
diesen Gegenden, ehe sie die nöthige Futterung bauen
können, des Winters ihr Hornvieh und ihre Pferde und
Schafe damit füttern. Die Asche dieses Holzes giebt
eine große Menge Pottasche, in welcher Hinsicht dieser
Baum vor den meisten oder vielleicht vor allen Bäumen,
die in den Wäldern der vereinigten Staaten wachsen,
den Vorzug verdient.

Um seine vollkommene Größe zu erreichen, braucht
der Baum, wie man glaubt, in den Wäldern zwanzig
Jahre.

Das Abzapfen (des Saftes) thut ihm gar keinen
Schaden; im Gegentheil, je öfter er abgezapft wird,
desto mehr Syrup erhält man von ihm. In dieser
Hinsicht folgt er dem Gesetze der thierischen Absonde-
rung. Ein Baum, der zwey und vierzigmal, in eben so
viel Jahren, abgezapft war, lebte nicht nur noch, sondern war auch noch vollkommen gesund. Wie viel eine
jährliche Ausleerung dazu beyträgt, den Saft zu verbessern und zu vermehren, das sieht man an denjenigen

D 2 Bäumen

nada. Der Ahornbaum, schreibt er, — nachdem er vorher von dem schwarzen Kirschbaume gesprochen hat, der,
wie er sagt, zum Theil so groß, als die höchste Eiche,
und so dick, wie ein Orhoft ist, — der Ahornbaum hat
meist dieselbe Höhe und Dicke. Mit unserer Europäi-
schen Art hat er keine Aehnlichkeit.

Bäumen, die von einer kleinen Art Specht (woodpecher), der ſich von dem Safte nährt, oft an hundert und mehr Stellen durchbohrt ſind. Dergleichen Bäume, aus denen die übrig bleibende Feuchtigkeit auf den Boden fließt, bekommen nachher eine ſchwarze Farbe. Der Saft dieſer Bäume ſchmeckt weit ſüſſer, als der, den man aus Bäumen erhält, die nicht vorher verwundet waren, und giebt auch weit mehr Zucker.

Aus drey und neunzig Quartier (Weinbouteillen) Saft, die man innerhalb zwanzig Stunden zweyen dieſer dunkelfarbigen Bäume abgezapft hatte, bekam Arthur Noble Eſq. in dem Staate Neu-York, vier Pfund und dreyzehn Unzen gutkörnigen Zucker.

Ein Baum von gewöhnlicher Größe giebt in einem guten Jahre achtzig bis hundert und zwanzig Quartier Saft, woraus fünf bis ſechs Pfund Zucker gemacht werden. Doch leidet dieß bisweilen auffallende Ausnahmen. Sam. Low Eſq., ein Friedensrichter in der Grafſchaft Montgomery, in dem Staate Neu-York, meldete Arthur Noble Eſq., daß er von einem einzigen Baume, den er ſchon mehrere Jahre hinter einander gezapft hatte, vom vierzehnten bis drey und zwanzigſten April 1789. zwanzig Pfund und eine Unze Zucker gemacht hätte.

Da es bekannt iſt, welchen großen Einfluß eine zweckmäßige Behandlung auf die Forſt- und andere Bäume hat; ſo iſt man auf den Gedanken gekommen, daß man ſowohl mehrern, als auch beſſern Saft erhalten könnte, wenn man den Zucker-Ahorn in einen Garten verpflanzte, oder andere Bäume, die ihm Licht und Sonne nehmen, niederhaute. Man hat mir einen Fall erzählt, der dieſer Meynung ſehr günſtig iſt. Ein Landmann in der Grafſchaft Northampton in dem Staate Pennſylvania pflanzte vor mehr als zwanzig Jahren eine

eine Anzahl dieser Bäume auf seine Wiese; von dem Safte dieser Bäume geben ihm jedes Jahr zwölf Quartier ein Pfund Zucker. Von dem Safte der Bäume, die in den Wäldern wachsen, braucht man, wie vorher schon bemerkt ist, zwanzig bis vier und zwanzig Quartier, um ein Pfund Zucker zu erhalten.

Der Saft träufelt aus dem Holze des Baumes. Bäume, die im Winter zum Futter für das Vieh der neuen Anbauer niedergehauen worden sind, geben, so bald ihre Stämme und Aeste im Frühlinge die Strahlen der Sonne fühlen, eine beträchtliche Menge Saft.

Dieser Umstand, daß der Saft dieser Bäume durch alle Theile derselben gleichmäßig vertheilt ist, macht, daß sie noch drey Jahre leben, nachdem sie gegürtelt sind, d. h. nachdem man einen kreisförmigen Einschnitt durch die Rinde in die Substanz des Baumes gemacht hat, um dadurch sein Absterben zu bewirken.

Merkwürdig ist es, daß das Gras auf einer Wiese unter diesem Baume besser steht, als an Stellen, wo es der beständigen Wirkung der Sonne ausgesetzt ist.

Die Zeit, in der die Bäume gezapft werden, ist der Februar, März und April, je nachdem die Witterung in diesen Monathen beschaffen ist.

Am reichlichsten fließt der Saft, wenn es bey Tage warm ist, und des Nachts friert *). Je nachdem die

D 3   luft

---

*) Der Einfluß der Witterung auf den vermehrten oder verminderten Ausfluß des Saftes ist sehr merkwürdig.

Dr. Tonge vermuthete schon vor vielen Jahren (Philosophical Transactions, N. 68.), daß Witterungsveränderungen aller Art durch den Ausfluß des Saftes aus den Bäumen

Luft mehr oder minder heiß iſt, bekommt man in einem Tage von einem Baume zwanzig Quartier bis herunter auf ein halbes. Hr. Low meldete Arthur Noble Esq., daß er von dem einzigen oben erwähnten Baume an Einem Tage (den 14ten April 1789.) beynahe zwey und neunzig Quartier erhalten habe. Ein ſo aufſerordentlich reichlicher Ausfluß des Saftes aus einem einzigen Baume kommt aber nicht ſehr häufig vor.

Wenn es nach einem warmen Tage des Nachts friert, ſo hört immer der Saft auf zu fließen. Um das Loch in den Baum zu machen, bedient man ſich einer Art oder eines großen Bohrers. Die Erfahrung hat bewieſen, daß das letztere Verfahren vortheilhafter iſt. Man bohrt zuerſt ungefähr drey Viertel Zoll tief, und zwar in einer aufwärts gehenden Richtung (damit der Saft nicht frieren möge, wenn er des Morgens oder des Abends langſam ausfließt), und nachher macht man das Loch allmählich immer tiefer, bis man endlich bis auf zwey Zoll weit hinein kommt. In das eingebohrte Loch ſteckt man ungefähr einen halben Zoll tief eine Röhre, die drey bis zwölf Zoll aus dem Baume heraus ſteht. Die Röhre macht man gemeiniglich aus dem Sumach a) oder Hollunder b), die faſt immer in der Nachbarſchaft der Zuckerbäume wachſen. Der Baum wird zuerſt auf der Südseite angezapft; wenn der Saft anfängt, ſchwächer auszufließen, ſo macht man
eine

Bäumen beſſer beſtimmt werden könnten, als durch Wetterglaͤſer. Ich habe ein Tagebuch geſehen, worinn die Wirkungen verzeichnet waren, welche Hitze, Kälte, feuchtes Wetter, Dürre und Gewitter auf den Ausfluß aus den Zuckerbäumen hatten, und dieſe vergleichenden Bemerkungen machen mich geneigt, Dr. Tonge's Meynung nicht für ganz grundlos zu halten.

a) Rhus.   b) Sambucus canadenſis.

eine Oeffnung auf der Nordseite, aus welcher alsdann
wieder ein stärkerer Ausfluß erfolgt. Der Saft fließt
je nachdem die Witterung ist, vier bis sechs Wochen.
Unter die Röhre setzt man einen Trog, in den zwölf bis
sechzehn Quartier gehen, und der aus der Weymouth's-
Kiefer, der weissen Aesche oder trocknen Wasseräsche,
der Aespe, Linde, dem Tulpenbaume c), oder dem gemeinen Ahorn gemacht wird. Die Tröge werden alle Tage
ausgetragen, und der Saft in einen großen Behälter
geschüttet, der aus einem der eben erwähnten Bäume
gemacht ist. Aus diesem Behälter kommt alsdann der
Saft, wenn er durchgeseiget ist, in den Kessel.

Um den Saft gegen Regen und Unreinigkeiten aller Art zu verwahren, ist es gut, die Tröge mit einem
concaven Brette, das in der Mitte ein Loch hat, zu bedecken.

Ob man durch Anwendung einer künstlichen Hitze
die Menge des Saftes vermehren, und seine Beschaffenheit verbessern könne, darüber müssen erst noch Versuche
angestellt werden. Hr. Noble sagte mir, daß er einen
Baum gesehen habe, unter dem ein Landmann zufälli-
ger Weise Reisholz verbrannt hatte, und aus dem ein
dicker, der Melasse ähnlicher Syrup geflossen sey. Diese
Beobachtung kann vielleicht zu wichtigen Entdeckungen
führen.

Während der übrigen Frühlingsmonathe, so wie
auch im Sommer und im Anfange des Herbstes, giebt
der Ahornbaum einen dünnen Saft, der aber nicht tauglich ist, Zucker daraus zu verfertigen. Dieser Saft
dient zu einem angenehmen Getränk in der Ernte, und
ist bisweilen von denjenigen Landleuten in Connecticut,

D 4

deren

---

c) Liriodendron Tulipifera (Poplar).

deren Vorfahren hier und da auf ihren Feldern einzelne Ahornbäume (wahrscheinlich zum Schatten für das Vieh) stehen ließen, anstatt Rum gebraucht worden. Herr Bruce beschreibt ein ähnliches Getränk, das die Bewohner von Aegypten aus Zuckerrohr, auf das sie Wasser gießen, bereiten, und erklärt es für das erfrischendste Getränk von der Welt *).

Man hat dreyerley Methoden, Zucker aus dem Safte zu machen:

1. Dadurch, daß man ihn frieren läßt. Dieses Verfahren ist von Hrn. Obediah Scott, einem Oeko-

---

*) Der Baron La Hontan giebt folgende Nachricht von dem als Getränk angewendeten Saft des Zucker-Ahorns: „Der Baum giebt einen Saft, der einen viel angenehmern Geschmack hat, als die beste Limonade oder Kirschwasser, und der zugleich das gesündeste Getränk von der Welt ist. Um dieses Wasser zu erhalten, schneidet man zwey Zoll tief in das Holz des Baumes hinein; der Einschnitt wird in einer sanft abhängigen Richtung zehen bis zwölf Zoll verlängert; an dem untern Ende des Einschnittes wird schief aufwärts ein Messer in den Baum gesteckt, so daß der Saft in dem Einschnitte, wie in einer Rinne, herab auf das Messer fließt, von da er in untergesetzte Gefäße fällt. Einige Bäume geben an Einem Tage fünf bis sechs Bouteillen dieses Wassers, und manche Einwohner von Canada könnten an Einem Tage zwanzig Oxhöfte abzapfen, wenn sie in alle Ahornbäume, die jeder auf seinem Lande hat, Einschnitte machen wollten. Dieses Einschneiden thut dem Baume keinen Schaden. Aus diesem Safte macht man Zucker und Syrup, der ein herrliches magenstärkendes Mittel ist. Leider haben nur wenige Einwohner die Geduld, sich mit dieser Operation abzugeben, und wie man gewöhnlich das, was gemein ist, gering schätzet, so findet sich auch hier, die Kinder ausgenommen, selten jemand, der sich die Mühe giebt, dergleichen Einschnitte in diese Bäume zu machen.

Oekonomen in der Grafschaft Luzerne in dem Staate
Pennsylvanien, seit vielen Jahren mit äußerst gutem
Erfolge angewandt worden. Er behauptet, daß die
Hälfte einer gegebenen Quantität Saft auf diese Art in
Zucker verwandelt, besser ist, als ein Drittel derselben
Quantität, der durch Sieden zu Zucker gemacht wird.
Wenn der Frost nicht strenge genug ist, um den Saft
zum Körnen zu bringen, so kann man ihn nachher zu
diesem Zwecke auf das Feuer setzen.

2. Durch die von selbst erfolgende Verdün-
stung. Das hohle Ende eines Zucker-Ahornbaums,
der im Frühjahr war umgehauen worden, fand sich einige Zeit nachher mit Zucker angefüllt, und brachte unsern
Oekonomen auf den Gedanken auf diese Weise Zucker zu
erhalten. — Bey beyden eben angeführten Methoden
ist man so sehr von der Witterung abhängig, und
braucht so viele große und flache Gefässe, und — was
das wichtigste ist — so viele Zeit, um Zucker zu erhalten, daß die meisten unserer Oekonomen dieses

3. durch Sieden bewerkstelligen. Hiebey verdienen folgende Punkte, deren Zuverläßigkeit durch viele
Versuche bestätigt ist, wohl gemerkt zu werden.

1. Je früher der Saft gesotten wird, desto besser.
Man sollte ihn nie über vier und zwanzig Stunden stehen lassen, bis man ihn zu Feuer bringt.

2. Je größer das Gefäß ist, worinn der Saft gesotten wird, desto mehr Zucker bekommt man.

3. In einem kupfernen Gefässe bekommt der Zucker eine weissere Farbe, als in einem eisernen.

Der Saft fließt in hölzerne Tröge, aus denen er
in Vorrathströge oder große Behälter geschüttet wird,
welche wie Canots oder große Krippen aussehen, und
D 5 aus

aus der weiſſen Aeſche, Linde, Nordamerikaniſchen ſchwar=
zen Linde (baſs wood) oder Weymouth's = Kiefer ge=
macht werden; aus dieſem wird es alsdann in die Keſſel
getragen, um geſotten zu werden. Die Behälter ſowohl
als die Keſſel ſind gewöhnlich mit einem Schoppen über=
deckt, damit es nicht hineinregnen kann. Der Zucker
wird verbeſſert, wenn man den Saft entweder vor dem
Sieden, oder wenn er zur Hälfte geſotten iſt, durch ein
wollenes Tuch durchſeigt. Damit der Saft nicht über=
kocht, wirft man Butter, Schweineſchmalz oder Talg
in den Keſſel; und um ihn klar zu machen, ſchüttet man
Kalk, Eyer oder friſche Milch dazu. Doch habe ich ge=
ſehen, daß man ohne irgend einen ſolchen Zuſatz voll=
kommen klaren Zucker machte. Zu ſechzig Quartier
Saft giebt man gewöhnlich einen Löffel voll gelöſchten
Kalk, das Weiſſe von Einem Ey, und ein halbes Quar=
tier friſche Milch. Ich habe vor kurzem einige Proben
von Ahornzucker geſehen, wovon der eine mit Kalk, der
andere mit Eyweiß u. ſ. w. abgeklärt war; unter dieſen
hatte derjenige, bey dem man bloß Milch gebraucht hatte,
in Hinſicht auf Farbe, einen auffallenden Vorzug.

Wenn der Zucker hinlänglich gekocht iſt, ſo wird
er gekörnt, mit Waſſer, das durch aufgelegten
Thon durchſintert, gereinigt (clayed), und zuletzt
geläutert und zu Hutzucker gemacht. Die Art, wie
hieben verfahren wird, iſt derjenigen, die bey der Verfer=
tigung des Weſtindiſchen Zuckers eingeführt iſt, ſo ähn=
lich, und ſo allgemein bekannt, daß es Zeitverluſt ſeyn
würde, ſie weitläuftig zu beſchreiben.

Man hat die Frage aufgeworfen: ob es nicht, ſo=
wohl in Hinſicht auf die Menge, als auf die Güte des
Zuckers, vortheilhafter ſeyn möchte, wenn man in den
Gegenden, wo die Zucker = Ahornbäume wachſen, Siede=
häuſer

häuser baute, und gemeinschaftlich die Arbeit betriebe?
Da aber die Bäume so zerstreut stehen, da es große
Schwierigkeiten hat, den Saft weit zu verführen, und
da es die Kosten außerordentlich vermehren würde, wenn
man in einer Jahreszeit, wo Menschen und Vieh in den
Wäldern nichts zu leben finden, Arbeitsleute und Pferde
daselbst erhalten müßte: so bin ich der Meynung, daß
man theils mehrern, theils wohlfeilern Zucker bekommt,
wenn einzelne Haushaltungen sich mit der Verfertigung
desselben beschäftigen. Viele hundert Haushaltungen in
Neu=York und Pennsylvania haben seit langen Jahren
sich mit einem reichlichen Vorrath dieses Zuckers für
das ganze Jahr versorgt. Ich habe gehört, daß man
in vielen Haushaltungen jährlich zwey bis vierhundert
Pfund macht, und Ein Mann verkaufte sechs hundert
Pfund, die er alle in Einem Frühjahr mit eigenen Händen verfertigt hatte *).

Die Verfertigung dieses Zuckers erfordert nicht im
mindesten mehr Geschicklichkeit, als die Verfertigung der
Seife,

---

*) Einen überzeugenden Beweis dieser Angabe liefert folgen-
de Quittung, die Wilh. Cooper Esq. in der Albany-
Zeitung abdrucken ließ:
„Den 30. April 1790. habe ich zu Cooper's Town
von Wilh. Cooper erhalten sechszehn Pfund, für sechs-
hundert und vierzig Pfund Zucker, den ich mit meinen
eigenen Händen, ohne irgend eine fremde Beyhülfe, in
weniger als vier Wochen verfertigt habe, wobey ich noch
außerdem meine andern ländlichen Geschäfte, als Anschaf-
fung des Brennholzes, Besorgung des Viehes u. s. w.
abwartete.
John Nichols. Zeuge, R. Smith.‟
Eine einzige, aus einem Manne und seinen zwey
Söhnen bestehende Familie hat in den Zuckerahorn-Län-
dern zwischen dem Delaware und Susquehannah, in Einem
Frühjahr 1800 Pfund Ahornzucker gemacht.

Seife, des Cyders, des Bieres, des Sauerkrauts ꝛc.
und doch macht man in den meiſten Landhaushaltungen
der vereinigten Staaten wenigſtens eines dieſer Dinge,
und häufig alle zuſammen. Die Keſſel und andere dergleichen Geräthſchaften einer ländlichen Küche ſind zu
dem größten Theile der bey dem Zuckermachen vorkommenden Arbeiten vollkommen hinreichend; und die ganze
Arbeit (wenn ſie anders dieſen Namen verdient) fällt
in eine Jahrszeit, wo der Landmann mit ſeinem Feldbau ſich unmöglich beſchäftigen kann. Ueberdieß können ihm ſein Weib und alle ſeine Kinder, die über zehn
Jahr alt ſind, bey dieſer Arbeit helfen; und das ſchwäch-
ſte Kind iſt ihm beynahe eben ſo viel werth, als ein ſtar-
ker Kerl, wenn er dieſen dazu miethen müßte.

Man hat ſchon öfters eine Vergleichung zwiſchen
dem Ahorn-Zucker und dem Weſtindiſchen Zucker angeſtellt, und zwar ſo wohl in Hinſicht auf die innere Beſchaffenheit, als auch auf den Preis, und die mögliche oder wahrſcheinliche Quantität, die in den vereinigten Staaten verfertigt werden kann. Bey einer ge-
nauern Erwägung dieſer drey Punkte ergiebt ſich:

1. Was die Beſchaffenheit des Ahorn-Zuckers
betrifft, daß er nothwendig beſſer ſeyn muß, als der
Weſtindiſche. Er wird in einer Jahrszeit gemacht, wo
kein einziges Inſekt vorhanden iſt, das dem Zucker nach-
geht, oder ſeine Unreinigkeiten damit vermiſcht, und wo
auch die Luft von allen den feinern erdigen Theilen, und
dem Blüthenſtaube, die ſpäterhin in ihr ſchwimmen,
noch völlig frey iſt. Dieß verhält ſich ganz anders bey
dem Weſtindiſchen Zucker. Die Inſekten und Würmer,
die ihm nachſtellen, und ſich folglich damit vermiſchen,
nehmen in einer Nomenclatur der Naturgeſchichte einen
mehr als zu großen Platz ein. Ueber die Hände, die

zu

zu der Verfertigung des Westindischen Zuckers gebraucht
werden, will ich weiter nichts sagen, als daß Leute, die
für den ausschließenden Vortheil Anderer arbeiten, weit
weniger Antrieb haben, reinlich zu Werke zu gehen, als
solche, die für ihren eigenen ausschließenden Vortheil
arbeiten, und die von Jugend auf zur Reinlichkeit ge=
wöhnt sind. Daß der Ahorn=Zucker reiner ist, als der
Westindische, wird augenscheinlich dadurch bewiesen,
daß er, in Wasser aufgelöset, weit weniger Sediment
absetzt.

Man hat behauptet, daß der Ahorn=Zucker nicht
so stark sey, als der Westindische. Ich vermuthe, daß
die Versuche, worauf diese Meynung sich gründen soll,
nicht mit der gehörigen Genauigkeit angestellt wurden,
oder daß man nachlässig bereiteten Ahorn=Zucker dazu
genommen hat. Ich wog von dem gekrönten Zucker so=
wohl, als von dem Hutzucker, gleiche Portionen ab,
und untersuchte diese in Hyson=Thee und in Kaffee, bey
deren Bereitung ich wieder mit äußerster Aufmerksam=
keit auf alles, was auf die Güte und den Geschmack
Einfluß haben konnte, die größte Gleichheit beobachtete,
und ich konnte nicht finden, daß der Ahorn=Zucker dem
Westindischen in der Stärke im mindesten nachstand.
Die Getränke, mit welchen ich diese Proben anstellte,
wurden zu gleicher Zeit von Alexander Hamilton Esq.,
Sekretär bey der Schatzkammer der vereinigten Staa=
ten, von Hrn. Hein. Drinker, und von verschiedenen
Damen gekostet, die insgesammt der obigen Meynung
beystimmten.

2. Wenn man erwägt, daß der Zucker=Ahorn=
baum ein Geschenk der gütigen Vorsehung ist, daß viele
Millionen Morgen in unserm Lande damit bedeckt sind,
daß der Baum durch wiederholtes Abzapfen besser wird,
und daß der Zucker durch die Arbeit einer frugalen länd=
lichen

lichen Familie gewonnen wird; wenn man dagegen bedenkt, wie viele Mühe und Arbeit der Anbau des Zuckerrohrs erfordert, welche Kapitalien in den Zuckermüh-
len, Siedehäusern u. s. w. stecken, wie viel die Sklaven
und das Vieh im ersten Ankaufe kosten, wie hoch ihr
nachheriger Unterhalt zu stehen kommt, und wie häufig
durch die Versendung des Zuckers auf einen Marktplatz
die Kosten noch vermehrt werden: — wenn man, sage
ich, alles dieses bedenkt, so wird man keinen Anstand
nehmen, zu glauben, daß der Ahorn-Zucker wohlfeiler
verfertigt, und für einen geringern Preis verkauft
werden könne, als der Westindische.

3. Die Möglichkeit, eine so große Quantität
dieses Zuckers zu verfertigen, als nicht bloß für den
Verbrauch der vereinigten Staaten, sondern auch zur
Ausfuhr erforderlich ist, wird aus den folgenden That-
sachen erhellen. In den Staaten Neu-York und Penn-
sylvania allein giebt es wenigstens zehen Millionen Mor-
gen Land, auf denen der Zucker-Ahornbaum wächst.
Auf einen Morgen kann man im Durchschnitte dreyßig
Bäume rechnen. Nimmt man nun an, daß in Einer
Familie drey arbeitsfähige Personen sind, und daß jede
Person 150 Bäume besorgt, und jeder Baum in Einem
Frühjahre 5 Pfund Zucker giebt; so würde das Produkt
der Arbeit von 60,000 Familien 135,000,000 Pfund
Zucker betragen. Rechnet man dann auf die gesammten vereinigten Staaten 600,000 Familien, von denen
jede des Jahrs 200 Pfund Zucker verzehren soll, so
macht der ganze Verbrauch in Einem Jahre 120,000,000
Pfund, und es bleiben mithin noch 150,000,000
Pfund zur Ausfuhr. Schlägt man das Pfund Zu-
cker auf $\frac{6}{90}$ eines Dollars *) an, so beläuft sich das,
was

---

*) Ein Dollar beträgt ungefähr 3 fl. 24 kr. Conventionsgeld,
oder etwas weniger, als 2 Rthlr. Sächsisch.   A. d. H.

was die vereinigten Staaten durch innländischen Verbrauch ersparen, auf 8,000,000 Dollar, und das, was
sie durch die Ausfuhr gewinnen, auf 1,000,000 Dollar.
Das einzige, was man vielleicht gegen diesen Ueberschlag einwenden wird, ist, daß die Zahl der Familien
die sich mit der Verfertigung des Zuckers beschäftigen
sollen, zu hoch angesetzt ist; allein die Schwierigkeit,
diese Voraussetzung anzunehmen, wird verschwinden,
wenn wir bedenken, daß doppelt so viel Familien sich
jährlich damit beschäftigen, Cyder zu machen, wobey
man doch weit mehr Mühe, mehr Risico, und mehr
Kosten hat, als bey der Verfertigung des Ahorn-Zuckers.

Allein der Nutzen, den man von dem Ahornbaume
ziehen kann, ist nicht bloß aus seiner Verwendung zu
Zucker eingeschränkt. Er giebt auch eine höchst ange-
nehme Melasse und einen vortrefflichen Essig. Den
hiezu tauglichen Saft erhält man, nachdem der Saft,
der den Zucker liefert, aufgehört hat zu fließen, so daß
also die Benutzungen dieser verschiedenen Produkte des
Ahornbaumes sehr gut neben einander bestehen können,
weil eines auf das andere folgt. Die Melasse kann
zu der Basis eines wohlschmeckenden Sommerbieres ver-
wandt werden. Ueberdieß könnte aus dem Safte des
Ahorns auch Branntwein gebrannt werden; wir hoffen
aber, daß unsere Bürger diese köstliche Flüssigkeit nie
durch eine so unedle Verwendung schänden werden.
Sollte der Gebrauch des Zuckers als Nahrungsmittel
in unserm Vaterlande allgemeiner werden, so kann er
vielleicht die Wirkung haben, die Neigung zu gebrannten Wassern, oder den Glauben an die Nothwendigkeit
derselben zu vermindern; denn ich habe bemerkt, daß
Personen, die am Zucker Geschmack finden, sehr selten
Liebhaber starker Getränke sind. Man wird meistens
finden, daß eigentlich der Zucker, der in den Thee geworfen

worfen wird, dasjenige iſt, was dieſes Getränk den
Säufern ſo zuwider macht. Allein der Genuß von
Speiſen, die reichlich mit Zucker vermiſcht ſind, em-
pfiehlt ſich noch durch andere Vortheile, die ich hier mit
wenigem anführen will.

1. Der Zucker enthält, unter allen natürlichen Kör-
pern, die größte Quantität Nahrungsſtoff in dem klein-
ſten Volumen; er kann folglich in einem kleinern Rau-
me in unſern Häuſern aufbewahrt, und in kürzerer Zeit
verzehrt werden, als Körper, die mehr Maſſe und weniger Nahrungsſtoff haben. Auch hat er vor den meiſten
andern Nahrungsmitteln noch den beſondern Vorzug,
daß ſeine nährenden Eigenſchaften nicht durch Zeit oder
Witterung leiden, weßwegen ihn auch die Indianer auf
ihrer Reiſe allem andern vorziehen. Sie miſchen Ahorn-
Zucker und Mais (oder Wälſchkorn), den ſie in ſeinem
milchigen Zuſtande trocknen und zu Pulver machen, in
gleichen Theilen zuſammen. Dieſe Miſchung wird in
kleine Körbe gepackt, die häufig auf der Reiſe naß werden, ohne daß es dem Zucker Schaden thut. Wenige
Eßlöffel voll, mit einem Viertelquartier Quellwaſſer gemiſcht, geben eine wohlſchmeckende und ſtärkende Mahl-
zeit. Da der Zucker in ſo kleiner Quantität einen ſo
hohen Grad von nährender Kraft beſitzt, ſo glaube ich,
daß es ſehr nützlich angewandt werden könnte, um
Pferde damit zu füttern, die in Gegenden oder unter
Umſtänden gebraucht werden, wo es ſchwierig oder koſt-
bar iſt, ſie mit ſchweren oder mehr Maſſe habenden
Nahrungsmitteln zu erhalten. Ich habe gehört, daß
man auf einer Weſtindiſchen Inſel mit einem Pfund
Zucker, unter Gras oder Heu gemiſcht, ein Pferd, das
den ganzen Tag arbeitete, bey vollkommener Stärke
und Munterkeit erhalten hat. Und in Hiſpaniola, wo
im vorletzten Kriege mehrere Monathe hindurch, aus

Mangel

Mangel an Schiffen, kein Zucker ausgeführt und kein Getreide eingeführt werden konnte, wurden Pferde und Rindvieh bey einer größern Quantität, die ihnen ganz unvermischt gegeben wurde, dick und fett.

2. Der Zucker, in reichem Maaße genossen, ist unter allen je entdeckten Verwahrungsmitteln gegen die von Würmern herrührenden Krankheiten eines der besten und sichersten. Es scheint, als hätte der Schöpfer absichtlich allen Kindern eine Begierde nach diesem Nahrungsmittel eingepflanzt, um sie dadurch vor jenen Krankheiten zu schützen. Ich kenne einen angesehenen Mann in Philadelphia, der frühe schon diese Meynung annahm; und bey einer zahlreichen Familie alle seine Kinder, dadurch, daß er ihnen viel Zucker zu essen gab, vor den Krankheiten bewahrte, die gewöhnlich von Würmern entstehen.

3. Sir John Pringle hat bemerkt, daß man in keinem Lande, wo die Einwohner an ihren Speisen und Getränken vielen Zucker geniessen, je etwas von der Pest gehöret hat. Ich halte es für sehr wahrscheinlich, daß die bösartigen Fieber aller Art durch den Zucker weit seltener geworden sind, und daß ein allgemeiner Gebrauch desselben die häufige Erscheinung dieser Krankheiten unter derjenigen Menschenklasse, die ihnen am meisten unterworfen ist, auffallend vermindern würde.

4. Bey den zahlreichen und häufigen Brustkrankheiten, die in allen Ländern vorkommen, wo der Körper einer veränderlichen Temperatur der Witterung ausgesetzt ist, macht der Zucker die Basis vieler heilsamen Mittel aus. Es ist nützlich in allen Uebeln, die aus Schwäche und Verletzungen einer Schärfe auf andere Theile des Körpers entstehen. Diese Behauptung liesse sich durch viele Beobachtungen bestätigen. Ich will indeß nur

N. Forstarchiv, III. Band.　　　E　　　　eine

eine einzige anführen, welcher der ehrwürdige Name der
Person, von der sie genommen ist, unfehlbar das größte
Gewicht geben muß. Ich fragte, auf die Bitte eines
Freundes, den Dr. Franklin, ungefähr ein Jahr vor
seinem Tode: ob ihm die Brombeeren - Conserve, wovon er große Portionen zu nehmen pflegte, Erleichterung
gegen die Steinschmerzen verschafft hätte. Er sagte
mir, er habe allerdings Linderung davon verspürt, aber
er glaube, daß die medizinische Kraft der Conserve einzig und allein im Zucker stecke; denn er habe oft, wenn
er unmittelbar vor Schlafengehen ein Viertelquartier
Syrup (der blos aus ein wenig braunem Zucker in
Wasser gekocht bestand) genommen habe, eben die Wirkung empfunden, die ihm eine Dosis Opium verschaffte.
— Die ältern Aerzte unsers Vaterlandes glaubten zum
Theil, der Ahornzucker habe mehr medicinische Kräfte,
als der Westindische, aus dem Zuckerrohr verfertigte;
allein diese Meynung ist höchst wahrscheinlich völlig un-
gegründet; er verdient den Vorzug vor dem Westindischen Zucker bloß der Reinlichkeit wegen.

Es können Fälle vorkommen, wo man für Personen, die von der Arbeit der Sklaven, selbst mittelbar,
durchaus keinen Vortheil ziehen wollen, in Arzneyen oder
zu Speisen Zucker nöthig hat. In solchen Fällen muß
der unschuldige Ahornzucker höchst willkommen seyn. *)

Man

*) Dr. Knowles, ein sehr würdiger Arzt zu London, mußte
einem Patienten eine Lebensordnung vorschreiben, bey der
Zucker mit die Hauptsache war. Sein Patient erklärte,
daß er sich nie dieser Vorschrift unterwerfen würde; denn
er sey von so vielen Grausamkeiten und Unmenschlichkei-
ten Zeuge gewesen, die an den Sklaven, die den Zucker
machten, verübt wurden, daß er ein Gelübde gethan habe,
nie, so lange er lebe, das Produkt des Elendes dieser
armen Geschöpfe über seine Zunge zu bringen.

Man hat behaupten wollen, daß der Zucker den
Zähnen schädlich sey; allein diese Meynung hat jetzt so
wenig Vertheidiger mehr, daß sie gar keine ernsthafte
Widerlegung verdient.

Um künftigen Geschlechtern alle diese Vortheile zu
überliefern, die uns der Zucker-Ahorn gewährt, wird
es nöthig seyn, diesen nützlichen Baum gegen diejenigen, die sich in dem Ahornlande anbauen, durch Verordnungen oder durch eine auf den Ahornzucker gesetzte
Prämie zu schützen, oder ihn aus den Wäldern in die
alten und schon länger angebauten Gegenden der vereinigten Staaten zu verpflanzen, und dort zu kultiviren.
Ein Baumgarten von 200 Bäumen würde mehr eintragen, als eine gleiche Anzahl Apfelbäume in einiger
Entfernung von einer Marktstadt einträgt. Ein ausge-
wachsener Baum in den Wäldern giebt des Jahrs fünf
Pfund Zucker. Wenn die Sonne auf den Ahornbaum
eben den Einfluß hat, den sie auf andere Bäume äuf-
sert, so könnte man von einem jeden in einem Obstgar-
ten gepflanzten Baume eine größere Menge Zucker erwarten. Nehmen wir auch nur sieben Pfund an, so geben 200 Bäume 1400 Pfund Zucker; zieht man hievon 200 für den eigenen Verbrauch ab, so bleiben
1200 Pfunde zum Verkauf, und der Eigenthümer gewinnt also damit, das Pfund zu $\frac{6}{80}$ eines Dollars gerechnet, 80 Dollars. Wenn man aber finden sollte,
daß der Schatten des Ahornbaumes dem Wachsthume
des Getreides eben so wenig nachtheilig ist, als er es
dem Wachsthume des Grases ist, so können auf jedem
Gute doppelt und dreyfach so viel Bäume gepflanzt, und
der Ertrag, der obigen Berechnung gemäß, um eben so
viel erhöht werden. Könnte übrigens diese Idee, den
Ahorn zu verpflanzen, mit Erfolg ausgeführt werden,
so würde die Sache an sich nichts neues seyn. Das

West-

Weſtinbiſche Zuckerrohr wurde urſprünglich von Oſtindien durch die Portugieſen nach Madera gebracht, von
wo aus es unmittelbar oder mittelbar nach allen Weſtindiſchen Zuckerinſeln verpflanzt wurde.

Es wäre zu wünſchen, daß diejenigen, die in dem
Ahornlande ſich anbauen, bey der Ausrodung der Ländereyen den Zuckerbaum verſchonten. Auf einem Gute
von 200 Morgen ſtehen, nach unſerer obigen Berechnung, gewöhnlich 6000 Ahornbäume. Ließe man nun
nur 2000 dieſer urſprünglichen und alten Einwohner
der Wälder ſtehen, und jeder Baum gäbe jährlich nur
fünf Pfund Zucker: ſo würde dieß für ein ſolches Gut,
nach dem obigen Anſchlage gerechnet, eine jährliche Einnahme von 666 Dollars abwerfen; und zöge man hievon 150 Dollars ab, ſo wären wahrſcheinlich nicht nur
die Zubereitungskoſten mehr als erſetzt, ſondern man
hätte auch einen reichen Vorrath von Zucker, für den
Verbrauch in der Haushaltung, umſonſt.

Zufolge des gewöhnlichen jährlichen Ertrags eines
Zuckerahorns, iſt jeder Baum dem Gutsbeſitzer $2\frac{2}{3}$ Dollar werth; der Werth ſeines Gutes würde alſo bloß
durch die 2000 Zucker-Ahornbäume um $5333\frac{3}{9}$ Dollar erhöht werden.

Man ſagt, daß die Zuckerbäume, wenn ſie des
Schutzes und der Unterſtützung beraubt ſind, die ſie von
andern Forſtbäumen erhalten, ſehr leicht vom Winde
umgeriſſen werden, welches um ſo eher der Fall ſeyn
muß, da ſie in einem fetten und folglich lockern Boden
wachſen. Um dieſem vorzubeugen, iſt weiter nichts nöthig, als daß man einige Aeſte abhaut, um den Schwer-
punkt zu verändern, und dem Winde einen freyen Durch-
zug zu verſchaffen. Wenn der Zucker-Ahorn in Baum-
gärten ſteht, wo er von Anfang an von allen Seiten
der Wirkung der Sonne ausgeſetzt iſt, ſo wird er dieſer
Gefahr nicht unterworfen ſeyn.

Wenn

Wenn ich die aus der Dämmerung der Zukunft heraus tretenden Ansichten der Geschichte der Menschheit betrachte, so däucht mir immer, daß die Verfertigung und der allgemeine Gebrauch des Ahornzuckers einen sehr wesentlichen Einfluß auf die glückliche Veränderung haben müsse, die der Himmel einem Theile des Menschengeschlechtes bereitet zu haben scheint; denn ich schmeichle mir mit der Hoffnung, daß die wohlthätigen Folgen dieses Produktes nicht bloß auf unser Vaterland eingeschränkt seyn werden. Sie werden sich zum Besten der Menschheit auch über Westindien verbreiten. Bey dieser Ansicht des Gegenstandes meines Briefes kann ich nicht umhin, den Zucker=Ahornbaum mit einer Art von Liebe und selbst von Verehrung zu betrachten; denn in ihm erblicke ich das selige Mittel, das den Sklavenhandel, den man mit unsern Afrikanischen Mitbrüdern auf den Zuckerinseln treibt, eben so unnöthig machen wird, als er von jeher unmenschlich und ungerecht war. *)

Ich schließe diesen Brief mit dem Wunsche, daß der Schutz, den Sie dem Ahornzucker sowohl, als dem Ahornbaum angedeihen lassen, durch Ihr Beyspiel einen eben so ausgebreiteten Einfluß in unserm Vaterlande haben möge, als ausgebreitet der Ruhm ist, den Sie durch nützliche Kenntnisse und ächten Patriotismus sich erworben haben **). Ich bin rc.

Benjamin Rush.

rc. S.

---

*) Der gegenwärtige Brief wurde geschrieben, ehe die Nachricht von dem Kriege, der vor Kurzem in Hispaniola zwischen den Weissen und ihren Sklaven ausgebrochen ist, nach Philadelphia gekommen war.

**) Hr. Jefferson gebraucht in seiner Haushaltung keinen andern Zucker, als Ahornzucker. Auf seinem Gute in Virginien hat er kürzlich einen Garten mit lauter Ahornbäumen bepflanzt.

N. S. Nachdem der vorſtehende Brief bereits
geſchrieben war, erhielt ich, durch die Freundſchaft des
Hrn. Heinr. Drinker, eine Abſchrift von Hrn. Botham's Nachricht von der Verfertigung des Zuckers in
Oſtindien. Sie iſt aus dem von der Commiſſion des
Großbrittanniſchen geheimen Handlungs-Collegii über
den Sklavenhandel abgeſtatteten Berichte genommen.
Ich führe in dieſer Nachſchrift blos diejenigen Stellen
daraus an, welche der oben angegebenen Zubereitungs-
art des Ahornzuckers zur Erläuterung dienen, und zeigen, wie ſehr ſie, in Hinſicht auf ökonomiſche Einrichtung, der in Weſtindien gewöhnlichen vorzuziehen iſt.

Auszug aus dem von der Commiſſion des geheimen Handlungs-Collegii über den Afrikaniſchen
Sklavenhandel ꝛc. abgeſtatteten Berichte. An
den König, Th. 3. Nro. 3. Hr. Botham über
die in Oſtindien gewöhnliche Art und Weiſe,
den Zucker zu bauen ꝛc.

„Da ich mich zwey Jahre lang auf den Engliſchen und Franzöſiſchen Weſtindiſchen Inſeln aufgehal-
ten, und nachher in Oſtindien Güter, auf denen Zucker
gebaut wurde, unter meiner Verwaltung gehabt habe:
ſo kann ich bey der gegenwärtigen Unterſuchung über die
Abſchaffung des Sklavenhandels, die vielleicht nicht un-
willkommene Nachricht ertheilen, daß in Oſtindien Zucker verfertigt wird, der beſſer und wohlfeiler iſt, als der
Zucker unſerer Weſtindiſchen Inſeln; und daß bey dieſen weſentlichen Vorzügen der Anbau des Rohres, und
die Bereitung des Zuckers und Arracks von freyen Leuten betrieben wird. China, Bengalen und die Mala-
bariſche Küſte haben insgeſammt eine Menge Zucker und
gebrannte Waſſer; da aber der Bau des Rohres am
ſtärkſten bey Batavia betrieben wird, ſo will ich hier
die

die auf den dortigen Zuckergütern gewöhnliche verbesserte
Methode angeben. Der Eigenthümer des Gutes ist
gewöhnlich ein reicher Holländer, der auf seine Kosten
die Mühlen, Siedehäuser und Füllhäuser bauen läßt.
Dieser vermiethet das ganze Gut (das z. B. 300 Morgen oder drüber hält) an einen Chinesen, der als Oberaufseher darauf wohnt; und der letztere verpachtet es
alsdann wieder in einzelnen Portionen, zu 50 bis 60
Morgen an freye Leute. Diese müssen, vermöge des
Contrakts, die Rohre pflanzen, und bekommen dann
von jedem Pecul ($133\frac{1}{2}$ Pfund) Zucker, das die Rohre
geben, etwas Gewisses.

Zur Erndtezeit läßt der Oberaufseher aus den benachbarten Städten oder Dörfern eine hinlängliche Anzahl Leute kommen, um die Rohre aufzubringen.

Nun accordirt er wieder mit jeder Parthie Arbeitsleute, die mit ihren Karren und Büffeln ankommen,
erst eine gewisse Summe vom Pecul, dafür, daß sie die
Rohre abschneiden, und sie nach der Mühle bringen und
mahlen. Für eine zweyte auf jedes Pecul accordirte
Summe müssen sie den Zucker sieden; und für eine britte
ihn durch aufgelegten Thon vollends reinigen und in
Körbe füllen, so daß er zu Markte gebracht werden kann.

Durch diese Einrichtung weiß der Pächter ganz
genau, wie hoch ihn jedes Pecul des ganzen jährlichen
Ertrags zu stehen kommt. Er hat keine beständig fort-
laufenden oder unnöthigen Ausgaben; denn so bald die
Arbeit zu Ende ist, kehren die Arbeitsleute wieder in
ihre Städte oder Dörfer zu ihren andern Geschäften zurück, und es bleiben bloß diejenigen, die wieder die Rohre
für das nächste Jahr pflanzen. Die Leute arbeiten,
wie in allen Fällen, wo zu mannigfaltig zusammen-

E 4 gesetzte

geſetzte Arbeiten in einzelne Zweige vertheilt ſind, wohlfeiler, und machen ihre Sache ordentlicher und genauer.

Man verfertigt zu Batavia blos durch Thon ge-
reinigten Zucker. (clayed ſugar); dieſer kommt dem
beſten Weſtindiſchen vollkommen gleich, und wird unmittelbar von den Zuckergütern zu achtzehn Schilling
Sterling das Pecul (133½ Pfund) verkauft. Für
dieſen niedrigen Preis bekommt ihn nun freylich der
Kaufmann zu Batavia nicht, da die Abgaben, die auf
den Zucker gelegt werden, ganz und gar willkührlich
ſind. Der Sjabander fordert von jedem Pecul Zucker,
das ausgeführt wird, einen Thaler.

Der gewöhnliche Arbeitslohn iſt 9 bis 10 Pence
für den Tag. Durch die auf den Zuckergütern eingeführte Einrichtung gewinnen aber die Arbeitsleute weit
mehr, da ſie nicht blos auch außer den gewöhnlichen
Stunden arbeiten, ſondern auch, jeder in ſeinem Geſchäfte, als kunſterfahrene Arbeiter angeſehen werden.

Gebrannte Waſſer werden auf den Gütern gar
nicht gemacht. Die Melaſſe wird zum Verkaufe nach
Batavia geſchickt, wo Eine Brennerey das Produkt von
hundert Gütern kaufen kann. Dadurch wird wieder
gegen Weſtindien, wo auf jedem Gute eine Brennerey
iſt, viel erſpart, und die Branntweine werden dadurch
wohlfeiler; Arrack verkauft man zu Batavia den Leaguer
(640 Quartier) zu 21 bis 25 Reichsthaler.

Was die Bereitung des Zuckers betrifft, ſo hat
man darinn zu Batavia eben ſo große Fortſchritte gemacht, als in dem Anbau des Rohres. Da die Ver-
dünſtung mit der Oberfläche in Verhältniß ſteht, ſo ſind
die Gefäße dem gemäß eingerichtet. Der Saft des
Rohres wird, mit ſo viel Kalk, als erforderlich iſt, um
ſeine

feine unreinen Theile aufzustoßen, zu der Dicke eines Syrups eingekocht; dann wird er in Fässer gethan, und mit
zwey Eimern Wasser besprengt, um die unreinen Stoffe
niederzuschlagen. Wenn die Flüssigkeit um sechs Stunden gestanden hat, so wird sie durch drey Hahnen, die in
verschiedener Höhe angebracht sind, in einen einzigen
Kessel abgelassen, worinn sie mit einem Zusatze von Kalk
wieder aufgekocht, und bey einem gelinden Feuer in Zucker verwandelt wird. Um zu probiren, ob der Zucker
genug gekocht hat, taucht der Sieder eine Ruthe in den
Kessel, schlägt sie gegen den Rand desselben, läßt alsdann das, was daran hängen bleibt, in ein Wasserglas
fallen, und kratzt das Eingetropfte mit dem Nagel ab,
wodurch er aufs genaueste zu bestimmen im Stande ist,
ob der Zucker bis auf den gehörigen Grad eingekocht ist.
Die Fässer oder Kübel, deren ich erwähnt habe, stehen
auf der linken Seite der Kessel; wenn alles Klare zum
Kochen abgezogen ist, so wird das Uebrige ausserhalb
des Siedehauses in einen Durchschlag gegeben; was gut
ist, wird als Zucker genützt, und in den Kessel geworfen,
die Hefe wird für die Branntweinbrennereyen aufge-
hoben.“

---

4. Anmerkungen des Herausgebers zu vor-
stehendem Aufsatze.

§. 1.

Der Zucker=Ahorn, welcher vornemlich in Pennsylvanien, Neu=York und Canada wild
wächst, zeigt sich auch in unsern Gegenden dauerhaft,
und verdiente daher, seines beträchtlichen Nutzens wegen, in Deutschland allerdings einen ernstlichen Anbau,
denn

denn in unseren Lustgärten kommt er schon sehr häufig
vor, aber freylich werden auch hin und wieder unter diesem Namen oft ganz andere Bäume verstanden. — In
Deutschland blühete derselbe zuerst im Salzwedel'-
schen Garten zu Frankfurt am Mayn.

Die Blätter desselben sind den Blättern der Lenne
(Acer platanoides *Linn.*) ähnlich, aber in den Winkeln nicht so scharf und spitzig, hingegen tiefer eingeschnit-
ten. Ihre Oberfläche ist nicht so glatt, und die untere
von mehr blaßgrüner Farbe, die ins Weißlichte fällt,
und wollig. Die fünf Lappen, in welche die Blätter getheilt sind, sind am Rande mit scharfen Zähnen versehen. — Sie enthalten einen Milchsaft in sich.

Die gelblichgrünen Blüthen haben keine Blumen-
blätter, und hängen in kurzen Trauben herab. Zwitter-
und männliche Blüthen befinden sich auf Einem Stamme; jene haben unfruchtbare Staubbeutel.

Der Saamen gleicht dem Saamen der Lenne, auß-
ser, daß die Flügel an dem der letztern breiter und größer
sind.

Die Höhe dieses Baumes erstreckt sich auf 50 bis
60 Fuß, und dessen Dicke auf 2 und mehrere Fuß im
Diameter. — In kalten Gegenden wird er höher,
als unter einem gemäßigten Himmelsstriche. — Die
zu Harbke (unter der Aufsicht des Hrn. dü Roi) aus
dem Saamen erzogenen Stämme von 8 Jahren hatten
15 Fuß Höhe, und am untern Stammende 3 Zolle
Dicke, aber noch nicht geblüht; eben so wenig, als ein
20jähriger Stamm dieser Art zu Schwöbber, welcher auf 40 Fuß hoch, und am untern Stammende
8 Zolle im Durchmesser dick war.

Die Fortpflanzung desselben geschieht eben so,
wie beym gemeinen Ahorn (Acer pseudo - platanus
Linn.)

Link.), nämlich durch den Saamen, durch Ausschlag, und durch Ableger; hingegen durch Steckreiser gelingt dieselbe nicht. — Die Aussaat kann im Frühlinge und Herbste vorgenommen werden.

Der vorzüglichste Nutzen des Zucker-Ahorns besteht darinn, den Saft desselben abzuzapfen, und denselben auf die oben beschriebenen Arten zu Zucker oder Getränken anzuwenden.

Aber auch das Holz desselben ist eben so brauchbar, als das Holz von unsern innländischen Ahornarten, und von vorzüglicher Güte. — Wünscht man indessen viel Holz von ihm zu erhalten, so muß man eine kalte Gegend zu seinem Stande wählen, und ihn als Schlägholz benützen.

§. 2.

Aeltere Nachrichten von dem Zucker-Ahorn und dessen Benützungen auf Zucker, enthalten folgende Schriften:

1) Traité des arbres et arbustes, qui se cultivent en France en plaine terre, par Mr. *Duhamel du Monceau.* Paris. 4. Tom. I. 1755. S. 34. ff.

2) **Christ. Albr. Gotthülf Gruner, Vom Zucker aus den Ahornbäumen.** = **Fränkische Sammlungen von Anmerkungen aus der Naturlehre, Arzneygelahrheit, Oekonomie, und den damit verwandten Wissenschaften. Nürnberg. 8.** *IV*r Band. 1759. S. 36 — 41.

3) **Peter Kalm** = **Abhandlungen der Schwedischen Akademie.** *XIII*r Band. S. 149. ff. *XXXV*r Band. S. 336. ff.

4) Nach

4) Nachricht von der Zubereitung eines Zuckers, aus dem Safte der Ahornbäume in Canada = Hamburgisches Magazin, oder gesammelte Schriften, aus der Naturforschung und den angenehmen Wissenschaften überhaupt. Hamburg und Leipzig. 8. XIXr Band. 1757. S. 291. — 297.

(Ist blos eine Uebersetzung aus Dühamel's Werk Nro. 1.)

5) Peter Kalm's Beschreibung der Reise, die er nach dem nördlichen Amerika unternommen hat; aus dem Schwedischen übersetzt (von Johann Philipp Murray und Johann Andreas Murray). Göttingen. 1754 — 1764. gr. 8. IIr Band. S. 287. ff. S. 309. ff.

6) Zucker-Ahorn = D. Johann Friedrich Zückert von den Speisen aus dem Pflanzenreich. Berlin. 1778. gr. 8. S. 121 — 122.

7) Zucker-Ahorn = D. Joh. Georg Krünitz ökonomische Encyklopädie. Berlin. gr. 8. Ir Band. S. 238. ff.

8) Reichardt = Schriften der Berliner Gesellschaft naturforschender Freunde. Ir Band. S. 319. ff. Taf. 9.

9) Acer saccharinum, Zuckerahorn = Die Harbkesche wilde Baumzucht theils Nordamerikanischer und anderer fremder, theils einheimischer Bäume, Sträucher und strauchartigen Pflanzen, von D. Johann Philipp du Roi. Braunschweig. 1772. gr. 8. Ir Band. S. 14 — 16.

10) Der Zuckerahorn = Friedr. Adam Julius von Wangenheim's Beytrag zur teutschen holzgerechten Forst-

Forstwissenschaft. Göttingen. 1787. Folio. S. 26
— 28. Fig. XXVI. a. b.

11) *Joh. Simon Kerner's* Abbildung aller ökonomischen Pflanzen. Stuttgart. 4. Vter Band.
Taf. 422.

12) Der Zucker-Ahorn = D. Johann Heinrich
Jung's Lehrbuch der Forstwirthschaft. Zweyte vermehrte und verbesserte Auflage. Mannheim 1787.
8. Ir Theil. S. 177 — 178.

13) Bernhard Sebast. Nau's Anleitung zur deutschen Forstwissenschaft. Mainz. 1790. gr. 8. S.
104. ff.

14) Georg Adolph Suckow's Anfangsgründe der
theoretischen und angewandten Botanik. Leipzig. 1786.
gr. 8. IIr Band. S. 201.

15) D. Joh. Jak. Trunk's neues vollständiges Forstlehrbuch. Freyburg. 1788. 8. S. 458.

16) Der Zuckerahorn = Humphry Marschal's Beschreibung der wildwachsenden Bäume und Stauden-
gewächse in den vereinigten Staaten von Nordamerika; aus dem Englischen, mit Anmerkungen und Zusätzen durch Christian Fridrich Hoffmann. Leipzig. 1788. 8. S. 8 — 10.

17) Ueber den Zuckerahorn = Johann Adolph
Hildt's Handlungszeitung. Gotha. 1792. 4. S.
155 — 157.

18) G. H. Loskiel's Geschichte der Missionen der
evangelischen Brüder unter den Indianern in Nordamerika. Barby. 1789. 8.

19) Ueber einige neue Handelsartikel des Ahornzuckers &c.
in Amerika = Johann Adolph Hildt's Handlungszeitung. Gotha. 1795. 4. S. 190 — 191.

20) Der

20) Der Zuckerahorn = F. A. L. von Burgsdorf's Anleitung zur sichern Erziehung und zweckmäßigen Anpflanzung der einheimischen und fremden Holzarten welche in Deutschland und unter ähnlichem Klima im Freyen fortkommen. Berlin. 1787. 8. IIter Theil. S. 16.

21) Letters and papers on agriculture, planting etc. selected from the correspondence of the Bath and West of England society for the encouragement of agriculture, manufactures, arts and commerce. Vol. VI. Bath. 1792. 8. S. 314.

22) Sur l'Erable à Sucre des Etats unis (d'Amerique) par Mr. *Rush*, Professeur, addressé en forme de lettres à *Thomas Jefferson*, Secretaire d'Etat des Etats-unis = Journal de Physique par Mr. *de la Methrie*. Tom. XLI. Juillet. 1792.

(Ist eine Uebersetzung der oben aus dem Englischen übersetzten Abhandlung; und diese befindet sich von Herrn Bergrath Medicus ins Teutsche übersetzt in: W. G. Becker's Taschenbuch für Gartenfreunde auf das Jahr 1796. Leipzig. 8.)

§. 3.

Der ächte nordamerikanische Ahorn-Zucker ist nicht mit einer künstlichen, wahrscheinlich von Zuckerbäckern gemachten Mischung zu verwechseln, welche ebenfalls unter diesem Namen vor einigen Jahren verkauft, und, so viel ich erfahren konnte, in den nördlichen Gegenden Deutschlands verfertiget worden ist. Auch hier zu Heidelberg verkauften die Specereyhändler im Jahre 1792. zweyerley Sorten des so genannten nordamerikanischen Ahornzuckers, eine braune und eine weisse (eigentlich gelbliche) von jeder das Pfund für 32 Kreuzer

zer, welche anfänglich, da sie einige Kreuzer wohlfeiler,
als der gewöhnliche Zucker waren, reissend abgiengen;
viele bildeten sich sogar ein, daß dieser neumodische Zucker eine gröſſere Süſſigkeit enthielte; allein in kurzer
Zeit verlor diese Komposition, mit Recht allen Kredit;
denn sie bestand, nach genauerer Untersuchung, aus nichts
anders, als aus Mehl und Syrup, zu einem Teig gemacht, in Stängelchen von etwa $\frac{1}{3}$ Zoll Dicke und Höhe
geformt, diese in einem Ofen hart gebacken, und dann
der Queere nach in lauter Stückchen von $\frac{1}{3}$ Zoll länge
zerschnitten. Dieses Kunstprodukt hatte blos in der
Süſſigkeit Aehnlichkeit mit Zucker, denn dem äuſſern
Ansehen nach glich daſſelbe mehr hart gebackenem Ho-
nigkuchen oder den kleinen Pfeffernüſſen, als wahrem
Zucker; indem es weder das Körnige des weiſſen, noch
das Glaſigte des Kandiszuckers besaß. Nicht sehr lange
Zeit blieb dieser falsche Ahornzucker trocken, sondern er
wurde, auch noch so gut verwahrt, bald feucht und
weich, so daß die davon in meiner Sammlung aufbe-
wahrten Proben jetzt ganz zähe und zerfallen sind; auch
sowohl durch den Geruch als Geschmack ihren Gehalt
an Syrup verrathen.

§. 4.

Zu den oben vom Profeſſor Ruſh angezeigten
medicinischen Eigenschaften des Zuckers überhaupt
verdienen noch folgende beygefügt zu werden, welche in:
Medicinisch-chirurgischer Zeitung von Hartenkeil und
Mezler; Salzburg 1792, IVr Band, gr. 8. S. 131
— 133. mitgetheilet sind. „Als vor mehr als 20 Jah-
„ren der berühmte Arzt Gaubius in einer zu Utrecht
„oder leyden gehaltenen Diſſertation die groſſen Vor-
„theile des Zuckers chemisch und praktisch darlegte,
„verbreitete man in Deutschland sogar das nachtheilige
„Gerücht, Hr. Gaubius habe von den geſammten Ge-
„neral-

„neralstaaten ein wichtiges Geschenk erhalten, um da-
„durch das holländische Commerz zu begünstigen. —
„Der überaus grosse Nutzen des Zuckers besteht vorzüg-
„lich darinn, die hartnäckigsten Verstopfungen des
„Unterleibes zu zertheilen, und das unnennbare Heer
„von Krankheiten, die dort ihren Ursprung haben, zu
„zerstreuen. Ausserdem ist der Zucker das wichtigste
„Digestiv, das nicht allein die Verdauung befördert,
„sondern das auch die täglichen Ausführungen am beßten
„in Ordnung hält. Dieß alles leistet der Zucker am
„sichersten, nicht sowohl bey dem Genusse warmer Ge-
„tränke oder in Speisen, sondern wenn man ihn lös-
„selvollweis, gestoßen, mit kaltem Wasser nimmt; denn
„das kalte Wasser setzt ihn am beßten in Thätigkeit.‟

Ausserdem verdient hier auch die auf vielfache Erfahrung gegründete Bemerkung des berühmten Erd-
umseglers James Cook angezeigt zu werden, welcher
den Zucker (nebst dem Sauerkraut) für das untrüg-
lichste Mittel gegen den Scorbut hält.

§. 5.

Vielleicht wird es manchem unserer Leser nicht un-
angenehm seyn, bey dieser Gelegenheit folgendes Verzeichniß solcher Pflanzen zu erhalten, welche, ausser
dem Zuckerrohre und Zuckerahorn, entweder einen
würklichen Zucker, oder doch einen Zuckersaft
liefern.

1) Der Maßholder (Acer campestre *Linn.*); aus
   dessen abgezapften Saft Hr. von Oelhafen durch
  . das Einsieden einen Zucker erhielt, der aber leicht
   wieder zerfloß, wovon indessen vielleicht der zu spät
   gesammelte Saft Ursache war. Er enthält mehr Zu-
  . cker, als der Saft des folgenden Baumes.

  §. Hamburg. Magazin. VII. S. 563.

2) Der

2) Der gemeine oder Berg-Ahorn (Acer pseudo-platanus *L.*), von deſſen Saft 16 Quartiere (Wein-bouteillen) 1 Pfund Zucker gaben.

J. Fränkiſche Sammlungen. IV. S. 36. ff.
Schlözer's ſtatiſtiſcher Briefwechſel. IV. Heft 13.

3) Die Lenne oder der Spitz-Ahorn (Acer plata-noides *L.*) liefert mehr Zuckerſaft, als der gemeine Ahorn.

4) Der rothe virginiſche Ahorn (Acer rubrum *L.*) deſſen Baumſaft auf Zucker in Nordamerika be-nutzt wird, aber mehr wäßrichte Feuchtigkeit giebt, als der eigentliche Zucker-Ahorn, daher man denſel-ben mehr und länger verſieden muß, und alſo auch weniger Zucker aus gleicher Quantität Saft erhält; auch iſt der Zucker ſchwärzer, aber ſüſſer.

5) Der Eſchen-Ahorn (Acer negundo *L.*) enthält ebenfalls einen Zuckerſaft, aus welchem nicht nur Zucker bereitet werden kann, ſondern welcher auch in Nordamerika dazu benutzt, und nebſt dem Safe vom Zucker-Ahorn allen andern Ahornarten vorge-zogen wird.

6) Der penſylvaniſche Ahorn (Acer penſylvani-cum *L.*) enthält ebenfalls einen Zuckerſaft, welcher auch in Canada und Penſylvanien benutzt wird.

7) Der Silber-Ahorn (Acer glaucum *L.*) eben ſo.

8) Der canadiſche Ahorn (Acer canadenſe *L.*) eben-falls.

9) Die grosse amerikanische Aloe (Agave americana L.) pflegen die Amerikaner zu köpfen, damit
die Wurzel desto dicker werde, welche sie alsdann aus-
hölen. In dieser Hölung sammelt sich alsdann ein
Saft, aus welchem sie Honig, eine Art Zucker, auch
Wein bereiten.

　　f. Marggrafs chymische Schriften. II. S. 85.

10) Der Asphodill (Asphodelus luteus L.). enthält
in dessen Stengeln viel Zuckersaft.

11) Die Bärenklau (Heracleum sphondylium L.);
aus dessen geschälten Stengeln und grossen Blattstie-
len die Kamtschadalen einen weissen Puderzucker
auf die Art bereiten, daß sie dieselben an der Sonne
trocknen, da sie sich alsdann mit einer Zuckerrinde
überziehen, die sie nach einigen Tagen von den in
Büschel zusammengebundenen Stengeln in ledernen
Säcken abschütteln. Doch geschieht dieß nur zur
Seltenheit, indem 40 Pfund getrockneter Stengel
nur ¼ Pfund solchen Zuckers geben.

　　f. Steller's Beschreibung von Kamtschatka, herausgegeben
　　　von Scheerer. gr. 8. S. 84.
　　Kraschenninikow von Kamtschatka. S. 103.
　　Allgemeine Reisen zu Wasser und zu Lande. Leipzig. 4.
　　　XX. S. 259.
　　Botanisches Magazin. St. 12. S. 55.

Auf dieselbe Art werden auch noch zwey andere Arten von Bärenklau auf Zucker benutzt, nämlich:

12) Heracleum angustifolium L., und

13) Heracleum panaces L.

　　　　　　　　　　　　　　14) Die

14) Die bunte Garten = Balsamine (Impatiens balsamina *L.*), aus deſſen Honigbehältniſſen der Schwede Odhelius einen natürlich kryſtalliſirten Zucker erhalten hat, in der Gröſſe der Graupen= körner.

ſ. Abhandlungen der Schwediſchen Akademie. XXXVI. S. 363.

15) Das Bambusrohr (Arundo bambos *L.*), wor= aus die Araber eine Art Zucker bereiten, welchen ſie Tabaxir oder Tebaſchir nennen, und, ſeiner ihm beygelegten Kräfte wegen, ſehr hoch ſchätzen.

ſ. *Lüdgers* Diſſertatio de Tebaſchir. Goettingae. 1791. 4.

16) Die Birnen (Pyrus communis *L.*). Der aus dem Saſte guter, ſüſſer Birnen zubereitete Syrup ſoll noch ſüſſer und lieblicher ſeyn, als der Möhren= ſaft.

ſ. Patriotiſche Vorſchläge zur Verminderung der Con= ſumtion des Zuckers. Göttingen. 1792. S. 61.

17) Die gemeine Birke (Betula alba *L.*), aus deren abgezapften Baumſaft man durchs Einkochen einen Syrup erhält, der zwar ſchwächer, als der aus Ahorn, aber doch viel beſſer, als der gewöhnliche Syrup, und zu Speiſen anſtatt des Zuckers völlig zu gebrauchen iſt.

ſ. Abhandlungen der Schwediſchen Akademie. XXXV. S. 335.

18) Die nordamerikaniſche ſchwarze Birke (Be= tula nigra *L.*), welche ſich noch beſſer dazu ſchickt, als die gemeine; doch ſchmeckt dieſer Zucker nicht ſo ſüß, als der von den Ahornarten, ſondern etwas un= angenehm, demohngeachtet wird in Nordamerika

F 2   aus

aus diesem Safte viel Zucker bereitet, daher der Baum
daselbst auch Zuckerbirke genannt wird.

f. Kalm == Abhandlungen der Schwedischen Akademie.
XIII. S. 151.

19) Die zähe Birke (Betula lenta *L.*) wird auf dieselbe Art benutzt, wie die vorige.

20) Der dreystachlichte Schotenbaum (Gleditsia
triacanthos *L.*), aus dessen Schoten in Virginien
Meth gekocht wird, weswegen daselbst ganze Gärten
damit bepflanzt werden, daher er auch den Namen
Honigdorn führt, und woraus, nach Kalm's Bericht, auch Zucker bereitet werden könnte.

21) Die syrische Seidenpflanze (Asclepias syria-
ca *L.*), aus deren mit Thau bedeckten Blumen die
Franzosen in Canada eine Art Zucker bereiten,
welcher braun, aber wohlschmeckend und gut ist, nur
gewiß in so geringer Menge, daß es sich der Mühe
nicht verlohnt.

f. Kalm's Reise. III. S. 319.

22) Der europäische Lotusbaum (Diospyros lo-
tus *L.*), dessen Früchte zu Syrup genutzt werden
können.

23) Der Mangold (sowohl der weisse, als rothe:
Beta cicla, und Beta vulgaris *L.*) enthält ebenfalls
Zuckerstoff. — Marggraf erhielt aus $\frac{1}{2}$ Pfund
getrocknetem weissen Mangold $\frac{1}{2}$ Unze, und aus eben
so viel getrocknetem rothen Mangold $2\frac{1}{2}$ Quentchen
schönen, harten und krystallisirten Zucker.

f. Marg.

f. Marggraf's chemische Schriften. II. S. 73. ff.
Fränkische Sammlungen. IV. S. 36.

24) Das Wälschkorn oder der türkische Waizen
(Zea mays *L.*), dessen noch grünen Stengel, ehe sie
in Aehren schiessen, zwischen den Knoten ein sehr süs-
ses Wasser enthalten, welches mit dem Safte des
Zuckerrohrs billig in Vergleichung zu stellen ist. —
Auch in Amerika und Italien hat man daraus
Syrup und Zucker erhalten, welcher von dem aus
dem Zuckerrohre gar nicht verschieden war.

> f. von Justi's Göttingische Polizey-Nachrichten. 1757.
> S. 165.

> von Justi's ökonomische Schriften. I. S. 397. II. S.
> 191.

> Crell's chemische Annalen. St. 1. S. 96.

25) Das Zucker-Seegras (Fucus saccharinus *L.*),
welches die Isländer mit süssem Wasser zu befeuch-
ten, an der Sonne zu trocknen, und in hölzerne Gefässe zu legen pflegen, da es dann nach einiger Zeit
eine weisse Farbe und einen zuckerartigen Geschmack
erhält. Indessen meint Gmelin, daß dieser angeb-
liche Zucker nichts anders sey, als das Meersalz, welches, wenn es die Zunge nur wenig berührt, einen
süßlichten Geschmack erregte, wenn man es aber hin-
unterschluckte, die Gedärme reinigte und purgirte.

26) Der isländische Tang (Fucus palmatus *L.*)
wird in Island, eben so wie das vorige, benützt.

> f. Neues Hamburgisches Magazin. St. 91. S. 274.

27) Die Melisse (Melissa officinalis *L.*). Bou-
cherey, Unternehmer der Zucker-Raffinerie zu Ber-

ry,

ry, will das Geheimniß erfunden haben, aus derselben einen so süssen und guten Zucker, als aus dem Zuckerrohre, zu verfertigen.

s. Hildt's Handlungszeitung. Gotha. 4. 1784. S. 8.

28) **Die Mohrrüben oder gelben Rüben** (Daucus carotta *L.*) geben zwar keinen festen Zucker, wohl aber einen dem Honig ähnlichen Saft, welcher statt des Syrups zu gebrauchen ist.

s. Hamburgisches Magazin. VIII. S. 610. ff.

Wirthschaftliche Anmerkungen von Mohrrüben oder Möhren = Zinken's Leipziger Sammlungen. IV. S. 701 — 708.

Patriotische Vorschläge zur Verminderung der Consumtion des Zuckers. S. 38.

Marggraf's chymische Schriften. II. S. 85.

Georgical essays (by D. *Hunter*). Vol. IV. London. 1773. S. 1.

29) **Die Weinpalme** (Borassus flabellifer *L.*), enthält in den weiblichen Blumenkolben einen so häufigen Zuckersaft, daß man daraus in Java kleine Zuckerhüte macht, die man in Blätter wickelt und zu Markte bringt; oder man sammelt den Saft (Sirra) und kocht ihn in Töpfen, die innwendig mit Kalt bestrichen sind, über einem gelinden Feuer zu einem dicken Syrup ein, welchen die Indianer in länglichte Körbe giessen, und im Rauche vollends trocknen. Dieß ist der braune Contarzucker, den man auch Jagara nennt, welcher, wenn man ihn nicht an einem trocknen Orte aufbewahrt, feucht wird und zerschmelzt.

s. Marden's Beschreibung der Insel Sumatra.

Sammlung von Reisebeschreibungen. Berlin. gr. 8. XXVIII. S. 266.

30) Der

30) Der Pflaum = oder Tannenpalme (Elate sylveſtris *L.*) liefert auf ähnliche Art den Saguer= Zucker, womit der vorige oft vermiſcht wird, der aber brauner, ſchmieriger, und zum Gebrauche nicht ſo gut iſt.

31) Auf den Tannen = Nadeln (Pinus abies *L.*) hat man ebenfalls eine Art Zucker bemerkt, welcher aber, nach Birkander's Beobachtungen, nicht von den Bäumen, ſondern von einer Blattlaus = Art abſtammt.

ſ. Neue Abhandlungen der Schwediſchen Akademie. V. S. 241.

32) Der Hickereynuß= oder weiße nordamerikaniſche Wallnuß=Baum (Juglans alba *I.*), aus deſſen Saft man in Amerika einen recht ſüßen Zucker bereitet, wovon aber der Baum ſo wenig liefert, daß es die Mühe nicht belohnt.

ſ. Abhandlungen der Schwediſchen Akademie. XIII. S. 152.

33) Die Zuckerwurzel (Sium ſiſarum *L.*), wovon Marggraf aus ½ Pfund getrockneter Wurzeln 3 Quentchen Zucker erhielt.

ſ. Marggraf's chymiſche Schriften. II. S. 70. Abhandlungen der Schwediſchen Akademie. XIII. S. 149. XVI. S. 236.

34) Die Paſtinakwurzeln (Paſtinaca ſativa *L.*) können auf dieſelbe Art benutzt werden; ſo auch die getrockneten Früchte von:

35) Pflaumen (Prunus domeſtica *L.*),

36) Roſ

36) **Rofinen** (Vitis vinifera *L.*),

f. *Gerhard* materia medica. **S.** 225.

37) **Feigen** (Ficus carica *L.*), welche mit der Zeit einen weißen Ueberzug bekommen, der ein wahrer Zucker ist.

Umständlichere Nachrichten und Versuche über die Benutzung verschiedener Gewächse auf Zucker und Syrup sind in folgenden Schriften enthalten:

1) **Chymische Versuche**, einen wahren Zucker aus verschiedenen Pflanzen zu ziehen == **Marggraf's** chymische Schriften. II. S. 70. ff.

2) **Zuckermaterialien** == Georg Rudolph Böhmer's technische Geschichte der Pflanzen. Ir Theil. Leipzig. 1794. gr. 8. S. 753 — 768.

III.

III. Auszüge aus andern Schriften.

5. Die Kultur

des

unächten oder weißblühenden

Akazienbaums.

Ein

gedrängter, doch fruchtbarer Auszug

aus den Schriften des Herrn R. Rath Medicus

über diesen Gegenstand

von

Johann Christian Gotthard,

der Oekonomie, Polizey- und Kameralwissenschaften Professor zu
Erfurt, der Kurf. Mainz. Akademie nützlicher Wissenschaften
Mitglied, und der Commerzien-Deputation
Adsessor.

———————

Nebst

einigen praktischen Bemerkungen

über die Kultur

der Espen, Erlen, Bruchweiden und Roßkastanien ꝛc.

von

Johann Ludwig Braun.

———————

Altona 1796.
Bey der Verlagsgesellschaft.
(A. 8. 55 Seiten.)

Fleiß und Aufmerksamkeit überwinden alle Schwierigkeiten; so wie im Gegentheile Faulheit und Zerstreuung von Bewirkung des Guten abhalten.

Gesetzbuch der Russischen Kaiserinn Katharina II.

Warum erscheinen diese Blätter?

Die Kurf. Commerzdeputation, die schon in manchem Betrachte den Bewohnern der hiesigen Provinz schöne väterliche Winke zur Erhöhung landwirthschaftlicher Industrie gab, und sie zu Erreichung ihres Zweckes durch Prämien aufzumuntern suchte, wünschte auch die Kultur der Akazie in unserm Vaterlande empor zu bringen, und durch Ermunterungspreise auch hier das Ihrige zum Wohle des Ganzen beyzutragen. Sie ertheilte mir daher den für mich sehr angenehmen Auftrag, einen zweckdienlichen Unterricht in der Wartung und Pflege jener Holzart zu entwerfen und drucken zu lassen. Recht gern unterzog ich mich diesem Geschäfte, weil ich in den Hütten der Noth und des Elendes mehrmalen zu sehr fühlte, was Holzmangel sey.

Ich nahm daher die vortreflichen Bemerkungen des Herrn Regierungsraths Medicus, die ich auch im ersten §. gegenwärtiger Abhandlung angeführt habe, machte einen Auszug, verband die mir gütigst mitgetheilten Bemerkungen einiger meiner Freunde damit, und so entstanden die Blätter, die ich unserm ökonomischen Publikum mit dem innigsten Herzenswunsche: daß sie recht viel Gutes stiften mögen, hiermit vorlege.

Erfurt, am 1. im März
1796.

J. Ch. Gotthard.

§. 1.

§. 1.

Unter den mancherley Holzarten, die zur Beseitigung des so sehr drückenden Holzmangels angebauet werden können, verdient unstreitig jene den Vorzug, welche diesem Bedürfnisse nicht nur am geschwindesten, sondern auch am zweckmäßigsten steuert. Diese Holzart ist nun aber nach den, vorzüglich in den neuesten Zeiten gemachten und bekannt gewordenen Beobachtungen, die unächte Akazie, die man auch den virginischen Schotendorn oder Heuschreckenbaum, und nach Linné Robinia pseudo-acacia nennt.

Der Herr Regierungsrath Medicus in Mannheim, der uns schon so viel Gutes und Schönes geliefert hat, stellt nicht nur die Grundsätze des Anbaues dieser Holzart, sondern auch alle bisher über das Wachsthum und den Nutzen derselben in einem besonders diesem Gegenstande gewidmeten Werke sehr schön und weitläufig auf. Sein Buch, wovon nun 7 (jetzt im März 1797. schon 13) Hefte heraus sind, hat folgenden Titel:

Unächter Akazien-Baum. Zur Ermunterung des allgemeinen Anbaues dieser in ihrer Art einzigen Holzart, von Friedrich Casimir Medicus, Regierungsrath, Direktor der kurpfälzischen Staatswirthschafts hohen Schule zu Heidelberg. Leipzig. 1794 — 1797. 8.

§. 2.

Die Grundsätze nun, die uns der kaum genennte würdige Gelehrte mit so vielem Patriotismus zur Belehrung geliefert hat, nebst andern mir von guten Freunden mitgetheilten Bemerkungen über die Kultur der Akazie, will

will ich Euch, Ihr edlen Freunde Eures Vaterlandes und Verehrer landwirthschaftlicher Betriebsamkeit, in diesen wenigen Blättern bekannt machen.

Das ursprüngliche Vaterland der unächten Akazie ist Nordamerika. Johann Robin, Aufseher des königl. Kräutergartens in Paris, soll der erste gewesen seyn, der sie in Europa eingeführt, und schon 1601. bekannt gemacht hat. Der große Naturforscher und Leibarzt des Königs von Schweden, der berühmte Ritter von Linné, veränderte daher ihren ehemaligen Namen Pseudo-Acacia, den der französische Naturforscher Tournefort diesem Baume gegeben hatte, in Robinia pseudo-acacia.

§. 3.

Im Anfange ihres Daseyns in Europa bis selbst in die neuesten Zeiten wurde die Akazie blos in den Gärten der Vornehmen und Grossen, so wie als Spalierbaum an den Häusern gezogen, wozu dann die Schönheit und der Wohlgeruch der weissen Blüthen noch das meiste beygetragen haben dürfte. Auch hier in Erfurt finden wir sie noch an einigen Häusern. Mitunter wurde ja ihr Holz auch wohl seines großen Nutzens wegen zu allerhand Gewerken, vorzüglich zu Schreinerarbeit und zu Brennholz empfohlen; allein, es gieng auch hier, wie es oft in der Welt zu gehen pflegt: die schönen Empfehlungen wurden gelesen, aber auch wieder vergessen, und der Baum nicht nach seiner Würde angebauet. Genug! die ganze Sache war und blieb bloße Spielerey.

§. 4.

Ehe wir von dem Anbaue, von der Wartung und Pflege dieser Holzart handeln, wollen wir erst ihre mancherley empfehlende Eigenschaften noch kennen lernen. Die Akazie hat, nach den vielen gemachten Beobachtun-

achtungen, die auſſerordentliche Eigenſchaft, in der
allerkürzeſten Zeit, ſowohl in der Länge, Dicke, als Dichte
ihres Holzes die bewundernswürdigſte Schnell-
wüchſigkeit zu zeigen. In Zeit von zwölf Jahren liefert ſie die nemliche Menge Holz, die eine Buche in achtzig Jahren kaum liefert, alſo wenigſtens ſiebenmal mehr,
als eine Buche geben kann. Ihr Holz hat die nemliche
Hitzkraft, als ausgewachſenes Buchenholz, die Kohlen
übertreffen aber nach des Herrn Regierungsrath Medicus Bemerkungen an Güte und Dauer jene vom Buchenholz *). Aber das iſt noch nicht alles. Ein Wald
von nnächten Akazien iſt beynahe unzerſtörbar. Wird
er im Frühjahre abgehauen, ſo ſchlagen ſeine Wurzeln
wieder ſo aus, daß im Herbſte ſchon wieder ein dichtes
Buſchwerk von jungen Ausſchlägen da ſteht, die öfters
bis zehn Schuh Höhe und eine verhältnißmäßige Dicke
erreicht haben. Ueberdieß hat die Akazie das Vermö-
gen, ſich queckenartig fortzupflanzen. Wo man eine
Wurzel verwundet oder durchſchneidet, da treibt ſie gleich
neue junge Ausſchößlinge, und wo man im Boden nur
ein kleines Stück Wurzel zurückläßt, da ſchlägt ſie im
Sommer wieder aus, und treibt einen jungen Baum
hervor, ſo wie dann überhaupt auch der Stamm die
ſtärkſten Verwundungen, die kein anderer Baum verträgt, aushalten kann, ohne abzuſterben. Einen Aka-
zienwald zu zerſtören, iſt alſo eine wahre Kunſt; indem
er ſich immer wieder verjüngt. Ein Umſtand, der bey
keinem andern Walde, der, wie es die Erfahrung lehrt,
nur zu leicht zerſtörbar iſt, eintritt. So ſehr übrigens
aber

---

*) Hr. dü Roi (in deſſen Harkeſcher wilder Baumzucht. II.
S. 324.) bemerkt ſchon, daß mit einer gleichen Menge
von Reiſern der Akazie und der Buche Verſuche gemacht
worden, und der Vortheil für die erſtere ausgefallen ſey.
                                                        A. d. H.

aber auch die Akazie unfern Himmelsstrich verträgt, und
so ausdauernd sie auch ist, so zärtlich ist sie jedoch in ihrer ersten Jugend von dem Augenblicke der Saatzeit an
bis zum folgenden Frühjahre, wo sie dann schon hinlänglich verholzet ist. Hat man sie daher in diesem ersten
Jahre ihres Lebens gehörig gewartet und gepflegt, dann
erhält sie mit ihrer Wurzel das vollkommenste Ausdaurungsvermögen, obwohl man sie gewöhnlich im ersten
Jahre noch nicht auf den für die Zukunft für sie bestimmten Standpunkt zu setzen pflegt.

§. 5.

Die Hauptsache bey der Kultur der Akazie bestehet
ganz allein in der zweckmäßigen Auswahl der Beete,
in welche man den Saamen aussäen will. Ihn gleich
ins Freye, wie andere einheimische Holzsaamen, da hin-
zusäen, wo die Bäumchen in der Folge stehen bleiben
sollen, das geht, nach den bekannt gewordenen Erfahrungen, gar nicht an. Man muß absolut einen grössern
oder kleinern Theil seines Gartens dazu bestimmen, und
hier muß man dann den besten und am stärksten gedüng-
ten Boden wählen, der gegen die scharfen Nordwinde
Schutz hat, hingegen dem segnenden Einflusse der Sonne recht ausgesetzt ist. Hat das Beet keinen rechten
Schutz vor den kalten Nordwinden, so muß man hier
durch eine niedere, etwan anderthalb Ellen hohe Vorwand, wenn auch nur von Stroh oder Schilf, zu Hülfe
kommen. Schatten vor der Sonne können die jungen
Pflanzen gar nicht vertragen. Man muß also darauf
bedacht seyn, sein Saamenbeet ja nicht in die Nachbar-
schaft von schattenbringenden Bäumen anzulegen. Hat
man diese zweckdienliche Lage in seinem Garten nicht, so
kann man sich ja lieber ein Plätzchen auswärts aussu-
chen, dieß nach Bedürfniß mit einem Zaune befriedi-
gen, und es so vor dem Anlaufe des Viehes sichern.

§. 6.

Hat man sich nun ein zweckdienliches Saamenbeet gewählt, so thut man wohl, wenn. man es noch vor Winters, oder auch wohl im Winter, wenn es sonst die Witterung erlaubt, umgräbt, und dieses im Frühjahre wiederholt. Ist das aber nicht möglich, so muß man freylich zufrieden seyn, wenn man es nur im Frühjahre zu rechter Zeit ordentlich behandeln kann. In der Mitte des April säet man nun seinen Saamen dicht aus. Man kann ihn entweder, aus der flachen Hand, wie jeden andern Saamen, auf dem Beete herumstreuen, oder auch in Reihen, die sechs Zoll weit von einander sind, aussäen, so wie man ungefähr die Gurken zu legen pflegt. Herr Regierungsrath Medicus hat beyde Methoden mehrmals versucht, und die Aussaat aus der flachen Hand hat ihm immer am besten gefallen. Mein würdiger Freund, der Herr Stadtschreiber Kürbs zu Cölleda, einer der größten Verehrer der Akazienkultur, sagte mir aber noch vor wenigen Tagen so: Ich säe meinen Akaziensaamen jedesmal reihenweis in Riesen, welches mir dann den Vortheil gewährt, daß erstens ein Korn so tief als das andere liegt, mithin keines wegen Mangels an hinlänglicher Bedeckung verlohren geht, und ich endlich zweytens sowohl wegen des Begießens, als auch wegen des Jätens mehr Raum und Bequemlichkeit habe. Ich für meinen Theil, biedern Freunde des Vaterlandes, werde bey meiner nächsten Ansaat beyde Methoden versuchen, und Euch dann meine Erfahrungen zu Eurer Belehrung brüderlich durch den Reichsanzeiger mittheilen.

§. 7.

Man mag übrigens aus der flachen Hand, oder reihenweis säen, so muß der Säamen sehr leicht, und höchstens einen schwachen, oder auch nur einen halben

Zoll

Zoll mit guter Erde bedeckt werden. Ist es feuchtes Wetter, so hat man nichts weiter zu thun; bey trock‑nem Wetter hingegen muß man das Saamenbeet ganz schwach begießen, und das zwar nach Beschaffenheit der Umstände täglich entweder ein‑ oder auch zweymal. Unter dieser Behandlung wird dann der Saamen bald quellen und aufgehen, und wie die ersten Saamenblätter der Gurken erscheinen. Herr Regierungsrath Medicus brachte ihn in vierzehn, und Herr Stadtschreiber Kürbs in neun Tagen zum Aufgehen. Wenn der Saamen aber auch so bald nicht aufgeht, so muß man nicht gleich verzweifeln; denn es können leicht Umstände eintreten, die das geschwinde Aufgehen verhindern. Der Saa‑men kann alt, der Boden schwer, und die Witterung eben nicht die günstigste seyn, wo sich freylich das nicht erwarten läßt, was man sonst bey entgegengesetzten Um‑ständen hoffen müßte.

Nun muß man aber mit aller möglichen Sorgfalt alles Unkraut fleissig ausjäten, und nicht das geringste davon aufkommen lassen; denn dies raubt den jungen Pflänzchen nicht nur die Nahrung, sondern auch den Platz. Es ist deswegen nöthig, daß man die Saamen‑länder nicht über vier Schuhe breit mache, damit man mit Leichtigkeit das Ausjäten des Unkrautes besorgen kann.

§. 8.

So wie nun die Pflanzen wachsen, und die Sonne stärker würkt, muß man auch mit dem Begießen zuneh‑men, dies aber, wenn noch kalte Nächte zu erwarten sind, des Morgens, in jedem andern Falle aber Abends besorgen. Beym Begießen selbst aber ist es nöthig, alle Vorsicht zu gebrauchen. Mein schon mehrgedachter Freund, Hr. Stadtschr. Kürbs, schreibt mir über diesen Gegenstand so: „Ich ließ meine Saamenbeete durch

„Tage‑

„Tagelöhner begießen, bemerkte aber dabey, daß ver-
„schiedene Pflanzen zerknickt und welk wurden. Ich fand
„endlich, daß die Leute verursachten, welche diese zarten
„Pflanzen mit der Gießkanne dergestalt begossen, als
„wenn es Krautpflanzen wären. Ich mußte also diese
„Mühe selbst über mich nehmen; das mehrmalige Be-
„gießen ist auch zugleich ein unbehagliches Getränk für
„die Erdflöße, die, obwohl sonst kein Insekt die Akazie
„angeht, doch die jungen Pflänzchen sehr gerne angrei-
„fen.“ — Werden aber die jungen Pflanzen nach
diesen Bemerkungen behandelt, so wachsen sie zusehends;
doch fängt ihr Hauptwachsthum erst an, recht sichtbar
zu werden, wenn die Tage anfangen, wieder kürzer zu
werden, denn vorher hatten sie mit ihrer Bewurzelung
zu thun. Haben aber die Wurzeln einmal eine gewisse
Stärke erreicht, so ist das Wachsthum unaufhaltbar bis
in den späten Herbst. Nun wird es aber auch rathsam
und nöthig, daß man im September mit dem Begieß-
sen sparsamer werde, und gegen das Ende desselben lieber
ganz aufhöre; denn die Hauptregel geht nun vorzüglich
dahin, die jungen Pflanzen, die bisher noch zu weich
und krautartig waren, zu nöthigen, sich zu verholzen,
d. h. holzartig zu werden, welches man durch das spar-
samere Begießen erreicht.

§. 9.

Dies Verholzen wird aber noch mehr dadurch befördert, wenn man die Kraft der Sonne, auf den Boden zu würken, zu hemmen sucht, wodurch sich zwar
das Wachsthum in die Länge zu vermindern anfängt,
die krautartigen Spitzen der jungen Bäume hingegen
in Holz verwandeln, und um so mehr der kommenden
Winterkälte widerstehen können. Dies alles erreicht
man durch eine Laubdecke. Man sammelt nemlich Laub,
das in dem vorigen Winter von den Bäumen abgefallen
war,

war, und hebt es an einem trocknen Orte auf, wo es
zwar dürre wird, aber nicht verfault. Dies Laub streuet
man gegen den zwanzigsten September zwischen die jungen Bäume, so daß solches in seiner trocknen hohlen
Lage den Boden wenigstens neun Zoll bedeckt. Alles
Gießen unterbleibt nun gänzlich. Wenn der December
kommt, so hat sich diese Laubdecke durch Zeit und Regen
stark zusammengepreßt. Man streuet daher abermals
Laub zwischen die Bäume, so daß dieses in dieser Jahrs-
zeit den Boden einen Schuh hoch bedeckt. Dieß ist
nun die Winterdecke, welche auch einen starken Frost
von den Wurzeln der jungen Bäume abzuhalten vermögend ist. Bey einer solchen Laubdecke dürfte es, meines Erachtens, wohl nöthig seyn, sein Saamenbeet auf
allen Seiten wohl zu verwahren; denn kömmt sonst ein
starker Wind, so führt dieser das Laub gewiß gleich mit
fort. Ueberhaupt, wenn man kein Laub hat, so muß
man eben nicht ängstlich seyn; denn die jungen Akazien
werden auch mit der Decke ihres eigenen abgefallenen
Laubes zufrieden seyn; doch gut ist gut, besser ist aber
besser.

§. 10.

In dem folgenden Sommer hat man nun in den
Saamenländern gar nichts zu thun. Man nimmt weder die Laubdecke weg, noch begleßt die jungen Bäumchen, die Gewalt der Sonne mag auch so heftig seyn,
als sie will. Im Frühlinge des dritten Jahres kann
man nun die Akazien-Stämmchen dahin versetzen, wo
sie für beständig stehen bleiben sollen. Man kann sie
übrigens aber auch noch ein oder das andere Jahr stehen lassen. In Rücksicht der Wahl des Bodens
braucht man eben nicht ängstlich zu seyn; denn die Akazie nimmt mit einem guten und schlechten, schweren und
leichten Boden, mit Anhöhen und Niederungen vorlieb,

nur

nur will sie in Gegenden nicht fort, die dem stehenblei-
benden und daher in Fäulniß übergehendem Wasser ausgesetzt sind. Daß sie übrigens aber nur auf einem guten
Boden freudiger, als auf einem schlechten wachsen, das
ist wohl einem Jeden leicht begreiflich, und eben so natürlich.

§. 11.

Das Versetzen selbst, welches am besten im März
geschieht, veranstaltet man folgendergestalt: Erstlich
macht man die benöthigten Löcher, und zwar drey Schuh
weit und drey bis vier Schuhe tief, oder wie es sonst die
Beschaffenheit der Pfahl- und Nebenwurzeln erheischen
möchte. Man macht aber deswegen gerne tiefe Löcher,
damit man die Herz- oder Pfahlwurzeln der jungen
Akazien weder umzulegen, noch zu verstümmeln braucht;
denn diese sind oft sehr lang. Ich selbst habe zehn Monate alte Akazienstämmchen von drey Schuhen, deren
Pfahlwurzeln, wo nicht länger, doch gewiß eben so lang,
als die Stämmchen selbst sind, ohne deswegen Mangel
an Nebenwurzeln zu leiden. Die Entfernung der Löcher
von einander wollen wir deswegen hier mit Stillschwei-
gen übergehen, weil wir bald weiter unten davon zu
sprechen Gelegenheit finden werden. Nachdem nun
sämmtliche Löcher ordentlich gemacht sind, so läßt man
mit der größten Sorgfalt die jungen Bäume nach und
nach mit möglichster Schonung der Pfahl- und Nebenwurzeln von ihrem Saamenbeete ausheben und sogleich
versetzen. Ein Mann hält nämlich den Stamm in
der Mitte des ausgegrabenen Loches frey; ein anderer
versieht die Wurzeln mit trockener Erde, drückt sie gehörig an, füllt die Grube wieder ordentlich aus, und tritt
sodann die Erde auf der Oberfläche wieder an. Ist man
nun so fertig, so kann man zur Vorsorge den um den
Stamm herum noch immer lockern Boden mit Laub zu-

decken,

decken, damit ein vielleicht noch nachkommender Frost nicht zu leicht zu den Wurzeln dringen möge. Ueberhaupt ist es eine sehr zu empfehlende Sache, daß man, wenn es sonst nur immer thunlich ist, vorzüglich da den Wurzeln eine Winterdecke gebe, wo die Anpflanzungen der rauhesten Luft im Winter ausgesetzt sind; denn sonst ist man, wie auch schon die Erfahrung lehrt, in Gefahr, die schönsten Bäume durch die Kälte zu verlieren. Wenn aber sonst die Bäume geschlossen oder dicht stehen, und der Wind das von den Bäumen gefallene Laub, welches die Natur selbst mit zur Decke bestimmt zu haben scheint, nicht wegwehen kann, da hat es mit dem Erfrieren eben nichts zu sagen. Steht nun der Baum so, und ist es trockenes Wetter, so begiesse man ihn, um die Wurzeln hierdurch gehörig anzuschlemmen, und ihnen den zum Anwachsen nöthigen Grad von Feuchtigkeit mitzutheilen. Nachher aber ist es weiter nicht nöthig, mit Begiessen zu helfen, sondern da ists am besten, wenn man alle Kultur beendigt, und seine Anpflanzungen der guten wohlthätigen Natur überläßt.

§. 12.

Mit dem besten Erfolge und mit den wünschenswerthesten Vortheilen kann man nun, nach den schönen Bemerkungen des mehrmals genannten Herrn Regierungsrath Medicus, so wie nach jenen des Herrn Forstinspektors Rees, die Akazie

1) als Hochwald,
2) als Kopfholz, und endlich
3) als Schlag- und Buschholz behandeln.

I. Als Hochwald.

Die Stämmchen, die man zur Anlage eines Hochwaldes erwählt, dürfen blos aus Saamen erzogen seyn;

G 4

denn

denn diese machen nicht nur einen geraden Schuß, sondern schlagen auch, wenn sie in der Folge nicht etwan
an den Wurzeln durch Hacken oder Graben verwundet
werden, nicht aus den Wurzeln aus. Beym Ausheben
aus dem Saamenlande, so wie auch beym Versetzen
selbst, verschone man, so viel möglich, nicht nur alle Nebenwurzeln, sondern lasse ihr auch, wenn es nur immer
thunlich ist, die ganze zum Wachsthume und Halte eines hohen und starken Baumes dienliche Pfahlwurzel;
und damit die Bäume recht geschlossen stehen, so setze
man sie gleich gemäßigt enge, so daß sie sich einander
tragen helfen, einander schützen, sich von selbst von den
unteren Aesten putzen, und so als Hochwald recht in die
Höhe gehen.   Herr Regierungsrath Medicus räth
vier, und Herr von Burgsdorf sechs Schuh Weite
der angepflanzten Stämme an: dies letztere dürfte dann
auch wohl zweckmäßiger, als jenes seyn.

Will man etwan die Akazie auf Weideplätzen und
Viehtriften zu hohen Bäumen erziehen, so muß man
sie weiter aus einander pflanzen, damit das Vieh auch
noch hinlänglichen Platz erhält. Bemerkt man, daß
die untern Aeste die Weide zu sehr verdämpfen, so kann
man sie nur bis auf eine gewisse gemäßigte Höhe wegschneiden oder abhauen, und wenn man hieran einen
Wiederausschlag befürchtet, so lasse man diesen gleich im
Frühjahre in seiner ersten zarten, krautartigen Jugend
wegbrechen oder abputzen.

§. 13.
II. Als Kopfholz.

In dieser Art von Anpflanzungen behandelt man
die Akazie eben so, wie bey Hochwaldungen. Man
nimmt nämlich zum Versetzen blos aus den Saamen erzogene

zogene Stämmchen, und setzt sie dann so, wie wir schon
bemerkt haben.   Haben die Bäume wenige Jahre gestanden, und sind etwas stammhaft geworden, so wirft
man ihnen die Aeste und den Kopf so hoch ab, als es
die künftige Bestimmung des Stammes erlaubt.   Soll
der Stamm in der Folge zu Brettern geschnitten werden,
so kann man ihn in einer Entfernung von 14 Schuhen
von der Erde köpfen; ist er aber zu Klafterholz bestimmt,
so reichen 12 Schuhe hin; indem diese schon zwey ordentliche Klafterlängen betragen.   Sonst kann man aber
im Allgemeinen auf Viehtriften den Kopf und die Aeste
so hoch abnehmen, daß das Vieh die künftigen Kopfaus-
schläge nicht erreichen und beschädigen kann.   Kommen
wider alles Vermuthen, ohne daß der Boden gehackt,
und die Wurzeln verwundet worden, vielleicht Wurzelbruten zum Vorscheine, so wird auf den Triften und
Weideplätzen das Vieh solche schon bey Zeiten wegneh-
men.   Sollte aber kein Vieh dahin kommen, so putze
man sie nur gleich in ihrer zartesten Jugend weg, damit
sie demnächst zurück bleiben.   Ueberhaupt aber ists nicht
rathsam, die Akazie dahin zu pflanzen, wo entweder
der Pflug oder die Hacke die Wurzeln des Baumes verwundet; denn hier würde es bey den öftern Verwundungen so viel Wurzelbrut geben, daß man ihr eben nicht
wohl zu steuern vermögend seyn dürfte.   Die Jahre,
nach welchen das Köpfen oder Abtreiben der Krone oder
der Haare jedesmal vorgenommen werden müsse, lassen
sich im Allgemeinen nicht bestimmen; denn dies hängt
von der Lage, dem Himmelsstriche, dem Boden und vorzüglich von der Nutzung ab, wozu man die abgeworfe-
nen Stangen gebrauchen will.   Man lasse demnach die
Kopflohden so viele Jahre stehen, als sie zu Erreichung
der Höhe und Stärke für den vorgesetzten Gebrauch nöthig haben.

G 5

III.

§. 14.

III. Als Schlag- und Buschwaldung.

In einem Lande, wo Holzmangel entweder würklich
vorhanden, oder doch zu befürchten ist, wo mithin alles
daran gelegen seyn muß, sehr geschwind Holz anzubauen,
es zu gewinnen und zu benutzen, dürfte es wohl am rath-
samsten seyn, die Akazie als Schlag- und Buschholz zu
behandeln. Hier kann man nun auf eine doppelte Art
verfahren. Man kann nemlich entweder einen solchen
Wald mit aus Saamen erzogenen Bäumen, oder auch
mit Wurzelbruten anpflanzen, wenn man sonst welche
bekommen kann. Im ersten Falle braucht man nur
alle diejenigen Stämmchen zu wählen, die keine tüchtigen Pfahlwurzeln haben, und daher zu Hochwald oder
zu Kopfholz weniger tauglich sind, so wie man beym
Herausnehmen derselben aus dem Saamenbeete und
beym Versetzen selbst eben nicht so ängstlich wegen Schonung der Herz- und Nebenwurzeln zu seyn braucht.
Im zweyten Falle hat man gar nichts weiter zu beobachten, als daß man die Wurzel-Ausschößlinge ordentlich bewurzelt aushebt, und sie dann verpflanzt. Was
die Weite der Stämmchen in diesen Waldungen von
einander betrifft, so hat man bis jetzt, wegen Mängel
an hinlänglicher Erfahrung, noch keinen rechten Weg-
weiser. Der Hauptgrundsatz ist hier, den Boden so
mit Wurzeln anzufüllen, damit diese überall ausschlagen
und bald einen dichten Wald machen mögen. Wir
wollen hier einmal zwey Wege angeben, wie man ungefähr verfahren könnte. Man setze entweder die jungen
Stämmchen oder Wurzelbruten so weit aus einander,
als Schlag- und Buschwaldungen es gewöhnlich erfordern; mithin ungefähr vier bis fünf Schuhe. Haben
diese nun zwey oder drey Jahre gestanden, sind genug
angewachsen und befestiget, und das Holz ist zu nützli-

chem

chem Gebrauche schon ziemlich erstarkt, so haue man es
kurz über der Erde zum erstenmale weg, damit sich auf
diese Art die Wurzeln erweitern und verstärken, wo
dann der Mutterstock, so wie die Erlen und Eschen,
die schönsten Lohden treiben wird *). Oder man setze
die jungen Saamenstämmchen oder die Wurzelbrut weit-
läufiger, lasse sie ebenfalls im zweyten oder dritten Jahre
kurz über der Erde abtreiben, und durch Hackung des
Bodens um und um die Wurzeln verletzen, damit sie
neue Wurzelbruten treiben, und den Distrikt gedrungen
genug bestellen.

§. 15.

Nach einigen wenigen Jahren treibe man den
Distrikt abermals ab, damit auch die späteren Wurzelbruten sich verstärken. Ueber diesen Gegenstand wollen
wir einmal den Herrn Regierungsrath Medicus reden
lassen. Dieser würdige Freund der Natur sagt so:
„Ein sehr wichtiges Bedürfniß bey einem Schlagwalde
„ist das Durchschneiden der unter der Oberfläche des
„Bodens wagerecht laufenden Wurzeln, um solche hier-
„durch zu bestimmen, dort, wo sie verwundet worden,
„oder durchschnitten sind, neue Lohden zu treiben; denn
„sie haben die ganz ausserordentliche Eigenschaft, daß
„sie nicht allein queckenartig sind, und ein solches unzer-
„störbares Ausdaurungsvermögen haben, daß jede un-
„ter der Erde von der andern abgehauene eine eigene für
„sich fortlebende Wurzel wird, die ihre eigene oder gar
„mehrere Lohden treibt, sondern daß sie sich auch ganz
„unge-

---

*) Man kann auch, wie es würklich schon mehrere Freunde
der Akazienkultur thaten, die jungen Stämmchen in dem
nach ihrer Anpflanzung folgenden Frühlinge gleich von
der Erde wegschneiden, und sie so ihre Wurzeln mehr
zu verbreiten nöthigen.

„ungewöhnlich unter der Erde verlängern. Es iſt dem-
„nach ſehr zweckmäßig, wenn man drey Schuhe von
„dem Stamme die Erde mit der Hacke auflockert, und
„ſo die Wurzeln verwundet, oder auch mit dem Pfluge,
„wenn man dazu kommen kann, durchſchneidet oder ver-
„letzt.“ In Frankreich hat man auf dieſe Art von
einem einzigen Baume fünfhundert Wurzelſchüſſe erhalten, und dreyßig andere brachten mehr als ſechstau-
ſend junge Pflanzen hervor, welche wieder nach zwey
Jahren zehntauſend tüchtige Weinpfähle lieferten.

Wie oft ein ſolcher Schlagwald abgetrieben werden
könne, läßt ſich ebenfalls nicht genau beſtimmen; denn
auch hier muß, wie beym Kopfholz, der Himmelſtrich,
die Güte des Bodens und die Beſtimmung des Holzes
alles entſcheiden. Zu Bohnenſtangen braucht freylich
das Holz nicht ſo lange zu ſtehen, als zu Hopfenſtangen
und Baumpfählen.

§. 16.

Nun kennen wir die Kultur oder die Wartung
und Pflege der Akazie. Es bleibt uns demnach weiter
nichts übrig, als auch ihren Nutzen in Hinſicht auf
ihren mannichfaltigen Gebrauch noch kennen zu
lernen. Die Akazie iſt, wie wir auch ſchon oben be-
merkten, nicht nur ein ganz vortrefliches Brennholz, ſondern auch ein ganz unvergleichliches Produkt
für Schreiner, Stellmacher und Müller. Man
macht aus ihr Kommoden, Tiſche, Stühle, ganz
herrliche Wagenachſen; man bedient ſich ihrer zu
Pfählen beym Waſſerbau, ſo wie zu Schwellen
unter die Gebäude. Zu Bauholz ſelbſt iſt es zu
ſchwer, und kann nur in den unteren Stockwerken und
zum Täfeln der Fußböden und Wände verbraucht
werden. Schwächere Stämme aber liefern Säulen

zu Wänden und Einzäunungen, Brunnenröh-
ren und noch mancherley anderem Gebrauche. In ihrer Jugend dient sie zum Stängeln der Bohnen
und Zuckererbsen, zu Hopfenstangen, Baum= und
Weinpfählen, und zu Faßreifen. Ihre wohlrie-
chenden Blüthen liefern Nahrung für die Bienen, und
ihre Blätter Nahrung fürs Rind = und Schafvieh.
— Sich dieser Holzart aber zu lebendigen Hecken
um Gärten bedienen zu wollen, ist nicht rathsam; denn
ihr jährlicher Trieb ist zu heftig, immer baumartig;
und da man sie immer abwerfen muß, so geht ihr
Wuchs stark in die Wurzeln; diese treiben dann Sprößlinge, die endlich einen Wald machen, und so ganz gegen die Absicht des Eigenthümers den Garten verder-
ben. Herr Rammelt war daher genöthiget, seinen
angelegten lebendigen Zaun wieder herauszuschmeissen.
Mit mehr Vortheile kann man sie aber zu Ufer=Befesti-
gungshecken verwenden; denn eben dadurch, daß man
sie unter dem Schnitte hält, nöthigt man, nach Cre-
vecoeur's Bemerkungen, die Wurzeln weit umher zu
treiben, und so werden dann die mit Wurzeln ange-
füllten Ufer gegen die Verheerungen der Ueberschwem-
mung sicher gestellt.

§. 17.

Da es dem Freunde der Akazienkultur nicht gleich-
gültig seyn kann, zu wissen, wie er den Akazien=
Saamen, den seine Bäume vielleicht schon im fünften
Jahre liefern, sammeln müsse, so wollen wir hier noch
die Methode bemerken, wie dieses bewerkstelliget wird.
Der Herr Kanzler von Hofmann giebt uns die beste
Anleitung hierzu. Dieser verdienstvolle Freund der
Oekonomie sagt:

„Das Einsammeln des Akaziensaamens ist be-
„schwerlich, weil die Hülsen meistens an den Spitzen
„der

„der Aeste sitzen, und weil es schwer ist, eine Leiter sicher
„an die schwachen Aeste zu legen, ohne zu befürchten,
„daß die Aeste brechen möchten. So bald die Blätter
„abgefallen sind, wird der reife Saamen gesammelt.
„Bey grossem Froste würden diejenigen, welche die
„Hülsen abbrechen, es nicht aushalten können. Wenn
„die Hülsen gesammelt, und an der Sonne (auch im
„Zimmer beym Ofen) auf Tücher gelegt, gut getrock-
„net und dürre geworden sind, so werden sie auf einem
„leinenen Tuche im Freyen, oder auch auf einer Tenne
„in der Scheuer gedroschen, und wenn die Hülsen ganz
„klein geschlagen, wird derselbe durch ein feines Sieb,
„welches blos den Saamen durchfallen läßt, von den
„Hülsen abgesondert; da aber dennoch viele Körner an
„denselben bleiben, so wird die Spreu oder der Ueber-
„rest noch einmal an die Sonne (oder neben den Ofen)
„gebracht, und wenn solche einige Stunden gut gedörrt
„ist, wieder gedroschen, und dieses wird so oft wieder-
„holt, bis wenige oder gar keine Körner in den zer-
„schlagenen Hülsen zu sehen sind. Die Methode, die
„Hülsen in einem Backofen zu dörren, wie es würklich
„hier und da geschieht, ist zwar leichter, allein es wird
„auch manches Körnchen verdorben, und kann alsdann
„nicht aufgehen, welches dann nie Beyfall verdienen
„kann.‟

6. An=

6.

Anmerkungen

des

Herausgebers zu vorstehendem Auffaße.

1. Die ausserordentliche Schnellwüchsigkeit dieses überaus schätzbaren Baumes ist auch auffallend aus den Jahrringen in dem Holze desselben abzunehmen, welche in gutem Boden gewöhnlich einen halben, öfters auch fast einen ganzen Zoll in der Dicke betragen; und Herr Regierungsrath Medicus hält es für leicht möglich, sie, im pfälzischen gelinden Klima und bey gehöriger kunstmäßiger Anpflanzung und Pflege, bis auf anderthalb Zolle treiben zu können. — Eine sehr interessante Abbildung und Beschreibung einer zehnjährigen Akazienholzscheibe, woraus die starken Jahrringe zu ersehen sind, ist befindlich in: Medicus unächtem Acacienbaum. Ir Band, 3s Stück, S. 265 — 273.

2. Die

2. Die künstliche Aussaat der Akazien mißräth sehr oft aus der einzigen Ursache, weil die jungen Pflänzchen in ihrer ersten zarten Jugend von den Erdflöhen ganz abgefressen werden. Sollte es daher nicht rathsam seyn, sich auch bey diesen Saamen derjenigen Methode der Aussaat zu bedienen, welche ein erfahrner Kenner der Obst-Baumzucht sehr viele Jahre mit dem beßten Erfolge im Grossen gebraucht hat? Er hat nämlich das ganze Saamenbeet, nachdem die Saamen gehörig zur Erde gebracht waren, dicht auf der Erde mit Brettern belegt, und diese so lang liegen gelassen, bis die Saamen aufgegangen, und die Saamenlohden fast Fingers lang geworden waren. Ganz begreiflich wuchsen alle diese Pflänzchen, da sie nicht gerade in die Höhe wachsen konnten, sämmtlich unter den Brettern auf der platten Erde hin. Erst alsdann, wenn man gar keine Nachtfröste mehr zu befürchten hatte, nahm er diese Bretter weg, und nun richteten sich alle diese rechtwinkellicht gewachsenen Pflänzchen sehr bald gerade in die Höhe, und waren nun schon für die Erdflöhe viel zu stark, wobey man auch zugleich den Vortheil hatte, dem Schaden durch Nachtfröste vorzubeugen. — Das Einzige, was man, ohne eigene Erfahrungen hierin zu haben, gegen diese Methode einwenden könnte, besteht darinn, daß die jungen Pflänzchen dadurch verzärtelt würden; allein dieß ist eben so wenig der Fall, als daß sie dadurch schief wachsen müßten; denn ich habe viele Tausend auf diese Art erzogene Pflanzstämme gesehen, welche die schönsten waren, die ich je sahe.

3. Auch in der Quantität des auszusäenden Saamens auf einen gewissen Flächeninnhalt fehlen

noch

noch) manche Akazien = Liebhaber gar sehr. In gu=
tem Boden muß man dick säen, denn alsdann be=
kommen die Bäume bessere Pfahlwurzeln und keine
Nebenwurzeln, sind also auch) leichter zu versetzen.
Ueberhaupt ist die dichte Aussaat im Allgemeinen
zu empfehlen, da man sich nicht immer auf den
gekauften Saamen verlassen kann, indem oft vieler
nicht völlig zeitig ist, oder seine Keimungskraft
schon wieder verloren hat. Ein sehr großer Fehler
ist es allemal, den Saamen den Winter über an
den Bäumen hängen zu lassen, und ihn dann erst
im nächsten Frühlinge von den Bäumen oder den
abgefallenen von der Erde zu sammeln, wie ich die=
ses selbst mit angesehen habe; denn die abwechselnde
Winterwitterung hat in diesem Falle zuverläßig die
Keimungskraft des Saamens zerstört. Im Durch=
schnitt muß man auf jede Quadratruthe der Saa=
menbeete wenigstens drey loth Saamen aussäen.

4. Die hülsenartigen Früchte dieses Baumes werden
in Europa, so viel ich weiß, noch auf keine andere
Art benutzt, als daß man sie des Saamens wegen
zur Aussaat einsammelt; aber in Sibirien ge=
braucht man sie zur Nahrung für Menschen.

5. Man pflegt zwar auch den unächten Akazienbaum
als Alleebaum anzupflanzen, allein so prächtig er
sich auch in diesem Falle, durch seine Blätter, Blü=
then und Früchte ausnimmt, so kann man ihn doch
dazu nicht als die beßte Baumart empfehlen, weil
seine Zweige sehr sperrig wachsen, und leicht am
Stamme brechen, daher ein heftiger Sturm schreck=
liche Verwüstungen unter ihnen anrichtet. Um die=
sem Uebel einigermaßen vorzubeugen, müßte man
ihn oft aushauen, und derjenigen Zweige berau=

ben, die am leichtesten vom Winde beschädiget werden können. Hierdurch wird der Trieb oben stärker, die Krone dichter und regelmäßiger, ein Zweig unterstützt dann den andern besser, und so schützen sie sich wechselseitig gegen den Sturm. — Dieser Baum wächst auch gerne schief auf, daher man alle Sorgfalt anwenden muß, um ihn, als Alleebaum, in seiner Jugend gehörig zu unterstützen, und ihn gerade zu ziehen. — Als Alleebaum hat er auch noch das Unangenehme, daß er so viele Wurzellohden treibt, und den Weg uneben und unrein macht.

IV.

IV. Aeltere und neuere Verordnungen in Forst- und Jagdsachen.

7. Sammlung

der

notabelsten Forstverordnungen,

welche

nicht nur in der Grafschaft Sponheim und Kübel-
berger Gericht eingeführet, sondern auch in dem
ganzen Herzogthum erneuert werden sollen;
vom 4. August 1785 *).

I.

A. Thädigung der Forstfrevel betreffend.

Soll die Forstfrevelthädigung in sämtlichen Ober-
ämtern alle 6 Monate oder wenigstens zu Aus-
gang des Jahrs in Beyseyn eines Oberforstamtlichen
Deputati in der Person des zeitlichen Oberforsters vorgenommen werden, des Endes

H 3   2.

---

*) Sehr leid war mirs, daß ich der durch den gegenwärtigen
Krieg verursachten Trennung von den überrheinischen Gegenden wegen, nicht im Stande war, im ersten Bande
dieses Neuen Forstarchivs die Zweybrückischen Forstordnungen anzuzeigen; ich werde mich daher um so mehr bemühen, sie nach und nach in Abdrücken vollständig zu
liefern, da ich sie noch nirgends weder verzeichnet, noch
abgedruckt finde.

A. d. H.

2.

Durch dieſen vorhero von denen ihme untergebenen
Forſtbedienten über die vorgefallene Frevel accurate Liſten
eingezogen, und aus dieſen hiernächſt ein general Frevelregiſter gefertiget, und zu Ober- oder Amt eingeliefert
werden, worinnen dann bemerkt iſt, ob der Frevel bey
Tag oder bey Nacht, auf oder auſſer dem Holzſtag, in
der Setz- oder Prunftzeit, auch wo das Verbrechen in
Herrſchaftlichen oder gemeinen Waldungen begangen
worden, von was Qualität in Specie das gehauene
Holz, ob es friſches im Wachsthum begriffenes oder ab-
gängiges Bauholz, Scheidholz, einläufiges Pfetten-
Schwellen- Durchzug- Balken- Riegel- Sparren-
langwied oder deichſelmäßiges Holz und wie lang ungefähr der gehauene Baum geweſen, nicht weniger, wann
das Verbrechen am Klafterholz begangen worden, ob
ſolches lager- oder ſtehendes, von was Gattung und wie
viel es geweſen ſeye.

3.

Die Frevler, welche auf die erſte Citation nicht er-
ſcheinen, noch ihres Auſſenbleibens halben ſich entſchul-
bigen laſſen, ſollen pro confeſſis et convictis gehalten,
und nach dem übergebenen Frevelregiſter und pflichtmäſ-
ſiger Verſicherung der denunciantiſchen Forſtbedienten
geſtraft werden.

4.

Des Endes von den Forſtern die anzunehmende
Jägerpurſche ſogleich zur Verpflichtung bey den Ober-
und Aemtern präſentirt, nicht weniger

5.

Die Feldſchützen bey derſelben gewöhnlichen Verpflichtung dahin angewieſen werden, daß ſie auf die
Holz-

Holzdieberehen in gemeinen, als Herrschaftlichen und
Particuliers gehörigen Waldungen fleißige Obsicht tragen, die ertappende Frevler gegen Empfang des gewöhnlichen Pfandgelds pfänden, solche jederzeit notiren, und
das disfallsige Register alljährlich dem Forster einhän-
digen.

6.

Wenn auch ein Jägerpursch, der noch nicht verpflichtet ist, einen Frevler denuncirt und seine Anzeige
nicht anderst beweisen kann, so soll Denunciatus sich
nach Beschaffenheit des Verbrechens eidlich oder hand-
treulich purgiren, dahingegen denen verpflichteten Forstbedienten in ihrer Anzeige Glauben beygemessen, und
solche als ein hinlänglicher Beweis angenommen, den
Denunciatis aber der Gegenbeweis, falls sie damit auf-
zukommen sich getrauen, vorbehalten seyn solle.

7.

Das Forstfrevelprotocoll soll hiernächst in duplo
benebst des Oberforsters General-Frevelregister zur
Fürstlichen Forstcommission zur Examination eingesandt,
sofort nach dessen Rücklangung

8.

Ein detaillirter Extract derer darinnen ausgeworfe-
nen Strafen und des gnädigster Herrschaft zuerkannten
Schadensersatzes gefertigt, und dem Forstraffrechner zur
Erheb- und Verrechnung zugestellt, ausser diesem aber
noch

9.

Die Verhörgebühren, und zwar

von 1 Pf. bis auf 15 Kr.	.	1 bß. 4 pf.
4 . . . 14 Bß.	.	1 . 12
1 Fl. . . 3 incl.	.	2 . 12
4 . . . 9 Fl.	.	3 . 12
10 . . . 49 Fl.	.	7 . 8
50 und darüber	.	11 . 4

H 4   von

von den Amtschreibereyen eingezogen, und in der Ober-
oder Amtssportelncasse verrechnet, nicht weniger

10.

Von jedem Frevler für die Citation 2 kr. und für
die Aufwartung bey dem Verhör 1 kr. denen Amtsdie-
nern und Amtsbotten entrichtet werden. Wo aber die
Gemeinden hergebracht haben, die Strafen nebst dem
Schadenersatz zu beziehen, behält es bey der herkömm-
lichen Verrechnungsart sein Verbleiben.

11.

B. Einführungen der forstamtlichen Holzan-
weisungen betreffend.

Jedermann im ganzen Land, es seye eine Gemeinde
oder einzelne Person, so aus gemeinen oder Herrschaftlichen und Privatwaldungen, Bau- Brand- Werk oder
anderes Holz zu seinem Gebrauch nöthig hat, soll solches nicht ohne oberforstamtliche Anweisung hauen, sondern sich bey dem Forster, in dessen Bezirk das Holz genommen werden will, längstens vor Ende des Monats
September melden, und ein Verzeichniß über das benö-
thigte Holz übergeben, damit dieser solches in die an das
Fürstliche Oberforstamt einzuschickende Holzspecification
setzen könne. Wer gegen diese Verordnungen darinn
handelt, daß solches ohne oberforstamtliche Anweisungen
Holz hauet, soll per Stamm 30 kr. Strafe erlegen.
Wer aber nicht zu rechter Zeit sich um die Anweisung
meldet, dem soll das Gesuch abgeschlagen, und die Anweisungen in das nächstfolgende Jahr verschoben werden.

12.

Dieser Verordnung, daß ohne oberforstamtliche
Anweisungen kein Holz gehauen werden dürfe, sind auch
Vasal-

Vasallen in Ansehung ihrer lehnbaren Wälber unterworfen, und nur diejenige Communen davon ausgenommen, welche nach den ihnen concedirten Privilegiis eine eigene Waldart zu führen, und die Anweisungen zu verfügen befugt sind.

13.

So soll auch Niemand hegende Robbösche ohne vorherige Anweisung auszustocken, bey Vermeidung 20 Rthlr. Strafe, sich unterstehen.

14.

C. Verordnung, wie und wenn das Holz gefällt, beschlagen und aufgemacht werden solle.

In den Hochwaldungen soll der Stock eines starken Stammes nur 6 Zoll, sodann von einem Stamm, welcher 4 Balken, 4 Riegel oder 4 Sparren giebt, der Stock nur 5 oder 4 Zoll, von riegelmäßigem nur 3 Zoll, von sparrenmäßigem aber nur 2½ Zoll von der Erde belassen werden; in den Niederwaldungen aber, wo auf den Ausschlag gearbeitet wird, das darinnen befindliche Stangen- und reidelmäßiges Holz nur 2 Zoll vom Boden abgehauen, der Contravenient aber in Hochwaldungen von jedem Stamm um 15 kr. in Niederwaldungen hingegen überhaupt um 5 Rthlr. gestraft werden.

15.

Alles Bauholz soll nicht anderst, als von Anfang Novembris bis Ende des Merz gefällt werden.

16.

Die Gemeinden sollen die ihnen zu Brennholz angewiesene Bäume bey 30 kr. Strafe von jedem Klafter

H 5

weder

weder rottenweis verlosen, noch mit der Art hauen, sondern die gefällte Bäume mit der Säge schneiden, das Holz ordentlich zu Klaftern in dem Wald aufsetzen, und erst alsdann, wenn es behörig gemacht ist, verlosen.

17.

Deßgleichen sollen auch die Gemeinden den Aest und Reiser Abfall von denen ihnen angewiesenen Bäumen nicht mehr rottenweise verlosen, sondern solche erst zu Wellen fabriciren, und alsdann verlosen, bey Strafe 30 kr. von jedem 100 Wellen.

18.

D. Verordnung zu besserer Conservation und Aufbringung der jungen Schläge.

Wer einen Baum, so zu einem Saambaum stehen gelassen worden, hauet, er mag groß oder klein seyn, soll neben der gewöhnlichen Forststrafe noch weiters 5 Rthlr. Strafe erlegen.

19.

Die Gemeinden, so im Wildzaun liegen, sollen die junge Schläge nach Herausschaffung des Holzes bey 10 Rthlr. Strafe sogleich zuzäunen; und wer dergleichen Zäune aus Muthwillen oder aus Dieberey aufreißt oder verdirbt, soll auf ohnbestimmte Zeit zum Schubkarren, Weibspersonen aber zum Zuchthaus condemniret werden.

20.

Das Weiden in jungen Schlägen wird durchaus verboten, und wer dagegen handelt, soll von jedem Stück 1 fl. und von einer Heerde 15 fl. Strafe, bey Nacht aber das doppelte erlegen; wobey aber bemerket wird, daß in diesem Fall über 10 Stück für eine Heerde angesegesehen werden, und müssen die Gemeinden für ihre Hirten stehen, und vor die Strafe haften; jedoch ist dem Burgermeister längstens binnen 3 Tägen die Pfändung anzusagen.

21.

Die Geisen sollen durch besondere Hirten, aber nicht in Waldungen noch Rohdecken, sie seyen Herrschaftlich oder gemein und eigenthumlich, sondern auf einem vom Forster anzuweisenden District gehütet, im Contraventions- und Betretungsfall aber und in Schlägen und in eingehängten Waldungen von jedem Stück mit 1 fl. Strafe, sonsten und nur ausser dem angewiesenen District aber mit 5 Bh. Strafe per Stück, so wie auch die Schaafe um 3 fl. von einer Heerde angesehen werden.

22.

Das Grasen in jungen Schlägen bey Tag ist, wenn es mit der Hand geschiehet, bey 30 kr. von jeder Last, mit der Sichel 1 fl. per Last, und mit der Sense 2 fl. per Last verboten; das nächtliche Grasen aber bey doppelter Strafe untersaget.

23.

Das Heiderupfen soll nur mit Vorwissen des Forsters auf Plätzen, so derselbe dazu anweiset, erlaubt seyn, und die Contravenienten, wenn es mit der Hand geschiehet, um 10 kr. mit der Sichel um 15 kr. und mit der Sense um 1 Rthlr. per Last, und von einem Karren um das doppelte, vom Wagen um das dreyfache gestraft werden.

24.

Nicht weniger sollen auch die Bremmen und Binsen in Waldungen nur mit Erlaubniß des Forsters geholet, und diejenigen, welche dergleichen an verbotenen Plätzen

Plätzen zu schneiden sich begehen lassen, gleich im vorigen Art. in Ansehung der Heide festgesetzt ist, bestrafet werden.

25.

Das Laubscharren ist ebenmäßig gänzlich verboten, und soll nur an unschädlichen Orten auf jedesmalige Anweisung der Förster gestattet werden.

Wer aber über verbotenem Laubscharren betreten wird, soll von der Tragend um . . . . . . 10 kr.

       vom Karren 20

       vom Wagen 30

gestraft werden.

26.

Das Laubstrüpfen, wodurch die Bäume sehr zerrissen werden, wird gänzlich untersagt, und sollen die Contravenienten per Last um 30 kr. bestraft werden. In Ansehung der Moselorten hat es sein Verbleiben bey der Observanz.

27.

Wenn Wege durch Waldungen angelegt oder erweitert werden wollen, soll jedesmalen dem Fürstlichen Oberforstamt hievon Nachricht gegeben werden, damit solches die Forstbediente hiernach bescheiden können. Falls aber ein Partikulier oder eine Gemeinde ohne Erlaubniß einen neuen Weg durch die Waldungen zu machen sich unterstehen würde, so soll derselbe in 5 fl. Strafe genommen werden.

28.

Das Steinbrechen in den Waldungen ist anderst nicht erlaubt, als wenn solches von Fürstlichem Oberforstamt concedirt wird, und soll derjenige, so ohne dergleichen Erlaubniß in Waldungen Steine bricht, um

            1 Rthlr.

1 Rthlr. geſtraft werden. Falls aber auch derjenige, welchem das Steinbrechen in Waldungen verwilliget worden, ſolche auf den Raub und nicht in der Ordnung bricht, auch die Löcher und Gruben hernach nicht wieder zumacht, ſo ſoll derſelbe in 10 fl. Strafe verfallen ſeyn.

29.

Wer Herrſchaftliches Waldland ohne Erlaubniß aufreiſet oder beſaamet, ſoll nicht nur den Röderzins, davon ab 36 kr. per Morgen nebſt der Forſtgebühr bezahlen, ſondern auch das Quadruplum des Röderzins-Ertrags zur Strafe erlegen.

30.

Wer ſein an die Herrſchaftliche Waldungen ſtoßendes Land in dieſelbe hinein verweitert, mithin Herrſchaftlich Waldland dazu nimmt und benutzet, ſoll von jeder Ruthe 5 fl. Strafe bezahlen, und das uſurpirte Land zum Herrſchaftlichen Wald zurück fallen.

31.

Weder Hirten noch ſonſt jemand ſollen ſich unterſtehen, Feuer in einem Wald anzumachen, bey ſchwerer und befindenden Dingen nach Leibesſtrafe. Würde aber Feuer in einem Wald auskommen, ſo ſollen die Gemeinden einander bey nachdrücklicher Strafe hülfreiche Hand bieten.

32.

Wer in ſpecie Feuer an einen Baum anmacht, und ſolchen dadurch beſchädigt, ſoll ſelbigen nach der Aeſtimation und zugleich das Quadruplum davon zur Strafe zahlen. Um mehrerer Conſervation der Waldungen willen ſoll auch Niemand bey Nacht Holz in denſelbigen laden und wegfahren, oder mit Laternen und Fackeln dahin gehen, bey 3 fl. Strafe.

33.

33.

Die Holzmacher, Jagdleute, Hirten und andere, welche ſich nothwendig in den Waldungen aufhalten, und daher zu ihrer Erwärmung und Zubereitung der nöthigen Speiſen Feuer halten müſſen, ſollen ſolches an Orten neben den Waldungen, wo kein Schaden geſchehen kann, machen, auch bey ſchwerer Strafe ſolches bey dem Weggehen wieder wohl ausdämpfen.

34.

Das Tabackrauchen in den Waldungen wird, ſo lange es trocken iſt, und das Laub gerne brennt, bey 5 Rthlr. Strafe gänzlich verboten.

35.

E. Beſtimmung gewiſſer Täge zu Abholung des Holzes aus den Waldungen.

Auſſer den beſtimmten Holztägen, welche auf Dienſtag und Freytag jeder Woche feſtgeſetzt werden, ſoll Niemand Holz oder Laub in den Waldungen holen, und wer auſſer dieſen beyden Tägen in den Waldungen betreten wird, ſoll neben der ſonſt verwirkten Strafe annoch 30 kr. Strafe weiters erlegen.

36.

Wer Morgens vor- oder Abends nach der Betglocke Holz im Wald holet und wegführet, ſoll, falls es angewieſen geweſen, um 3 fl. wenn er aber dergleichen entwendet, um das doppelte der gewöhnlichen Strafe gefrevelt werden.

37.

Dasjenige Holz, ſo nach der Anweiſung über Jahr und Tag im Wald ſtehen bleibt, iſt demſelben verfallen.

38.

38.

Das Brennholz und Wellen, so angewiesen ist, soll vor Georgii-Tag, bey Straf 30 kr. von jedem Klafter aus dem Wald geschaft werden.

39.

F. Verordnung, den Holzverkauf ausser der Gemeinde, oder Verwendung zu einem andern Gebrauch, als das Holz angewiesen worden, betreffend.

Derjenige, welcher vom gemeinen Theil- oder loosholz, es seye gleich, daß es sein ihme selbst angewiesenes gemeines Holz seye, oder auch, daß er solches von einem andern in der Gemeinde erkauft habe, ausserhalb der Gemeinde verkauft, ohne daß ihm solches ausdrücklich zum Verkauf angewiesen wird, soll jedesmalen, und zwar nach Proportion der Quantität, per Klafter mit 3 fl. Strafe angesehen werden. Desgleichen wer die im loos erhaltene Wellen, Aeste, Späne und dergl. so ihme zur Nothdurft angewiesen werden, ausser der Gemeinde verkauft, soll per Wagen gleichmäßig um 3 fl. gestraft werden.

40.

Wenn ein Unterthan das ihm zu eigener Nothdurft angewiesene Holz zu einem andern Gebrauch verwendet oder gar verkauft, so soll derselbe zur Strafe das Duplum vom Holzwerth bezahlen.

41.

G. Anstalten, daß auf die Forstverbrecher gehörig invigilirt und dieselbe angezeiget werden.

Alle Unterthanen sind schuldig, die ihnen bekannte Forstfrevler anzuzeigen; wer aber wissentlich einen begangenen

genen Forstfrevel und den Thäter verschweigt, der soll
mit eben der Strafe, wie der Thäter, selbst belegt, dahingegen demjenigen, der einen Frevler mit Grund an-
giebt, der 4te Theil der Strafe zur Belohnung gegeben
werden.

42.

Eltern und Dienstherren sollen für die von ihren
Kindern und Gesinde begangene Forstverbrechen haften,
wenn ihnen diejenigen, so dieselben betreten, in den ersten drey Tagen die Anzeige davon gethan. Ist aber
die Anzeige den Dienstherrn und Eltern binnen dieser
3 Tagen nicht geschehen, so soll der Denunciant mit
der von dem Frevler verwirkten Strafe belegt werden.

43.

Forstfrevler, so bey der Pfändung falsche Namen
angeben, sollen auf 4 Wochen zum Schubkarren, und
wenn es Weibspersonen sind, auf eben so lange Zeit
zum Zuchthaus condemniret werden.

44.

Wenn Forstfrevler bey der Pfändung dem Jäger
ihre Namen nicht angeben wollen, so sollen solche arretirt, und sodann nach Befund mit ernstlicher Strafe
neben dem verwirkten Frevel angesehen werden.

45.

Derjenige, welcher sich der Pfändung des Forstbedienten zu widersetzen beygehen lassen sollte, und diesen
gar mißhandelt, solle mit 6 monatlicher Schubkarren
auch nach Befund schwererer Strafe angesehen werden.

46.

Fremde und auswärtige Forstfrevler sollen sogleich
von den Forstbedienten arretirt und an die Ober- und
Aemter

Aemter eingeliefert, fort nach den vorliegenden Verordnungen beſtraft werden.

47.

Wer öfters Forſtverbrechen in Herrſchaftlichen Waldungen begehet, ſoll als incorrigible angeſehen, und nicht
mit Geld, ſondern mit Schubkarrenſtrafe belegt werden.

48.

H. Strafen, ſo auf die verſchiedenen Holzver-
brecher geſetzt ſind.

Wer bey Tag Holz in den Waldungen entwendet,
ſoll nebſt der Aeſtimation des Holzes nach dem Werth
auch noch das Vierfache deſſelben zur Strafe erlegen.

49.

Wer aber bey Nacht oder an Sonn- und hohen
Feſttägen Holz entwendet, ſoll neben dem Werth des
Holzes noch das Achtfache zur Strafe geben.

50.

Von einem Tragend grün geriſſenes oder gehauenes
ſtehendes Holz ſoll 15 kr. für Schaden und das Quadruplum zur Strafe:

51.

Von einer Tragend dürr ſtehend Holz, ſo gehauen
oder geriſſen, wird 10 kr. für Schaden und 10 Bß. zur
Strafe, und

52.

Von einem Tragend unerlaubten Leshoz 5 kr. für
Schaden und 5 Bß. zur Strafe erlegt werden.

53.

Wer stehend Holz mit der Säge abschneidet, soll mit der poena octupli des zugleich regulirten Taxes angesehen werden.

54.

Das abgehauene oder abgerissene Holz, wenn es gleich im Wald liegen bleibt, sollen Denunciati dennoch zu bezahlen schuldig seyn, indem es dem Eigenthümer nicht mehr zum Nußen kommt, es wäre denn, daß der Forster bezeugte, oder sonsten erwiesen werden könnte, daß es von solchem annoch verkauft worden sey.

55.

Wer einen Gipfel von einem Baume abhauet, soll nicht nur um 15 fl. gefrevelt werden, sondern auch das Holz dazu bezahlen, und solches so gerechnet werden, als wenn der ganze Baum gestohlen worden seye, weil durch Abhauung des Gipfels der Baum ohnehin verdorben ist.

56.

Wer die Herrschaftliche Waldart nachmacht, soll mit Staupenschlag und ewiger Landesverweisung bestraft werden. Wer aber Bäume fälschlich flitschet, soll mit 3 monatlicher Schubkarrenstrafe belegt werden. Desgleichen, wer etwas anders hauet, als ihm angewiesen worden, oder seine angewiesenen Bäume muthwilliger Weise auf andere dabey stehende Stämme hauet, diese dadurch beschädigt oder gar umschlägt, soll den Werth des Holzes und zur Strafe das Quadruplum bezahlen.

57.

Sägklöße ohne Ausnahme, es mögen solche aus denen Herrschaftlichen oder gemeinen Waldungen hergenommen oder erkauft werden, oder auch Innländischen

oder

oder Fremden gehören, sollen jederzeit, ehe solche auf die
Sägmühle zum Schneiden gebracht werden, im Wald
mit der Waldart des Forsters, welchem der Wald un-
tergeben, es mag solcher inn- oder ausländisch seyn, mar-
quirt seyn; und wenn ein nicht dergestalten marquirter
Kloß auf die Sägmühle gebracht würde, so soll der Säg-
müller bey 10 Rthlr. Strafe solchen nicht eher verschnei-
den, er habe denn vorher dem Forster die Anzeige gethan,
damit dieser untersuchen könne, woher derjenige, so den
Kloß gebracht, solchen erhalten.

58.

Wer gemacht Klafterholz in einem Schlag entwendet, der soll nicht nur deswegen mit der ordinairen Strafe
belegt werden, sondern auch alles Holz, so in demselben
ermangelt, nach dem Tax sammt Macherlohn, salvo re-
greßu jedoch, an die von ihm ausfindig zu machende
Thäter bezahlen.

59.

Die Unterthanen sollen ihre Bindreidel, so lang
als möglich und dieselbe tauglich, behalten; wenn aber
einer unbrauchbar worden oder zerbrochen, unter Vor-
weisung der Stücke bey dem Forster sich einen andern
anweisen lassen, und falls solches in Herrschaftlichen Waldungen beschiehet, von jedem Stück 1 Bh. bezahlen;
wer aber dergleichen eigenmächtig und ohne Anweisung
in Herrschaftlichen oder gemeinen Waldungen hauet, soll
von jedem Stück 30 kr. Strafe und 30 kr. für den Schaden bezahlen.

60.

Die Früchte sollen in Strohseiler oder Weiden ein-
gebunden werden, und wer andere Garbenseile von frucht-
oder unfruchtbarem Holz in Herrschaftlichen oder gemeinen Waldungen schneidet oder hauet, soll von jedem Erd-

stamm

stamm 4 kr. für den Schaden und das Vierfache zur
Strafe zahlen; wenn solche aber, wie auch Flachs und
Besenreiser von Aesten geschnitten sind, der Werth ästi-
mirt, und nebst diesem das Quadruplum poenae loco
erseßt werden.

61.

Holzmacher, so bey dem Holzmachen eine Welle
oder Stück Holz mitnehmen, sollen als Holzdiebe gestraft, den Privatis aber nicht gestattet werden, denen
Holzmachern Erlaubniß hiezu zu geben.

62.

Wer faule Bäume aushauet, um sich des Holzes
zum Potaschbrennen zu bedienen, soll neben der Aestimation das Achtfache zur Strafe erlegen; wer aber Bäume
in dieser Absicht anzündet, soll mit Schubkarren- oder
nach Befinden schwererer Strafe, belegt werden.

63.

Auch derjenige, welcher Bäume, worinn wilde Bienen sind, aushauet, soll um 1 Rthlr. gestraft werden,
und den Schaden bezahlen.

64.

Diejenigen Kühnholzträger, welche Bäume in dieser Absicht anhauen, sollen nebst der vierfachen Strafe
von der Aestimation des entwendeten Holzes auch den
Werth des ganzen Baums bezahlen.

65.

Wer Bucheln oder Eicheln an solchen Orten, wo
er nicht dazu berechtigt ist, lleset, soll 30 kr. Strafe erlegen.

66.

Gleichergestalten sollen auch diejenigen, welche in
Schlägen Haselnüsse holen, um 30 kr. gestraft werden.

67.

67.

Verordnung, das Jagdwesen betreffend, und zwar 1) die Conservation der Wildbahn überhaupt.

Die Setzzeit dauert vom 12ten May bis zu Ende des Junii, die Prunftzeit aber vom 3ten Sept. bis zum 15ten Octob. Während der Setz- und Prunftzeit soll, damit das Wild nicht gestöhrt werde, Niemand in den Wald gehen, und ceßiren alsdann die Holztäge. Diejenigen aber, so binnen dieser Zeit im Wald betreten werden, sie mögen Holz oder Gras oder dergleichen im Wald holen, sollen um 30 kr. gefrevelt werden.

68.

Wer auch alsdann mit seinem Vieh in sonst erlaubten Waldungen hütet, muß gleichfalls 30 kr. Strafe erlegen, und falls ein Hirt mit einer Heerde in einem sonst offenen Wald hütet, so soll derselbe in 1 Rthlr. Strafe condemnirt werden.

69.

Bey frischgefallenem Schnee soll Niemand den andern Morgen bis nach Mittag wegen der Wolfskreisung in den Wald gehen, bey 30 kr. Strafe.

70.

Es soll auch kein Geflügel, weilen solches die Wildbahn stöhret, bey 2 Rthlr. Strafe in die Waldungen getrieben werden.

71.

Die Unterthanen sollen keine spitzige Pallisaden zu Zaunstecken an ihren Gärten nehmen, widrigens um 10 fl. gestraft werden, und das Wildpret, so sich an dergleichen Pallisaden spießen würde, noch dazu bezahlen.

J 3

72.

72.

2) Die Converſation der Thiergärten und Fa-
     ſanerie betreffend.

, Wer den Wildzaun aus Muthwillen oder Dieberey
beſchädigt, ſoll auf unbeſtimmte Zeit zum Schubkarren
condemnirt werden.

73.

Wer aber über den Wildzaun ſteiget, oder durch
denſelben ſchlupfet, ohne jedoch etwas daran zu beſchädi-
gen, ſoll um 1 Rthlr geſtraft werden.

74.

Wer ein Thor am Wildzaun offen ſtehen läßt, ſoll
mit derjenigen Strafe belegt werden, die auf dem dabey
ſtehenden Placat beſtimmt iſt.

75.

Wer von denen zum Wildzaun beſtimmten Nägeln
etwas entwendet, ſoll um 10 Rthlr. geſtraft werden,
und wenn er die Strafe nicht zahlen könnte, ſolche mit
zweymonatlicher Schubkarrenarbeit abbüſſen.

76.

3) Die von den Unterthanen zu präſtirende
     Jagdfrohnden betreffend.

Diejenigen, welche Jagdfrohnden zu thun ſchuldig
ſind, ſollen auf vorgängige Beſcheidung ohnfehlbar er-
ſcheinen, widrigenfalls aber, und wenn einer oder der
andere ausbleibt, ein Handfröhner mit 15 kr. per Tag
beſtraft werden, und denen erſchienenen Fröhndern eben
ſo viel zum Vertrinken geben.

77.

77.

Wer aber mit der Fuhr bey einer Jagdfrohnd ausbleibt, soll für jedes Stück Vieh, so er an der Fuhr hätte
haben sollen, 1 fl. Strafe erlegen, und falls in eilenden
Fällen nöthig ist, eine andere Fuhr zu dingen, auch darneben den Fuhrmann zahlen.

78.

Damit man aber wissen möge, was vor Fröhner
bestellt sind, so soll jeder Burgermeister bey 1 Rthlr.
Strafe dem Förster eine Liste über die Fröhner mitschi-
cken, und bey den Frohndfuhren bemerken, wie viel Stücke jeder bey sich haben solle.

79.

In sothaner Liste soll der Burgermeister keinen, der
auf der Frohnd zu erscheinen schuldig ist, auslassen, bey
denen aber, welche Krankheits- oder anderer hinlänglicher Ursachen halben sich einzufinden behindert sind, solches bemerken, damit keiner so beschieden ist und ausge-
blieben, hintennach erst mit Entschuldigungen sich durch-
zuhelfen suchen möge, sondern der Forster beym Ablesen
sehen könne, welche erscheinen müssen, und warum ein
oder der andere sich nicht eingefunden habe.

80.

Würde aber der Burgermeister in Verfertigung der
Listen, theils darinn, daß er einen auslassen oder als
krank bemerken würde, der solches nicht wäre, theils,
daß er Leute, welche nicht zu erscheinen im Stande wären, ohne dieses anzuführen, einsetzte, sich Unrichtigkeit
zu Schulden kommen lassen, so soll derselbe mit 10 Rthlr.
Strafe angesehen werden.

J 4

81.

81.

4) Verordnung, die Parforcejagd betreffend.

Die zur Parforcejagd angelegten Reitſtege ſoll Niemand befahren, und die Contravenienten, wenn kein Placat dabey ſtehet, um 1 Rthlr., falls aber ein dergleichen
Placat vorhanden, in die hierinnen bemeldte Strafe condemniret werden.

82.

Ingleichem ſollen die Herrſchaftliche Reitwege auf
gleichmäßige und bey der nemlichen Strafe verboten,
falls jedoch die Unterthanen ſich derſelben bedienen müſſen,
um zu ihrem Holz, Ackerland oder dergleichen zu kommen, ſo ſoll ihnen ſolches dergeſtalten erlaubet ſeyn, daß
ſie die Gleißen und übrigen Schaden ſogleich nach dem
Durchpaſſiren wieder zumachen und in vorigen Stand
ſtellen, bey Vermeidung vorgedachter Strafe.

83.

Denen Employés der Ferme wird die Reitwege zu
Fuß und zu Pferd, jedoch mit Ausſchluß der Wege in
Gehegen, als welche verboten bleiben, zu paſſiren erlaubt.

84.

Auch dürfen ſich Bediente derſelben in Herrſchaftlichen Verrichtungen bedienen.

85.

Wenn durch das Wäſſern der Wieſen und dabey
übliches Schwellen des Waſſers ein Parforce-Reitſteg
oder Brückelchen ruiniret würde, ſo ſoll die Gemeinde,
auf deren Bann ſolcher Reitſteg oder Brückelchen geſtan-
den, 20 Rthlr. Strafe salvo regreſſu gegen den Thäter
erlegen; es wäre dann, daß ſich die Gemeinde legitimiren

ren könnte, daß sothane Beschädigung von einem heftigen Wasserguß herrühre, dergleichen bey schweren Gewittern sich zu ereignen pflegen.

86.

5) Die Herrschaftlichen Hunde betreffend.

Alle Unterthanen, denen Herrschaftliche Hunde zugeschickt werden, sollen bey 6 Rthlr. Strafe, wenn der ihnen zugeschickte Hund krank werden oder crepiren sollte, sogleich die Anzeige davon bey ihrem Forster thun, dieser aber, falls der Hund krank, unverzüglich nach ihm sehen, und alles mögliche zu dessen Curirung thun, falls selbiger aber dennoch crepiren sollte, seinen schriftlichen Bericht darüber an Fürstliches Oberforstamt bey 3 Rthlr. Strafe erstatten, mit ausdrücklicher Bemerkung, wenn der Hund erkranket, wie auch wenn er crepiret, und wenn ihm solches von demjenigen, der den Hund gehabt, angezeigt worden.

87.

Wer einem Herrschaftlichen Hund das Halsband oder den Prügel abnimmt, soll um 5 Rthlr. gestraft, oder wenn er diese nicht zahlen kann, mit 30 Stockschlägen belegt werden.

88.

Wer Herrschaftliche, mit P. Z. gezeichnete Hunde allein oder von Leuten geführet, antrifft, die nicht in Herzoglichen Diensten oder Livree stehen, oder specialen Auftrag dazu haben, soll die Hunde sowohl als die Personen arretiren, und letztere denen Schultheißen oder Ortsvorstehern überliefern, (die solche nachher an die Ober- und Aemter zur schärfesten Untersuchung abzugeben haben) die Hunde aber an Förster überbringen. Wären aber die Hunde nicht einzuholen gewesen, so soll

J 5   die

die Anzeige zu deren Verfolg und Habhaftwerdung bey
dem Vorstand des Orts unverzüglich gethan werden;
welches alles besonders auch den gemeinen Wächtern empfohlen wird. Diejenigen, so dergleichen Hunde und
Personen nicht arretiren, anzeigen oder verfolgen, sollen,
besonders die gemeinen Wächter, mit scharfer Strafe belegt, dem aber, der einen dergleichen Hunddieb einliefert,
10 Rthlr. zur Belohnung bezahlt werden.

89.

**6) Verordnung, wie ferne denen Unterthanen
Hunde zu halten erlaubt, betreffend.**

Wegen Einschränkung des Hundehaltens giebt die
Verordnung vom 14. Aug. 1783. Ziel und Maas.
Wenn aber Jemand auf dem Land genöthigt ist, seines
Gewerbs halber und zur Sicherheit einen Hund zu halten, so soll er solchem einen Prügel anhängen. Die Jäger haben hierauf genau Acht zu tragen, und wenn sie
prügellose Hunde im Feld herumlaufend antreffen, solche
todt zu schiessen.

90.

Denen Unterthanen soll die Verfertigung der denen
Hunden anzuhängenden Prügel künftighin selbst nach einem von dem Forster dießfalls zu verlangenden Maas
zwar frey stehen, jedoch sollen sie solche allzeit von denen
Förstern brennen lassen, und diesem von solchem Brennen
von jedem Bengel 2 kr. zahlen. Wenn aber die Unterthanen dergleichen Bengel bey den Forstern gefertigt
und gebrennt abnehmen wollen, haben sie diesem für jeden 3 kr. zu zahlen.

91.

91.

7) Verordnung zu Vorbeug- und Verhütung der Wilddieberey.

Windbüchsen in Form eines Stocks mit abgeschraub-
ten Kolben sollen von den Büchsenmachern nicht verfertigt und debitirt oder ins Land gebracht werden, bey Confiscation derselben und noch anderer schwerer Leibesstrafen.

92.

Wer mit der Flinte im Wald oder Feld ausser der
ordentlichen Straße angetroffen wird, soll, wenn er gleich
nicht überführt werden kann, etwas geschossen zu haben,
doch mit 20 fl. Herrschaftlicher Strafe belegt werden.

93.

Alles Schiessen ist aufs schärffste und bey empfindlicher Strafe verboten, wie dann insbesondere denen
Bauern solches durchaus und gänzlich untersagt ist; sollte
sich aber Jemand gar unterstehen, in Städten oder Dörfern zu schiessen, der soll mit 4 wochentlicher Schubkarrenstrafe angesehen werden.

94.

Niemand soll sich unterstehen, Hunde mit ins Feld
oder Waldungen zu nehmen, und die Hirten, welche dergleichen nöthig haben, sollen solche an Riemen halten,
ausser wenn es die Zusammentreibung des Viehes erfordert. Wer aber darwider handelt, und dessen Hund ja-
gend an Wildpret angetroffen wird, der soll 10 Rthlr.
Strafe geben oder 2 Monat im Schubkarren gehen.

95.

Wessen Hund ohne Prügel angetroffen und todt-
geschossen wird, der soll 1 fl. Strafe geben, und dem
Jäger,

Jäger, welcher den Hund todtschießt, 30 kr. Schußgeld bezahlen.

96.

8) Strafen, so auf die Wilddieberey gesetzt sind, und Anstalten zu deren Entdeckung.

Wer Nachricht hat, daß Jemand mit Wilddiebe-rey umgehet, und keine Anzeige davon thut, dessen Ver-mögen soll nicht allein confiscirt, sondern er auch mit empfindlicher Strafe belegt werden. Der Angeber eines Wilddiebs aber soll nebst Verschweigung seines Namens 25 Rthlr. zur Recompenz erhalten, und wenn der Wild-dieb auf die beschehene Anzeige handvest gemacht wird, ihm 50 fl. gereicht, annebst eine zweyjährige Freyheit von allen Abgaben verwilliget werden.

97.

Die Forster und Jäger sollen jedoch nur alsdann, wenn starke Indicia oder die größte Wahrscheinlichkeit von einer begangenen Wilddieberey vorliegen, zur Captur schreiten, im widrigen aber auf vages und leeres Ge-schwäß von dergleichen Excessen nicht mit der Gefangen-schaft vorfahren, sondern sogleich davon die Anzeige bey den Ober- und Aemtern thun, und diese durch eine an-zustellende General-Untersuchung erforschen, ob man ar-retiren könne oder nicht; dergleichen Anzeigen aber und deren Inquirirung aufs genaueste geheim gehalten werden.

98.

Wenn ein Wildpretsdieb bey Betretung auf den er-sten Zuruf eines in Pflichten stehenden Jägers oder Jä-gerpurschen sich nicht ergeben würde, so soll letztern erlaubt seyn, auf den Wildpretsdieb Feuer zu geben.

Ein gleiches findet statt, wenn der Wilddieb sich zur Wehr setzt. Demjenigen aber, der einen dergleichen Wild-

Wildpretsdieb todt liefert, sollen 10 Rthlr. und demjenigen, so einen Wildpretsdieb lebendig einbringen wird,
20 Rthlr. zur Recompenz gereicht werden.

99.

Auf die Zigeuner und andere Vagabunden, welche
mit Gewehr auf denen Straßen und in den Waldungen
angetroffen werden, wenn sie sich auf Zurufen nicht ergeben, soll eben sowohl als auf andere Wildpretsdiebe Feuer
gegeben, und für jeden eingelieferten Zigeuner und Vagabunden die nemlichen Recompense, wie von einem
Wildpretsdieb, gereicht werden.

100.

Wenn auf denen Feldern oder in denen Waldungen
ein todtes Stück Wildpret gefunden wird, soll solches
von demjenigen, der dergleichen antreffen wird, sogleich
bey dem Forster jedes Orts angezeigt, widrigenfalls aber
derselbe als ein Wilddieb mit der nemlichen Strafe angesehen werden. Desgleichen sollen die gefunden wer-
dende Hirschstangen an die Forster gegen Zahlung 3 kr.
per Pfund eingeliefert, und nicht an andere verkauft werden, bey Strafe 3 fl. von jeder Stange, sie seye groß
oder klein.

101.

Alle Arten von Vögel zu schießen oder in den Waldungen zu fangen, wird bey 10 Rthlr. Strafe,

102.

Hasen, Hühner, Enten, Schnepfen und dergleichen
zu schießen bey 10 fl.,

103.

Dergleichen wie auch Wachteln und anderes Wildpret zu fangen bey Schubkarrenstrafe verboten.

104.

104.

Vogelneſter in denen Waldungen ſollen bey Schubkarrenſtrafe nicht ausgehoben werden.

105.

Wer eine Falle, ſo die Jäger auf Raubthiere aus-
gelegt, zu mißhandeln, oder gar ſie zu ſtehlen ſich unter-
ſtehet, ſoll mit 20 Rthlr. Strafe angeſehen, und dem
Denuncianten jedesmalen die Hälfte davon mit 10 Rthlr.
gereicht werden.

106.

Derjenige, welcher einen Faſanen durch Schieſſen,
Fangen oder ſonſt auf andere Art ent-endet, ſoll mit
50 fl. Strafe belegt werden.

107.

Die Wildpretsdiebe ſollen mit ſchwerer Leibes- und
nach Beſchaffenheit des Verbrechens und der Umſtände
gar mit Lebensſtrafe angeſehen werden.

108.

Fiſch- und Krebsdiebe ſollen zum Erſtenmal mit
15 fl. zum Zweytenmal mit 30 fl. und zum Drittenmal
mit Schubkarrenſtrafe belegt werden, auch der Fiſch-
und Krebsverkauf auſſer Lands bey gleichmäßiger Strafe
verboten ſeyn.

109.

Derjenige, welcher einen derer in den Herrſchaftlichen Fiſchwaſſern angelegten Fiſchfang beſchädigt, oder
einige Fiſche daraus entwendet, ſoll jedesmalen mit 10
Rthlr. Strafe angeſehen werden.

110.

Soll ſich Niemand unterſtehen, in der Laichzeit,
nemlich vom 12ten May bis Ende Julii denen Wey-
hern

hern zu nähern bey Strafe 1 Rthlr., wovon jedoch die
Müller, welche nach dem Wasserlauf zu sehen, sodann
Hirten und andere Leute, so ihr Vieh an selbigen zu trän-
ken, und Güterangränzer, welche daselbst zu thun haben,
ausgeschlossen bleiben, dahingegen, wo öffentliche Wege
über den Weyherdamm gehen, oder an dem Weg herzie-
hen, bey der nemlichen Strafe ab 1 Rthlr. Niemand
sich daselbsten aufhalten, sondern seinen Weg fortgehen
solle.

Es ist auch Niemand erlaubt, ohne Vorwissen und
Gestattung des Forsters vom Forst, Wehre in die Herrschaftliche Fischbäche zum Wässern zu machen, bey Strafe
von 5 fl. in jedem Contraventionsfall; vielmehr sind anstatt der Wehren Schleussen einzustellen, und nach been-
digter Wässerung zu eröffnen.

III.

Verordnung, so die Forster, Jäger und Falter-knechte besonders angehen.

Wie die Forster blos allein mit dem ihnen obliegen-
den Herrschaftlichen Dienst sich zu befassen, und alles
dasjenige, was sie hieran verhindern, oder ihnen allzu-
viele Zerstreuungen geben könnte, nicht zu unternehmen
haben; also wird ihnen besonders verboten, daß sie
1) keine liegende Güter ohne Erlaubniß acquiriren,
2) keine Wirthschaft treiben, und
3) auf keine Zehnden steigen sollen, auch dörfen selbige
4) mit denen in ihrem Forstbezirk wohnenden Personen keinen Frucht- oder Weinhandel treiben.

Es ist ihnen jedoch erlaubt, ihre eigene Crescenzien
an solche zu verkaufen, und im Großen mit denen außer
ihrem Forst wohnenden Personen Frucht- und Weinhandel gegen Entrichtung der Nahrungsschatzung mit Erlaubniß Fürstlichen Oberforstamts zu treiben.

112.

Die Forster sollen von denen in ihrem Forst besind-
lichen Gemeinden kein Holz ohne Erlaubniß Fürstlicher
Regierung und Vorwissen des Fürstlichen Oberforstamts
erkaufen.

113.

Auch wird solchen bey schwerer Strafe ausser ihren
Diäten annoch Honoraria zu nehmen untersagt.

114.

Ferner haben die Forstbedienten sich des Handels
mit Holz und Rinden bey Strafe der Cassation zu enthalten.

115.

Nicht weniger sollen Forstbediente, welche ohne
Herrschaftlichen Consens an gemeinen Rod oder Rodland
Antheil nehmen, um 50 Rthlr. gestraft werden.

116.

Auch ist den Jägern das Schiessen in Dörfern nicht
anderst, als daß sie mit Haar laden, erlaubt, und dergleichen aus Muthwillen zu thun, oder andern zu gestat-
ten, bey schwerer Strafe untersagt.

117.

Falterknechte, so in der Obsicht über den ihnen anvertrauten District des Wildzauns nachläßig sind, deßgleichen die Forster, so bey Lieferung des Raubzeugs und
der Rabenfänge Unterschleife begehen, sollen auf 3 Monat in den Schubkarren gespannt werden.

118.

Förster, so bey Lieferung der Rabenfänge Unterschleife begehen, sollen cassirt, Jägerpursche aber, die
sich

sich dergleichen zu Schulden kommen lassen, auf 2 Monat in Schubkarren gethan werden.

119.

Das Pfandgeld der Jäger wird folgendergestalten regulirt:

1) Wer Holz entwendet, es mag solches Bauholz, Brennholz, Wellen oder eine andere Gattung seyn, muß, die Strafe seye noch so beträchtlich, an Pfandgeld erlegen:

Wenn solches auf einem Wagen heimgeführt wird . . . . 20 kr.

Auf einem Karren 15

Von der Last 10

2) Das nemliche Pfandgeld findet auch statt, wenn Holz außer der Gemeinde verkauft, eigenes Holz ohne Anweisung gehauen, oder zu verbotenen Zeiten nach Haus geführet wird.

3) Von einem Bindreidel . . . 10 kr.

4) Von Garbenseilen, es seyen Erbstämme oder Aeste per Last 10

5) Wer Bucheln oder Eicheln ließt und Haselnüsse bricht per Last 10

6) Von einer Heerde Vieh im Verbotenen 1 fl. 30

7) Von einem Stück Vieh . . 20

8) Von der Last Gras mit der Hand . 10

mit der Sichel 15

mit der Sense 20

9) Vom Wagen Laub . . . 20

vom Karren 15

von der Tragend 10

10) Von einem Fisch- oder Krebsdieb 1 fl.

11) Von einem Hasendieb . . 3

12) Wenn einer mit der Flinte im Verbotenen betreten wird, wenn er gleich nichts geschossen 1

13)

13) Wer ein Thor am Wildzaun offen stehen läßt 1 fl.
14) Wer den Wildzaun beschädigt .   .   3
15) Wer einen verbotenen Reitweg fährt oder reitet 1
Sollte aber der Frevel bey Nacht verübt worden seyn, so wird das Doppelte an Pfandgeld entrichtet.

Wenn übrigens Fälle vorkommen sollten, welche in obigem Reglement nicht betroffen, so stehet den Jägern nicht frey, ein willkührlich Pfandgeld zu nehmen, sondern es haben solche sich bey dem Oberforster deshalb zu melden, und dieser so nach bey Fürstlicher Forstcommission anzufragen, von woher ihm die weitere Weisung ertheilt werden wird.

120.

Wenn auch ein Jäger sich beygehen lassen würde, über das festgesetzte Pfandgeld Unterthanen zu übernehmen, so soll solcher neben Restitution des zu viel bezogenen annoch das Zehnfache zur Strafe erlegen.

Carlsberg den 4ten Aug. 1785.

Carl, Pfalzgraf.

---

8. Der Reichsstadt Nürnberg Decret, die Lohe-Fichten betreffend; vom 10. May 1738 *).

Zu wissen sey Männiglich, daß ein Hoch-löblicher Rath der Stadt Nürnberg, die Lohe-Fiechten auf
dem

---

*) Nachstehende Verordnung halte ich um so viel mehr eines abermaligen Abdruckes (denn sie befindet sich auch schon in meinem technologischen Magazine, Band II, S. 205 — 207.) werth, da Manche noch jetzt glauben, daß

dem Wald Sebaldi, in offenen Huten, nach Walds-Ordnung zu hauen, vergönnen und zulaſſen, ausgenommen
Seeg-Bäumen, und das redliche Zimmer-Holtz, doch
dergeſtalt, daß halb Fiechten und halb Tannen oder
Stangen zuſammen gehauet, und geladen werden, daß
auch ein jeder die Tannen oder Stangen vor den Fiechten
hauen ſoll, dann wer das überführe, der ſoll für Lohe-
Fiechten gepfändet werden. Es ſollen auch diejenige,
ſo ſolche Lohe-Fiechten hauen, oder denen ſonſt grün
Fiechten, wie auch Eichen-Zimmer-Brenn- oder Gipf-
ſel-Holtz gegeben wird, dem Lederer-Handwerk zu meh-
rerem Aufnehmen, und Nutz zu verkauffen, dieſelben hinführo in allweg zu ſcheelen, und zu lohen ſchuldig ſeyn,
bey Straff fünf Gulden, auch Verbietung der Wohn und
Wald auf dem Wald. Und ſolle den Forſtern und Amtmanns-Knechten, inner und auſſer den Höfen, wo ſie es
ungeſcheelet betretten und finden, zu pfänden hiemit erlaubet ſeyn. Zuvor aber, und ehe dann jemand in ſolche
Lohe-Fiechten fahren thut, ſoll ein jeder ſeine noch unbe-

K 2   zahlte

---

daß die Lohe aus Fichten- oder Tannenrinde gegenwärtig
entweder gar nicht mehr, oder doch nur zu beſondern Le-
derarbeiten gebraucht würde. Allein auch noch jetzt wird
ſie in den gewöhnlichen Loh- oder Rothgerbereyen nicht
nur zu Nürnberg, ſondern auch in verſchiedenen Gegenden
von Baiern, z. B. zu Schongau, theils in Vermiſchung
mit Eichen-Lohe, theils für ſich allein gebraucht. — Daß
man ſich derſelben zum Gerben des Jämtländiſchen Le-
ders bedient, bemerkt auch ſchon Herr Hofrath Beckmann
(ſ. deſſen Technologie, vierte verbeſſerte und vermehrte Auflage, 1796. S. 280.). — Die lateiniſche Benennung
der Lohe (= Tannum), ſo wie der franzöſiſche Namen
des Loh- oder Rothgerbers (= le Tanneur) ſtammen
ebenfalls von dem teutſchen Worte Tanne ab, und bewei-
ſen das Alter dieſer Benutzung der Tannen- oder Fichten-
Rinde.

A. d. H.

zahlte verholtzte Pfand und Urlaub ausrichten und bezahlen, bey jetztgemeldter Straff fünff Gulden, wie dann
den Forstern und Amtmanns-Knechten alles Ernsts bey
ihren Pflichten auferlegt und anbefohlen worden, dafern
sie einigen Walds-Genossen, welcher noch Pfand und
anders in das Wald-Amt schuldig, etwas an Brenn-
Holtz und andern Gehöltz abgeben würden, daß die Amt-
manns-Knecht und Förster, die hinterstellige Pfand aus
ihrem eigenen Säckel zu bezahlen schuldig seyn sollen.
Und solche Oeffnung der Lohe-Fiechten soll sich anfahen
auf den 12. dieses Monats, und währen biß auf eines
Hoch-löbl. Raths Wiederverbieten. Deßgleichen sollen
auch die Hirten noch sonsten jemand einiges Vieh in die
jungen besämten Felder und Wald-Plätze, darinnen
man Schaub aufgesteckt hat, noch weniger in das junge
angeflogene Holtz nicht treiben und hüten, bey Straff
von jedem Haupt ein Pfund Alt, und vor eine Bürde
Wald-Gras fünff Gulden. Sonderlich aber sich männiglich neuer Gebäu, wie die seyn mögen, bevorab neuer
Feuer-Recht an- und aufzurichten, gäntzlich enthalten,
bey hiebevor verruffter Pön. Sonsten aber ein jeder
seine Zimmer und Gebäu vor Regen und Ungewitter be-
wahren, bey Straff fünff Gulden. Endlich auch niemand einig Werckholtz, ohne habende Erlaubnus im
Wald-Amt, den Werck-leuten oder andern, weder in
die Stadt, Gostenhof, Wöhrd, in die Gärten, noch sonsten anderswohin verkauffen, verführen und hingeben,
bey Straff 40. Pfund Alt, in der Wald-Ordnung darauf gesetzt, er werde daran betretten oder nicht. Und
dieweilen bey einer geraumen Zeit hero dieser Mißbrauch
eingerissen, daß sowol inner- als ausserhalb der Meil,
die Walds-Genossen auf dem Wald und Reichs-Boden
ihre gehöltzte Lohe-Fiechten gescheelet, und daburch allerley Schalckungen mit untergelauffen; Als will ob
Hoch-löbl. gedachter Rath solche eingeführte Neuerung
                                                hiermit

hiermit alles Ernsts abgeschafft haben, daß, wo einer oder der andere Wald-Genoß, ohne absonderlich in dem Wald-Amt darzu erhaltene Erlaubnus an Scheelung der Lohe-Fiechten auf dem Nürnberger-Wald betretten wird, der solle unfehlbar um fünff Gulden, vermög der Wald-Ordnung, gestrafft werden. Worbey nochmalen erinnert wird, daß ein jeder innerhalb 14. Tag, denen nechsten zu seinen Marck-Steinen, wo die stehen, und an den Reichs-Boden stossen, raumen, und zu jedem einen Pflocken drey Schuh lang, schlagen soll, bey Straff von jedem Stein einen Gulden. Darnach wisse sich männiglich zu richten, und vor Schaden zuhüten.

Den 10. May A. 1738.

Wald-Amt Sebaldi.

---

9. Fürstlich Hessen-Darmstädtische Verordnung, die Abstellung verschiedener Unordnungen in den Forsten betreffend; vom 20. April 1776 *).

Von Gottes Gnaden Wir Ludwig, Landgraf zu Hessen, Fürst zu Hertzfeld, Graf zu Katzenelnbogen, Dietz, Ziegenhain, Nidda, Hanau, Schaumburg, Isenburg und Büdingen, ꝛc.

K 3 liebe

---

*) Auffallend merkwürdig ist es, daß im eigentlichen von Moser'schen Forstarchive gar keine Darmstädtischen Forstverordnungen geliefert worden sind, daher ich mich bemühen werde, sie in dieser Fortsetzung nachzuholen.

A. d. H.

Liebe Getreue!

Wir haben vor gut angesehen, in denen Forsten, welche zu Unserm Darmstädter Oberforst gehören, ein und andere bessere Einrichtungen zu machen, auch verschiedene Unordnungen, so sich in denselben eingeschlichen, abzustellen, und befehlen dahero folgendes:

1) In allen Unsern Waldungen soll in Zukunft schlagweis gehauen werden, und das schädliche Ausläutern hiermit ein vor allemal abgestellet seyn; und weilen Wir befunden, daß verschiedene Unserer Forstbedienten noch keinen rechten Begriff davon haben: So haben Wir Unserm Kammerrath und Forstmeister Moter anbefohlen, einem jeden darüber Anleitung zu geben, und verlangen hiermit, daß dessen Anordnung auf das strackeste ohne Widerrede befolget werden solle.

2) In jedem Forst soll jährlich nur Ein Schlag seyn, und ausser demselben schlechterdings nichts stehendes zu Brennholz gehauen werden; und wenn ein Forstbedienter dagegen handelt, so werden Wir mit ernster Strafe gegen denselben verfahren.

3) Wenn ein Ort, Theil oder Berg angehauen worden, so soll an und in demselben continuiret werden, und immer ein Schlag auf den andern folgen, bis der ganze Ort, Theil oder Berg durchgehauen ist, und vorher kein anderer Ort angegriffen werden.

4) Mit dem Klafterholzhauen soll gleich, wenn das Laub abgefallen ist, der Anfang, und im Frühjahr kurz vor Ausbruch des Laubs der Beschluß gemacht werden, und der Oberförster soll jeden Baum, der gehauen werden soll, unten am Stock mit dem ihm anvertrauten Waldhammer selbst anschlagen, niemalen aber diesen Waldhammer denen reitenden oder gehenden Förstern

oder

ober gar ſeinen Purſchen und Kindern zur Anweiſung
anvertrauen; und wenn ſich ereignen ſollte, daß er zur
Zeit der Hauptholzanweiſung krank wäre, und dieſem
Dienſt nicht abwarten könnte, ſo ſoll er Unſerm zeitigen
Forſtverwalter ſolches ſchriftlich anzeigen, welcher dann
verordnen wird, wer in ſeinem Namen die Anweiſung
thun ſolle.

5) Alles Brennholz in Unſern Waldungen ſoll
durch geſchworene Holzmacher gemacht werden, und was
dieſelben zu beobachten haben, das haben Wir in dieſer beyliegende Ordnung für die Holzmacher bringen
laſſen, die jedem derſelben bey ſeiner Beeidigung von Unſern Beamten gratis zugeſtellet werden wird; Unſere
Forſtbedienten, beſonders aber die Oberförſter ſollen alſo
über allem, was in dieſer Ordnung begriffen iſt, mit Eifer halten, und jede einzelne Uebertretung derſelben ohne
Anſehen der Perſon ins Bußregiſter zur Strafe notiren;
und damit beſonders wegen des Maaßes der Holzmacher
keine Entſchuldigung habe, ſo ſoll ein jeder Oberförſter,
und Förſter einen nach richtigem rheiniſchen Maaß 6
Schuh langen und in Schuhe abgetheilten Maaßſtab
außen an den Pfoſten ſeiner Hausthüre annageln, und
derjenige, welcher dieſem Unſerm gnädigſten Befehl nicht
innerhalb 4 Wochen gehorſamen oder den Maaßſtab weg-
kommen laſſen, und nicht gleich wieder erſetzen würde,
bey jedesmaligem Befund in 1 fl. 30 kr. Strafe verfallen ſeyn.

6) Es ſoll genug ſeyn, wenn ein Holzmacher nur
einmal in ſeinem Leben beeidiget werden, und Wir haben Unſern Beamten befohlen, daß ſie in das Exemplar
der Holzmacherordnung, welches ſie einem Holzmacher
bey ſeiner Beeidigung zuſtellen, hinten am Ende derſelben ſeinen Namen beyſetzen, und die geſchehene Beeidigung mittelſt eigenhändiger Namensunterſchrift und bey-

K 4 gedruck-

gedrucktem Amtsinſiegel atteſtiren ſollen; wenn alſo ein
ſich anmeldender Holzmacher, der etwa vorher in einem
andern Forſt gearbeitet, ein ſolches Atteſtat vorzeigt, ſo
kann er ohne nochmalige Beeidigung zur Arbeit angeſtellt
werden, und ſollen auch diejenigen Holzmacher, welche
vor Publication dieſer Verordnung bereits beeidiget worden, bey demjenigen Amt, bey welchem die Beeidigung
geſchehen, ein ſolches Atteſtat gratis abholen.

7) Wenn ein Holzmacher vor Endigung der Arbeit, die er übernommen hat, muthwillig aus der Arbeit
tritt, und ſelbige liegen läßt, ſo ſoll er nicht weiter als
Holzmacher angeſtellt werden können; und damit andere
mit einem ſolchen ſchlechten Menſchen nicht auch angeführt werden mögen, ſo ſollen Unſere Forſtbedienten in
ſolchem Fall ihm das eben gemeldte Atteſtat wieder abnehmen laſſen, und ſeinen Namen an Unſern Forſtverwalter einberichten, damit er andere Oberförſter vor demſelben warne.

8) Jeder reitende oder gehende Förſter ſoll den
Schlag in ſeinem Forſt, auf welchem Holz gemacht wird,
wochentlich wenigſtens zweymal viſitiren, und die Holzmacher zu guter Arbeit anhalten; wenn ſich aber bey der
von Unſerm Forſtverwalter vornehmenden Holzabzählung
fände, daß Klafter eingegraben, oder Schwellen unterlegt,
oder Scheiterholz in Reiſer geſteckt, oder nach falſchem
Maaß geklaftert worden, ſo ſoll der in dem Forſt ſtehende
Forſtbediente vor jeden ſolchen Frevel mit 1 fl. 30 kr. beſtraft werden; maßen dergleichen Betrügereyen nicht geſchehen können, wenn der Förſter ſeinen Dienſt rechtſchaf-
fen thut.

9) Jeder Oberförſter ſoll die Schläge, ſo er in
denen Forſten, welche unter ſeiner Aufſicht ſtehen, hauen
läſſet, wenigſtens alle 14 Tage einmal viſitiren, alle 14
Tage

Tage das Holz, ſo die Holzmacher fertig haben, aufnehmen, und dieſelbe lohnen, ein ordentliches Lohnbuch mit jedem halten, ihm keine unnöthigen Gänge machen, keine Geſchenke von demſelben fordern oder annehmen, demſelben keine unentgeldliche Arbeit in ſeinem Haußweſen zumuthen, oder von ſeinem verdienten Lohn, unter welchem Vorwand es ſeye, zu ſeinem eigenen Nutzen etwas einbehalten; daferne ſolches gegen Unſer Vermuthen aber doch geſchähe, und darüber geklagt würde, ſo ſolle der ſchuldig befundene Beklagte den gemachten Abzug an den Holzmacher zehenfach erſetzen, und Uns darneben für jeden beſondern Fall in 5 fl. Strafe verfallen ſeyn, auch nach Befinden, beſonders der erſtern Verbrechen wegen, wohl gar mit der Caſſation angeſehen werden.

10) Wenn ein Oberförſter, welcher die Lohnung der Holzhauer zu thun hat, ſo viel Geld nicht in ſeiner Caſſe haben ſollte, als auf den nächſten Lohntag erfordert wird, ſo ſoll er ſolches in Zeiten an den Rechner Unſerer Darmſtädter Forſtcaſſe, der Zeit Unſern Forſtſecretarium Knecht, berichten, und dieſer ihm darauf gegen Quittung ſo viel Geld zuſchicken, als zu dieſer Lohnung erfordert wird.

11) Wenn aber ein Oberförſter nach dem Schluß ſeines Regiſters zu Unſerm Forſtrechnungsführer zur Abhörung kommt, und mit Holzhauerlohn, ſo erſt in die Rechnung des folgenden Jahrs kommt, liquidiren will; ſo ſoll dieſe Liquidation nicht angenommen werden, er bringe dann ein von zwey in Unſerm Dienſt ſtehenden Förſtern unterſchriebenes Atteſtat und Urkund mit, daß ſie das Holz, von welchem das Hauerlohn liquidiret werden ſoll, im Wald ſelbſt abgezählt und wirklich aufgeſetzt gefunden haben; und welcher Förſter falſch atteſtirt, oder das Atteſtat unterſchreibt, ohne das Holz ſelbſten abgezählt zu haben, der ſoll caſſirt ſeyn; eine Diäten-

K 5   oder

oder Taggeldrechnung wird bey dieser Abzählung und
Beurkundung aber nicht passirt, weil Unsere Diener keine
Taglöhner seyn, denen man jeden Gang bezahlen muß,
und in jedem Forst schon so viele Leute seyn, daß diese Abzählung ohne Zuziehung fremder Forstbedienten geschehen
kann.

12) Zu Wald- Recht- und Saamenbäumen sollen
immer die gesundesten und am schönsten gewachsenen Hei-
ster und Bäume genommen, und keinem von denselben
oder auch andern Bäumen, so zu Bau- und Werkholz
auf dem Schlag stehen bleiben, einige Aeste genommen,
oder dieselben ausgeschneidelt werden.

13) Das Buchenwerkholz soll mit auf dem Schlag
genommen werden, auf welchem selbiges Jahr das Brennholz angewiesen wird; oder wenn ja diejenige Sorte, deren man eben benöthiget ist, auf dem Schlag selbigen
Jahrs nicht zu haben wäre, so soll es aus demjenigen
Ort genommen werden, wo das nächste oder zweytfolgen-
de Jahr der Schlag hinkommen wird, und wenn es auch
da nicht zu haben wäre, so soll der Oberförster die Anweisung mit Vermeldung der Umstände zurück senden.

14) So bald alles Holz im Wald gemacht und auf-
geklaftert ist, soll es der Oberförster an Unsern Forstverwalter berichtlich melden, damit dieser die Abzählung vornehmen kann, und bevor diese geschehen, soll kein Holz
aus dem Wald abgefahren oder in demselben verkohlet
werden, bey Straf 1 fl. 30 kr. für jede Clafter, nebst
taxmäßiger Bezahlung des Holzes; und wenn es ohne
Ordre von Uns oder Unserm Oberjägermeister aber mit
Vorwissen des Försters in dem Forst geschehen wäre, so
soll dieser Förster cassirt seyn.

15) Wenn aber die Holzabzählung geschehen ist,
alsdann kann und soll der Oberförster das Holz da, wo
es

es hin gehöret, verabfolgen laſſen, und mit den Förſtern
für die baldige Räumung des Schlags beſorgt ſeyn, auch
wenn Holz auf den Kauf gemacht worden iſt, nicht warten, bis Leute nach Holz bey ihm fragen, ſondern ſich um
Käufer und gute Käufer mit allem Fleiß umthun, und
Unſer Intereſſe ſich beſtens und pflichtmäßig angelegen
ſeyn laſſen; da aber, wo es ſtoßweiſe mittelſt einer Ver-
ſteigerung an den Meiſtbiethenden verkauft wird, jederzeit diejenigen Vorſchriften befolgen, die er von Zeit zu
Zeit darüber erhalten wird.

16) Damit es aber überhaupt ordentlich zugehe,
ſo ſoll jeder Oberförſter alljährlich auf den 30ten September einen nach beyliegendem Formular eingerichteten Bericht an Unſern Forſtverwalter einſenden, und darinnen
melden, was auf das folgende Jahr an Hofdienerſchaft-
und Kaſernenholz in ihren Forſten ſchlagen zu laſſen erforderlich ſeye, ſodann was an Holz aller Gattung zu erkaufen verlanget werde, oder zu Beſtreitung der an Unſere Generalkaſſe zu liefernden Gelder zu ſeilem Kauf
gemacht werden könne, und damit ſolches mit Beſtand
geſchehen möge, ſo ſoll jeder Oberförſter in denen in und um
ſeinen Forſt liegenden innländiſchen Gemeinden bey Glo-
ckenſchlag bekannt machen laſſen, daß derjenige, welcher
Brennholz zu ſeinem eigenen Brand, oder Bau- und
Werkholz aus Unſern Waldungen verlange, ſich längſtens auf den 15ten September jeden Jahrs bey ihm,
dem Oberförſter, darum melden und aufſchreiben laſſen
müſſe, oder aber, wenn er ſpäter darum einkommen werde, abgewieſen werden würde.

17) Auf dieſen Bericht wird jeder Oberförſter eine
von Unſerm Oberjägermeiſter unterzeichnete Anweiſung
erhalten, und diejenige Summe, welche in derſelben aus-
geworfen iſt, die ſoll er dann hauen laſſen; Wir werden
es aber allezeit ahnden, wenn ſolche Summe bey dem
Stamm-

Stammholz überhaupt und bey dem Clafterholz über 10 Clafter mangelhaft seyn sollte; so wie Wir die Caffation darauf setzen, wenn er unter die Rubrik: Wird zur Anweisung verlangt, jemanden, der sich um Holz gemeldet hat, auslaffen, oder die verlangte Summe nach seinem Gutdünken vorsätzlich abändern sollte.

18) Alle zwischen dieser Zeit auf Bau- und Werkholz an ihn kommende Anweisungen, und wenn sie auch selbst bey Unserm Oberforstamt ausgefertiget wären, sollen ungültig, null und nichtig seyn, wenn Unser Forstverwalter nicht mit eigener Hand sein Vidit und Namen darauf gesetzet hat; auf Brennholz aber soll er nach der Hauptanweisung schlechterdings keine weitere Anweisung annehmen, es sey dann, daß zu Unsern Fürstenlagern hie oder da eine Extraanweisung erfordert würde.

19) Wenn der Oberförster sein Forstregister geschloffen hat, und zu Unserm zeitigen Rechner der Darmstädter Forstcaffe zur Abrechnung kommt, so soll er solches vorher Unserm Forstverwalter vorlegen, und alle Naturaleinnahme an Holz von ihm attestiren laffen, maßen ohne diese Attestation das Register nicht weiter angenommen werden wird.

20) Alles auffer einer Versteigerung oder getroffenen besonderen Accorden verkaufende Holz soll in dem Preis hingegeben werden, welcher in der Holztaxa enthalten ist, die Wir jedem Oberförster hiernächst vor seinen Forst zustellen laffen werden, bis dahin aber bleibt es bey denen Preisen, welche bisher in jedem Forst gewöhnlich gewesen, und soll denen älteren Verordnungen gemäß, ohne besondere oberforstamtliche Erlaubniß kein Holz ohne baare Bezahlung verabfolget werden, maßen der Oberförster die verborgten Holzgelder selbst zu bezahlen angehalten, und keine Liquidation inskünftige darauf angenommen werden soll.   21)

21) Die ſchärfeſte Hegung der jungen Schläge iſt eine Hauptſache, die Wir von jedem in Unſern Dienſten angeſtellten Forſtbedienten verlangen; und welcher ſich darinn nachläßig finden laſſen, oder ſelbige wohl gar mit ſeinem eigenen Vieh behüten, oder von ſeinen Leuten darinn graſen laſſen würde, der ſoll ohne Gnade caßirt werden; ſo bald die Schläge jedoch wieder erwachſen ſeyn, wird Unſer Forſtverwalter Unſern Unterthanen, welche die Huthgerechtigkeit daſelbſt hergebracht haben, dieſelbe wieder eingeben, aber kein Oberförſter kann einen in Hege liegenden Schlag ſelbſt wieder aufthun.

22) Für die Maſtbeſichtigung wollen Wir in Zukunft keine Diäten oder andere Unkoſten paßiren laſſen, weil Unſere Forſtbedienten ohnehin alle Tage im Wald ſeyn ſollen, und Wir die geringe Mühe nicht noch beſonders zu bezahlen gedenken: es ſoll aber jeder Oberförſter, es mag Maſt haben oder nicht, längſtens den 20. Auguſt einen zuverläßigen Bericht von der Beſchaffenheit der Maſt an Unſern Forſtverwalter einſenden, welcher ſodann Unſerm Oberjägermeiſter daraus referiren, und wenn es Maſt hat, den Ein- und Ausſchlag oder Verleihung in denen Forſten diſſeits Mains und Rheins ſelbſt beſorgen wird. Wegen der Herrſchaft Epſtein und Niedern Grafſchaft Katzenelnbogen werden Wir hierinn beſondere Verfügung treffen, und welcher Oberförſter ſeinen Bericht unzuverläßig faſſen wird, den werden Wir in Ungnaden darüber anſehen, und wenn der Bericht den letzten Auguſt nicht in Handen Unſers Forſtverwalters iſt, ſo iſt der Oberförſter in 10 fl. Strafe verfallen.

23) Die Novalzehenten von ausgerotteten Waldungen ſoll Unſer Forſtverwalter verleihen, und nur Ein Forſtbedienter gegen Beziehung des gewöhnlichen Taggeldes als Urkundsperſon dabey ſeyn; wenn aber zu Erſparung der Koſten Unſer Forſtverwalter die Verleihung
eines

eines geringen solchen Zehentens einem Unserer Oberförster auftragen würde, so soll er ein kurzes Protocoll
darüber führen, und solches von dem, welcher den letzten
Streich gethan, mit unterschreiben lassen, es ist aber in
solchem Fall unnöthig, daß noch ein anderer Förster dabey seye, und soll der Oberförster das Steigerungsproto-
coll gleich Tags hernach an Unsern Forstverwalter origi-
naliter einsenden, der sodann das weitere besorgen wird.

24) Bey einer solchen Zehendversteigerung, ingleichem bey Mastverleihungen und allen anderen Ver-
steigerungen sollen Unsere Forstbediente an ihren Tag-
geldern sich schlechterdings allein begnügen, und denen
Käufern oder Beständern dergleichen Sachen keine Geschenke oder freye Zehrung zumuthen, oder sie von ihnen annehmen, welcher aber dagegen handelt, der soll
die ganze Summe, welche die Zehrung oder das Geschenk ausgemacht hat, wenn auch schon mehrere daran
Theil gehabt hätten, als Strafe doppelt bezahlen, auch
nach Befinden deßwegen caßirt werden.

25) Auf kein Holz, keine Mast, keinen Zehenten,
keine Forstäcker oder Wiesen, kurz auf nichts, das von
der Herrschaft in dem Forst, in welchem der Forstbediente
angestellet ist, verkauft oder versteigert wird, soll der
Forstbediente mitbiethen, oder durch andere biethen lassen, und dergleichen Sachen an sich bringen, noch weniger von Zehendfrüchten, die in seine eigene Rechnung
gehören, selbst kaufen, wenn er aber Bauholz zu einem
etwa im Forst liegenden eigenen Haus nöthig hätte, so
soll er sich solches von dem Forstverwalter anweisen und
taxiren lassen, und den Posten mit einem besonderen von
dem Forstverwalter ohnentgeldlichen auszustellenden Urkund über die Zahl der Stämme und den Preis des
Holzes in der Rechnung belegen.

26) So

26) So wie Unſere Beſoldungen überhaupt kein
bloßes Wartgeld ſeyn, ſondern Wir für dieſelbe Arbeit,
und zwar ganze Arbeit, und eine treue und eifrige Dienſt-
leiſtung verlangen, alſo reichen Wir ſie denen Forſtbe-
bienten, in deren Forſten Gemeinds- oder Privatwaldungen ſind, namentlich auch für dieſelbe mit, und wollen, daß gute und uneigennützige Aufſicht auf dieſe Waldungen gehalten werde; und damit Unſere Unterthanen
ihres Eigenthums auch froh werden, und nicht für jedes
Scheit Holz, das ſie nöthig haben, mit unnöthigem Laufen und Suppliciren geplagt werden mögen, ſo befehlen
Wir, daß jeder Oberförſter, in deſſen Forſten dergleichen
Waldungen ſeyn, über die Bedürfniſſe der Eigenthümer,
nach dem weiters beyliegenden Formular, ſo wie von Unſern eigenen Waldungen, und mit dieſem zugleich auch
jährlich einen Holzbericht einſende, und wenn derſelbe von
Unſerem Oberjägermeiſter decretiret worden, die Anweiſung darnach thue; es ſoll aber dieſer Bericht völlig
ohnentgeldlich erſtattet werden, und von Niemand, er
habe Namen, wie er wolle, weder vor deſſen Einſendung
noch Dekretur etwas gefordert oder angenommen werden.

27) Ueberhaupt wollen Wir Unſere Gemeinden
und Unterthanen, ſo wie zu Unſerem großen Mißfallen
bishero öfters geſchehen, durch den Eigennutz Unſerer
Forſtbedienten nicht ferner mißhandelt wiſſen, und damit Wir ſicher ſeyn, daß Unſere Abſicht hierunter errei-
chet werde; ſo ſollen alle Unſere Forſtbediente in Zeit von
8 Wochen eine genaue Specification derer Accidentien
an Unſer Oberforſtamt einſenden, welche ſie von denen
Gemeinden und Eigenthümern der Privatwaldungen
überhaupt, oder bey beſondern Verrichtungen haben, welche Wir nun zuläßig finden, zu deren ferneren Anneh-
mung werden Wir ſie legitimiren laſſen; alle aber, die
ihnen ſodann nicht namentlich erlaubet werden, die ſeyn
von

von Uns untersagt, und welcher sich gelüsten ließe, mittelst allerley Deuteleyen und Verdrehungen Unserer Befehle, weiter etwas heraus zu pressen, als der dürre Buchstaben derselben erlaubt, der soll cassirt seyn, er mag viel oder wenig genommen haben.

28) Die wenige Einnahme für Hasen und Hühner, welche sich in den Registern findet, und der schlechte Zustand Unserer Niedern Jagd, welchen Wir dem ohngeachtet überall wahrnehmen müssen, ist ein sicherer Beweis von denen Unterschleifen, welche hierbey vorgehen; Wir warnen daher Unsere Forst- und Jagdbediente, sich dergleichen nicht weiterhin zu Schulden kommen zu lassen: wenn Wir aber in Erfahrung bringen werden, daß einer dergleichen Wildpret ohne Bezahlung zur gewöhnlichen Speise in seinem Haus macht, oder Hasen und Hühner verschenkt, oder gar verkauft und nicht berechnet, so werden Wir solches auf empfindliche Weise an ihm ahnden.

29) In denen Aemtern, mit welchen Wir wegen Aufhebung der Wildbahn eine Convention getroffen, wollen Wir außer dem Park alles Roth- Tann- und Schwarzwildpret schlechterdings weggeschossen wissen, es mag zur Zeit oder zur Unzeit seyn, maßen Wir Unser Fürstliches Wort eben so ehrlich zu erfüllen gedenken, als Wir Unsere Unterthanen zu Entrichtung ihrer versprochenen Schuldigkeit ernstlich anhalten lassen; und welcher Forst- und Jagdbediente darunter säumig wäre, und seiner Schuldigkeit nicht nachkäme, den wollen Wir als faul und untauglich Unserer Dienste entlassen.

30) Die Nasen und Fänge von dem Raubzeug, welches Unsere Forst- und Jagdbediente das Jahr hindurch schliessen werden, sollen sie vor Schliessung ihres Registers mit einer Specification an Unsern Forstverwal-

ter

ter einliefern, welcher dieſelbe revidiren und atteſtiren
wird. Es ſollen aber die Sommerfuchsnaſen ſamt den
Ohren bis auf den Rücken abgeſchnitten und geliefert
werden, und, die Faſanerien allein ausgenommen, ſo wie
ſchon ehedem verordnet geweſen, von zahmen Katzen-
Marder- Iltis- und Wieſelnaſen, auch von Raubvögel-
eyern kein Schuß- oder Aushebgeld angerechnet, und keine andere Fänge, als von Raubvögeln, Eulen- und Golg-
raaben paßiret werden; und welcher Forſtbedienter oder
Jäger überwieſen würde, daß er dergleichen inn- oder
auſſer Landes eingehandelt und nicht ſelbſt geſchoſſen habe,
der ſoll caßiret ſeyn.

31) Ein jeder Unſerer Forſtbedienten hat geſchwo-
ren, daß er Unſern Schaden warnen, und Unſern Nutzen
befördern wolle, und keinem iſt befohlen, daß er ſolches
nur allein in ſeinem Forſt thun ſolle; Wir verlangen
alſo, daß ein jeder Forſtbedienter einen jeden Forſt- oder
Jagd- oder Fiſcherenfrevel rüge, der ihm zu Ohren oder
ins Geſicht kommt, es mag in ſeinem Forſt ſeyn oder
nicht; Falls er aber gleichgültig dagegen wäre, und Unſern Befehl nicht geachtet zu haben, überwieſen würde,
ſo werden Wir ſeines auch nicht weiter achten, und Uns
nach treuern Dienern in ſeinen Platz umſehen; doch ſoll
er bey Pfandungen und Rügungen der Freveln ſich aller
Scheltworte enthalten, und noch weniger Unſere Unterthanen mit Schlägen mißhandeln, und denſelben zu wei-
teren Vergehungen dadurch ſelbſt Anlaß geben, maßen
Wir dergleichen Ausſchweifungen allemal mit Ernſt an
ihm ſtrafen werden.

32) Zu Unſerem Forſtverwalter in dem Darmſtädter Oberforſt haben Wir Unſern Cammerrath und Forſtmeiſter Moter beſtellt, an den alſo Unſere Forſtbedienten in vorbemeldten ſich zu addreßiren und demſelben
Folge zu leiſten haben; ereignete ſich aber, daß einer oder

ver andere gegen eine von demſelben gemachte Verfügung zu Aufnahme Unſerer Waldungen, oder zu Unſerem oder Unſerer Unterthanen ſonſtigen wahren Beſten
gegründete Erinnerungen vorbringen zu können glaubte,
ſo ſtehet demſelben frey, entweder bey Unſerem Oberforſtamt ſchriftliche oder bey Unſerem derzeitigen Oberforſtmeiſter in dieſem Oberforſt, Unſerem Geheimenrath und
Oberjägermeiſter von Riedeſel, mündliche Anzeige davon zu thun, und werden Wir in beyden Fällen alle Aufmerkſamkeit darauf richten, und demſelben alle Gerechtig-
keit widerfahren laſſen. Daran geſchiehet Unſer Wille.
Darmſtadt, den 20ten April 1776.

Ex ſpeciali Commiſſione SERENISSIMI.

Fürſtl. Heßiſche Präſident, Canzlar und Geheime Räthe daſelbſt.

F. C. Freyh. v. Moſer. Heſſe. Miltenberg. Schulz.
W. G. v. Moſer.

---

10. Churpfälziſches Reſcript, die Forſtge-bühren vom Ausmeſſen herrſchaftlicher Wal-dungen und von der Abgabe des Brenn-holzes betreffend; vom 20. März 1745.

Nachdem Ihrer Churfürſtlichen Durchlaucht höchſt-
mißfälligſt zu vernehmen vorgekommen, was maßen von ein- ſo andern Forſtbedienten wegen denen
Städten und Gemeinden anweiſenden Holzes ſowohl, als
des Meß- und Handlohns halber, ſich übermäßige Gebühr zugeeignet, und dadurch viele Beſchwerden veran-
laſſet

laſſet worden, Höchſtgedachtdieſelbe aber dergleichen Ungebühr gänzlich abgeſtellt gnädigſt wiſſen wollen, und daher befohlen haben, daß

1) die Forſtbediente fort ſamtliche Land - und Feldmeſſer mit 3 Kreutzer Meßgeld per Morgen in den Herrſchaftlichen Waldungen begnügen laſſen, dahingegen

2) in denen den Städten und Gemeinden eigen-
thümlich zugehörigen Waldungen ſich des Meßgelds gänzlich entäußern, und ſelbigen unbenommen ſeyn ſolle, überhaupt ein ſicheres, dem jährlichen Wachsthum proportio-
nirt - ſo billigmäßig als annehmliches Quantum per
Morgen, oder die gewöhnliche Landrecht zu entrichten,
und letztern Ends durch ſelbſtwählende Feldmeſſer die
Morgenzahl feſtzuſtellen, nicht weniger

3) von erſagten Forſtbedienten in Fällen, wo in
den herrſchaftlichen Waldungen eine gewiſſe Quantität
Brennholz zu verſtaigern oder in ſonſtige Wege zu ver-
äußern befohlen wird, durch Verſtückelung keine Ge-
fährde gebraucht, noch ein mehreres, wenn das verkaufte
oder ſonſt veräußerte Brennholz ſich über 100 und mehr
Gulden belaufen würde, als 3 Kreutzer vom Gulden zum
Handlohn der Forderung gemäß, an ſich gezogen, ingleichem auch

4) in denen ſtadteigenthümlichen Waldungen, zu
Folge der hiebevor emanirten Generalverordnung, lediglich gegen Genieſſung eines Trunks und Stück Brods
das Brennholz angewieſen und ebener Geſtalt

5) von dem kleinen Klappenholz, Windfällen, auch
von den gebrannten Kohlen ſich kein Handgeld zugeeignet,
im übrigen

6) dieſer general - gnädigſten Verordnung durchgehends nachgelebet, und im widrigen gewärtigen ſollen,

daß

daß nicht allein den Erſatz des zur Ungebühr angemaß-
ſen Hand- und ſonſtigen Gelds in quadruplo zu thun,
ſondern auch die Dienſtentſetzung und befindenden Dingen nach noch ſchärfere Ahndung ohnfehlbar zu gewarten
habe: Als wird dem Oberamt N. N. ein ſo anders genauer Beobachtung und weiters nöthiger Verfügung
hiemit wiſſend gemacht. Mannheim, den 20. März
1745.

Churpfälziſche Regierung.

F. C. W. Graf von Hillesheim.

II. Allgemeine Inſtruktionen
für die Forſte und Waldungen,

feſtgeſetzt

durch den Generaldirektor der Domainen und
Contributionen in den eroberten Ländern zwiſchen Rhein und Moſel,

in Gemäßheit

der Verfügungen von dem Beſchluß des Aus-
ſchuſſes des öffentlichen Wohls vom 8ten
Fructidor des 3ten Jahres der einen und
untheilbaren franzöſiſchen Republik.

Förſter und Spießförſter.

Artikel 1.

Die Anzahl der Förſter und Spießförſter, die für jeden Forſt beyzubehalten ſind, ſoll nach der Größe
und

und Wichtigkeit der Waldungen besonders bestimmt werden; unterdessen bleiben die gegenwärtig angestellten Förster noch zur Zeit in ihren Dienstverrichtungen.

Artikel 2.

Sie sind gehalten, alle Theile des ihrer Aufsicht anvertrauten Forstes täglich zu begehen und genau zu besichtigen.

Artikel 3.

Für alle Frevel und Waldschäden sind sie persönlich verantwortlich, die sie nicht verhindern werden, oder die sie anzuzeigen vernachläßigen sollten.

Artikel 4.

Bey Verfertigung der Verbalprozesse der Waldfrevel werden sie Sorge tragen, den Namen, den Vornamen und den Wohnort der Frevler, die Natur und die Eigenschaft des Verbrechens, kurz alle Umstände zu bezeichnen, die zu der gehörigen Schilderung der That etwas beytragen können.

Artikel 5.

Bey ihrem täglichen Waldbegang sollen sie vorzüglich die Haue besuchen.

Sie sollen darauf sehen:

1) Daß die Laßbäume verschont und gehandhabt werden.

2) Daß die Bäume so nahe an der Erde abgehauen werden, als es möglich ist, so zwar, daß keine Stockhöhe einen Fuß übersteige.

Das Unterholz muß schief abgehauen werden.

3) Daß das Holz nach dem gebräuchlichen und vorgeschriebenen Maaße gefertigt, aufgemacht und aufgestapelt werde.

Arti=

Artikel 6.

Sie erhalten zwey durch den Inspektor von der Division numerirte und paraphirte Register.

Der eine dieser Register ist einzig für die Verbalprozesse und Entdeckungen der Waldfrevel bestimmt. Sie zeichnen sie Tag für Tag, und ohne Unterbrechung in denselben auf.

In den andern werden alle Befehle, Instruktionen und Requisitionen eingetragen, die ihnen zukommen mögen; sie zeichnen ebenmäßig nach dem Datum und ohne Unterbrechung alle Holzabgaben darinn auf, welche theils für den Militärdienst und den Betrieb der Berg - Eisen- und anderer Werke, theils für jede andere Bestimmung in ihren Schlägen gemacht worden sind. Sie werden den Namen der Personen bemerken, an die Holz abgegeben worden ist.

Das Brennholz wird nach Klaftern und Wellen, und anderes Holz nach seiner Ausmessung angegeben.

Jede Holzabgabe, welche in dem Register nicht eingetragen und bestätigt ist, wird so angesehen, als wenn sie durch Unterschleif geschehen sey.

Sie tragen auf gleiche Art alle Berichte in den nemlichen Register ein, welche sie entweder an den Forstmeister, oder den Inspektor von der Division oder den Inspekteur en Chef zu machen, für nöthig erachten.

Artikel 7.

Den letzten Tag eines jeden Monats überschicken sie einen Auszug aus dem Register der Waldfrevel in Abschrift an den Forstmeister ihres Kantons. Diese Abschrift muß den Namen, den Vornamen und den Wohnort der Frevler, die Benennung des Waldes, und den Tag oder den Datum des entdeckten Frevels oder Waldschadens enthalten, und eigenhändig unterzeichnet und bewahrheitet seyn.

Arti

Artikel 8.

Sie werden auf den Tag, der ihnen wird bestimmt werden, bey der Sitzung des Richters erscheinen, und ihren Register der Waldfrevel vorlegen.

Artikel 9.

Es ist allen Förstern und Spießförstern ausdrück-lich verboten, irgend eine Holzabgabe ohne schriftliche Vollmacht zu bewerkstelligen, oder sich mit irgend einer Geldeinnahme zu befassen, bey Strafe als Pflichtvergesse-ne behandelt zu werden.

Artikel 10.

Sie werden ebenmäßig für die Erhaltung der fisch-reichen Bäche und Teiche sorgen, die in ihrem Forstre-vier liegen, und werden in dieser Hinsicht ihre Berichte, wie für die Handhabung der Waldungen, erstatten.

In Betreff der Jagd und Fischerey wird ihnen eine besondere Instruktion gegeben werden.

Artikel 11.

Uebrigens wird ihnen anbefohlen, sich nach den be-sondern Instruktionen zu bemessen, die ihnen von der Ge-neraldirektion entweder durch den Forstmeister, oder den Inspektor von der Division, oder den Inspecteur en Chef zukommen werden.

Artikel 12.

Alle wirklich in Diensten stehende Förster und Spießförster sind verbunden, die ihre Verwaltung be-treffenden Register und Verbalprozesse, so wie die Wald-hämmer, welche sie etwa besitzen, an den Inspektor von der Division einzuliefern.

ℓ 4   Arti-

Artikel 13.

Sie werden ebenfalls dem Inspektor von ihrer Division die Kommission vorzeigen, Kraft welcher sie bisher ihre Dienstverrichtungen ausgeübt haben, damit dieselbe nöthigenfalls von dem Generaldirektor visirt und genehmigt werde.

Artikel 14.

Die Förster und Spießförster können sich nicht ohne schriftliche Erlaubniß des Forstmeisters oder des Inspektors aus ihrem Forstbezirk entfernen. Im Fall einer Krankheit müssen sie sogleich dem Forstmeister des Arrondissements deßfalls die Anzeige machen.

Artikel 15.

Die Förster und Spießförster, welche beybehalten werden, sind gehalten, bey Ausübung ihrer Dienstverrichtungen das dreyfarbige Bandelier, das sie von der Generaldirektion erhalten werden, und die Uniform zu tragen, wie es durch den Beschluß des Volksvertreters von dem zweyten Ergänzungstage des dritten Jahres der Republik bestimmt ist.

Forstmeister.

Artikel 1.

Die Forstmeister stehen zwischen den Inspektoren und den Förstern in der Mitte.

Der Hauptgegenstand ihrer Amtsverrichtungen ist:

1) Ueber die Verrichtungen der Förster und Spießförster ein wachsames Auge zu haben.

2) Die Verurtheilung der Frevel und Waldschäden zu betreiben.

3) Den

3) Den Holzschlag, die Bezeichnung der Bäume, und den Waldschau sowohl in den gewöhnlichen als ungewöhnlichen Schlägen und Hauen zu machen.

4) Das Werk- und Bauholz abzugeben, und das für den Militärdienst sowohl, als für den Betrieb der Berg- Eisen- und anderer Werke oder zu anderm Gebrauch bestimmte Holz abzumessen und abzuzählen.

5) Die Kohlenmeiler, die Erzgruben und die Steinbrüche zu bezeichnen.

6) Die Handhabung des jungen Anwuchses, das Abholzen, den Anbau, und die Anpflanzungen zu besorgen.

7) Die Buch- und Eichelmast und die Waldweide zu bestimmen und zu besorgen.

8) Auf die Erhaltung der Grenzen und Marksteine, so wie die der fischreichen Bäche und Teiche ebenmäßig zu wachen, welche theils in dem Inneren der Waldungen, theils an den Grenzen derselben liegen.

Artikel 2.

Die Forstmeister sollen alle zwey Monate alle Forsten ihres Arrondissements bereiten, und sich von einem zum andern von dem Förster des Reviers begleiten lassen.

Artikel 3.

Während dieser Amtsreise werden sie sich die Register der Förster vorzeigen lassen, welche sie visiren, und unter dem letzten eingetragenen Artikel unterzeichnen.

Artikel 4.

In allen ihren Verrichtungen werden sie sich von dem Förster des Reviers begleiten lassen.

L 5

Arti-

Artikel 5.

In allen regelmäßigen Schlägen und Gehauen müssen die Malbäume, die Lachbäume, die Grenzbäume, die Rainbäume, die Laßreiser, und alle Laßstämme überhaupt, mit dem Waldhammer an der Wurzel auf zwey Seiten angeschlagen werden.

Artikel 6.

In allen übrigen auf den Stamm zu machenden Gehauen sollen die zu fällenden Bäume nur einmal an der Wurzel und am Stamm in einer Höhe von drey Schuhen angeschlagen werden.

Artikel 7.

Die Forstmeister können in keinem Falle und unter keinem Vorwande den Waldhammer, den sie in Verwahrung haben, vertauschen oder anvertrauen, noch sich eines andern Waldhammers, als desjenigen bedienen, welcher ihnen von der Generaldirektion wird gegeben werden. Sie sind gehalten, denselben jedesmal, und so oft es verlangt wird, ihrem Inspektor vorzuzeigen.

Artikel 8.

Die Forstmeister können, ohne schriftliche Weisung von ihrem Inspektor, weder Holz verkaufen, noch abgeben, es sey dann in dem Falle eines dringenden Bedürfnisses für den Militärdienst, für die Berg- Eisen und andere Werke, oder zu jedem andern Gebrauche für die Republik; und in diesem Falle sind sie gehalten, ohne Verzug ihrem Inspektor Rechenschaft darüber abzulegen.

Artikel 9.

Inzwischen können sie nichts destoweniger während ihrer Amtsreise zu dem Verkaufe und der Abgabe der

Wind-

Windfälle, des Raff- und Abholzes, und derjenigen Bäume schreiten, die durch Frevel gefällt worden sind; sie überliefern den Verbalprozeß des Verkaufs an den Einnehmer des Kantons innerhalb 24 Stunden.

Artikel 10.

Es ist ihnen ausdrücklich und unter Strafe der Absetzung verboten, sich mit der Einnahme irgend eines Betrags von verkauftem oder abgegebenem Holze zu befassen.

Sie bemerken in ihrem Verbalprozesse den Namen und Wohnort des Einnehmers der Domainen, an den die Gelder bezahlt werden müssen.

Artikel 11.

Sie erhalten einen von dem Inspecteur en Chef numerirten und paraphirten Register, in welchen sie gehalten sind, von Tag zu Tag die Verbalprozesse ihrer Forstreisen und aller Verrichtungen, die sie machen werden, so wie die schriftlichen Befehle und Instruktionen aufzuzeichnen, die sie den Förstern gegeben haben.

Artikel 12.

Spätestens in der ersten Dekade eines jeden Monates überschicken sie den Auszug der Verbalprozesse der Waldfrevel, den die Förster und Spießförster ihnen eingeliefert haben, an die Kantonsrichter, und kommen mit denselben über den Tag überein, auf den Waldruge gehalten werden soll.

Artikel 13.

Auf die nemliche Art werden sie an die Kantonsrichter einen Etat der durch sie entdeckten Frevel, oder derjenigen, die ihnen durch ihren Inspektor mitgetheilt wurden, einschicken, und in demselben den Namen, Vornamen

namen und den Wohnort der Frevler, so wie die Benennung des Waldes bezeichnen.

Artikel 14.

Sie sind gehalten, auf dem Gerichtstage beyzusitzen, und die Förster dahin zu bescheiden; sie werden die Strafen und den Schadenersatz, so wie die Confiskationen nach der allgemeinen Taxation bestimmen, welche der gegenwärtigen Instruktion wird beygefügt werden.

Artikel 15.

Unmittelbar nach der Sitzung lassen sie sich einen Auszug von allen Verurtheilungen mittheilen, welche erkannt worden sind, und überschicken denselben spätestens in acht Tagen an den Inspektor von ihrer Division, und fügen alle Bemerkungen bey, die sie für zweckdienlich erachten.

Artikel 16.

Zu Anfang eines jeden Monats überschicken sie an den Inspektor von der Division eine summarische Uebersicht von allen ihren Verrichtungen, und eine gleichförmige Abschrift davon an den Inspecteur en Chef, und bemerken es in ihrem Register.

Artikel 17.

Sie sind jederzeit verbunden, ihre Register dem Inspektor von der Division oder dem Inspecteur en Chef vorzuzeigen.

Artikel 18.

In der letzten Dekade eines jeden Monats überschicken sie an den Inspektor von der Division einen Etat über den Dienst der Förster, und fügen demselben ihre Bemerkungen über die Achtsamkeit und die Aufführung eines jeden Försters bey.

Artb

Artikel 19.

Die Forstmeister werden sich übrigens nach allen
Befehlen und Instruktionen bemessen, welche ihnen theils
durch den Inspektor von der Division, theils durch den
Inspecteur en Chef zukommen werden.

Inspektoren von der Division.

Artikel 1.

Die Amtsverrichtungen der Inspektoren bestehen:
1) In der aufmerksamen Beobachtung der Verrichtungen von den Forstmeistern sowohl, als den Förstern
und Spießförstern.

2) In Bestimmung der gewöhnlichen sowohl als
ungewöhnlichen Schläge und Gehaue, welche die verschiedene Waldungen ertragen können, oder derjenigen,
welche die Bedürfnisse des Krieges oder des Militärdien-
stes nothwendig machen.

3) In Bewährung der gemachten Gehaue.

4) In dem Verkaufe und der Versteigerung aller,
sowohl gewöhnlichen als ungewöhnlichen Schläge in den
National- und Gemeindewaldungen.

Artikel 2.

Sie lassen sich theils durch die Förster und Spießförster, theils durch die Beamten der ehemaligen Herrschaften und Geistlichkeit alle Verbalprozesse der Wald-
benützungen, so wie die auf jeden Forst sich beziehende
Plane und andere Urkunden einliefern, mit der Weisung,
daß sie unter das darüber zu verfertigende Inventarium
den Empfang bescheinigen.

Sie

Artikel 10.

Uebrigens werden sie sowohl mit dem Inspecteur en Chef, als mit den Forstmeistern und Förstern ihrer Division eine thätige Korrespondenz unterhalten.

Artikel 11.

Bey dem Verkauf und der Versteigerung sowohl der gewöhnlichen als ungewöhnlichen Schläge in den Nationalwaldungen werden sie sich von dem Einnehmer des Kantons, in dem der Wald liegt, begleiten lassen, und mit demselben gemeinschaftlich die Zahlungstermine bestimmen.

Bey dem Verkauf und der Versteigerung in Gemeindewaldungen lassen sie sich von zween Munizipalbeamten begleiten, mit denen sie ebenmäßig gemeinschaftlich die Zahlungstermine bestimmen.

Artikel 12.

Die Inspektoren überschicken unmittelbar nach dem Verkauf eine Abschrift des Verbalprozesses an die Einnehmer und ein Duplum davon an den Inspecteur en Chef.

Artikel 13.

Die Inspektoren werden sich übrigens nach den besondern Instruktionen bemessen, die ihnen theils wegen dem Militärdienst, als auch wegen dem Betrieb der Berg- Eisen- und anderer Werke, so wie wegen der Handhabung der Jagd und Fischerey werden gegeben werden.

Artikel 14.

Die Inspektoren sind bevollmächtigt, die Förster und Spießförster, welche sie auf Fehltritten ertappen werden, von ihren Dienstverrichtungen abzusetzen, und statt ihrer provisorisch andere zu ernennen, mit dem Vorbehalt

behalt, darüber dem Generaldirektor der Domainen Rechenschaft abzulegen.

Artikel 15.

Die Waldhämmer, welche sie sich durch die Förster und Spießförster oder andere vormalige Beamten haben einliefern lassen, werden sie auf die Bureaux der Generaldiktion hinterlegen.

Artikel 16.

Auf die nemliche Art werden sie alle Verbalprozesse der Waldbenutzungen, die Plane und andere Urkunden, die sie sich zufolge des obigen zweyten Artikels haben einliefern lassen, an die Generaldirektion einschicken.

Inspecteur en Chef.

Artikel 1.

Der Inspecteur en Chef und sein Abjoint halten sich bey der Generaldirektion auf.

Artikel 2.

Sie sind besonders beauftraget:

1) Auf die Ausübung der durch die gegenwärtigen Instruktionen vorgeschriebenen Verfügungen und aller Befehle zu wachen, die ihnen der Generaldirektor in Rücksicht der Polizey, Direktion und Verwaltung der Waldungen zuschicken wird.

2) Die Verrichtungen der Inspektoren sowohl, als der Forstmeister und Förster zu bewahrheiten.

3) Ihre Bemerkungen über die gewöhnlichen sowohl als ungewöhnlichen Schläge und Gehaue, über den Verkauf und die Abgabe des Holzes, über die Anpflan-

zungen, den Anbau und alle übrigen Arbeiten mitzutheilen, welche von den Inſpektoren etwa vorgeſchlagen werden, um ſie durch den Generaldirektor genehmigen zu
laſſen.

Artikel 3.

In dieſer Abſicht bereiſen ſie abwechſelnd alle ſowohl Gemeinde- als National- und Privatwaldungen,
und laſſen ſich die Regiſter der Förſter und Spießförſter
ſowohl, als der Forſtmeiſter und Inſpektoren vorzeigen.

Artikel 4.

Sie ſind bevollmächtigt, während ihren Amtsreiſen
alle ihnen nothwendig ſcheinende Verfügungen zu treffen,
mit dem Vorbehalt, dem Generaldirektor der Domainen
darüber Rechenſchaft abzulegen.

Artikel 5.

Sie unterhalten eine thätige Correſpondenz ſowohl
mit den Inſpektoren der Diviſionen, als mit den Forſt-
meiſtern.

Allgemeine Verfügungen.

Artikel 1.

Alle Forſtbediente, ſowohl die Förſter und Spießförſter, als Forſtmeiſter und Inſpektoren, ſind gehalten,
dem Einnehmer des Kantons, in dem ſie wohnen, einen
umſtändlichen, von ihnen unterzeichneten und bewahrheit-
teten Etat von allen, durch ſie während der Eroberung
des Landes bis auf den Tag der Bekanntmachung der gegenwärtigen Inſtruktion gemachten Einnahmen zu überliefern, und den Gebrauch und die Beſtimmung, die ſie
etwa mit den Geldern gemacht haben, anzuzeigen. Sie
über-

übermachen in der nemlichen Frist eine gleichlautende Abschrift dieses Etats an den Inspecteur en Chef, nachdem sie vorher durch den Inspektor von der Division, der seine Bemerkungen beyfügen wird, visirt worden ist.

Artikel 2.

Die genannten Forstbedienten sind ebenmäßig verbunden, in der nämlichen Frist die Schlußrechnung oder die letzten Quittungen vorzulegen, die sich auf die Verwaltung beziehen, mit der sie vor der Eroberung des landes durch die Eigenthümer der Waldungen beauftraget waren.

Artikel 3.

Den Förstern, Spleßförstern, Forstmeistern und Inspektoren ist es ausdrücklich untersagt, sich mit irgend einem Holzhandel zu befassen, noch weniger Wein zu verzapfen, oder Wirthschaft zu treiben. Jene, welche mit Holz handeln, oder Wirthschaft treiben wollen, dürfen ihre Amtsverrichtungen nicht fortsetzen.

Vorgeschlagen von dem unterzeichneten Inspecteur en Chef der Waldungen in den eroberten Ländern zwischen Rhein und Mosel.

Moritz Kolb.

Beschlossen durch den Generaldirektor der Domainen und Kontributionen in den eroberten Ländern zwischen Rhein und Mosel, zu Saarbrücken den 20ten Nivose im 4ten Jahre der einen und untheilbaren französischen Republik.

Bella.

Allge-

Allgemeine und gleichförmige. Taxation der
Frevel und Vergehen für alle sowohl Ge-
meinde= als ehemals herrschaftliche, geist-
liche oder andere Waldungen in den eroberten Ländern zwischen Rhein und Mosel, welche den Verfügungen der französischen Republik unterworfen sind.

Artikel 1.

Jeder zwischen Auf- und Niedergang der Sonne
verübte Diebstahl oder Wegführung von Holz wird mit
einer Strafe belegt, die doppelt so viel beträgt, als das
Holz werth ist.

Der Frevler muß überdem den Werth des Holzes
als Schadloshaltung erseßen.

Die Fällung oder Wegführung der Markbäume,
Grenzbäume, Rainbäume, Laßreiser und aller andern
Laßstämme in den Schlägen und Hauen wird doppelt be-
straft.

In jedem Wiederbetretungsfalle hat die Arretirung
und Confiskation der Wägen, des Zugviehs und des
Handwerkszeugs statt, welche zu der Fällung und dem
Transport des gefrevelten Holzes gebraucht wurden.

Artikel 2.

Für alles Vieh, als Pferde, Esel, Maulesel, Küße,
Ochsen, Kälber, Geisen oder Hämmel, welches zwischen
Auf- und Niedergang der Sonne in den dem Viehe
noch nicht entwachsenen Schlägen einzeln auf der Weide
angetroffen wird, muß ohne Unterschied zehn Livres für
das Stück bezahlt werden.

Im

Im Wiederbetretungsfalle ist die Strafe doppelt, und das Vieh arretirt und konfiscirt.

Die durch Heerden verübten Weidfrevel werden dadurch bestraft, daß der Hirte wenigstens acht Tage eingethürmet wird, und die Munizipalbeamten oder Ortsvorsteher eine Strafe von zweyhundert Livres zu erlegen haben.

Artikel 3.

Alles Grasen in den behängten, für den Viehbetritt verbotenen Schlägen wird für jede Last eines Menschen oder Viehes mit zwey Livres, und wenn das Grasen mit einer Sense oder Sichel geschieht, mit dem Vierfachen dieser Summe bestraft.

Die Ladung eines Wagens wird für gerupftes Gras mit acht Livres für jedes Stück Zugvieh, und für gemähtes Gras mit dem Vierfachen dieser Summe bestraft.

Artikel 4.

Im Wiederbetretungsfalle hat die Confiskation des Zugviehes statt.

Artikel 5.

Es ist bey Strafe von hundert Thalern und einer monatlichen Einthürmung verboten, Marksteine wegzunehmen oder zu verrücken.

Artikel 6.

In den Waldungen darf nur auf ausdrückliche und schriftliche Erlaubniß der Inspektoren, Forstmeister oder Förster, und nur an den Orten Feuer angelegt werden, welche dazu ausdrücklich bezeichnet werden, sey es nun zum Kohlenbrennen, oder zu jedem andern Gebrauch, unter einer Strafe von zehen Livres, und dem Ersatz des allenfalls daraus entstandenen Schadens.

M 3

Arti=

Artikel 7.

Alles Wegreissen der Zeichen, welche die Behängten und für den Viehbetritt oder das Durchfahren der Wagen verbotenen Schläge andeuten, wird mit zehen Livres und einer zweytägigen Einthürmung bestraft.

Artikel 8.

Wer verbotene Wege fährt, wird mit zwanzig Livres bestraft, und im Wiederbetretungsfalle werden Pferde, Wagen und Geschirre konfiszirt.

Artikel 9.

Die Geldbußen und Strafen, wie sie eben bestimmt worden sind, müssen doppelt entrichtet werden, wenn die Frevel bey Nachtzeit verübt werden, das heißt, zwischen Sonnen Unter- und Aufgang.

Artikel 10.

Die Väter und Mütter sind für die Handlungen ihrer Kinder, und die Herren für jene ihrer Knechte persönlich verantwortlich.

Artikel 11.

Alle Verurtheilungen an Strafgeldern, Arretirungen und Konfiskationen wegen den, in Gemeindewaldungen verübten Freveln, werden zum Vortheil der Republik, und jene für den Schadenersaß zum Vortheil der Gemeinden eingezogen, welche die Eigenthümer sind.

Vorgeschlagen von dem unterzeichneten Inspecteur en Chef der Waldungen in den eroberten Ländern zwischen Rhein und Mosel.

Moritz Kolb.

Beschlossen durch den Generaldirektor der Domainen und Kontributionen in den eroberten Ländern zwischen Rhein und Mosel, zu Saarbrücken den 20ten Nivose im 4ten Jahre der einen und untheilbaren französischen Republik.

Bella.

12,

12. Herzoglich Zweybrückische Verordnung wegen Haltung der Ziegen und deren Beschränkung; vom 26. May 1791.

Es sind zwar in dem hiesigen Herzogthum bereits unterm 28ten May 1738, 11ten Dec. 1742, und 30ten April 1769, wegen Haltung des Geisenviehes und dessen Beschränkung Verordnungen ergangen; weil aber wahrzunehmen gewesen, daß solche eines Theils nicht gehörig observiret worden, andern Theils aber den dermaligen Umständen, und da bey dem täglich mehr einreissenden Holzmangel auf Conservation der Waldungen vorzüglich Bedacht zu nehmen ist, nicht durchaus angemessen seyen, so haben Se. Herzogliche Durchlaucht auf die hiei... er erstatteten Berichte anderweit gnädigst zu verordnen geruhet: daß

1) Leuten, welche eine Kuh zu halten im Stande sind, keine Geisen zu halten gestattet seyn, wofern aber ein oder der andere dergleichen halten würde, er drey Gulden Strafe per Stück jährlich zur Forstcasse erlegen solle.

2) Ganz armen Gemeindsleuten, Hintersassen, Hirten und Bergarbeitern erlaubt werde, zwey Geisen oder Böcke und zwey Zicken, und letztere von Johannis bis Neujahr ohnentgeldlich zu halten, wenn aber einer oder der andere über diese Zahl halten würde, derselbe ebenfalls jährlich drey Gulden Strafe per Stück erlegen solle. Und falls

3) Hierunter von dergleichen ganz armen Leuten, welche die Geldstrafe zu erlegen nicht im Stand sind, gegen diese gnädigste Verordnung gehandelt wird, selbige

M 4   mit

mit Thurn- auch befindenden Umständen nach mit anderer Leibesstrafe zu belegen seyen.

4) Diejenigen, welchen Geisen zu halten erlaubet worden, solche mit anderm Vieh zur Heerde nicht gehen laſſen, noch nach ihrem Gefallen auf das Feld, vielweniger in die Waldungen treiben, auch jede Haushaltung ihre Geiſen nicht ſeparatim weiden ſollen, ſondern ſie einen gemeinſchaftlichen Hirten, welcher jedoch eben nicht beſonders verpflichtet werden muß, allenfalls einen hierzu tauglichen erwachſenen Buben anzunehmen, und dieſer

5) Alle Geiſen, Böcke und Zicken beyſammen in einer Heerde zu treiben, und auf keinen andern Platz als denjenigen, welcher ihm von dem Forſter alljährlich angewieſen werden wird, weiden zu laſſen hätte.

6) Für dieſen Geiſenhirt oder Buben aber ſollen die Gemeinden oder vielmehr diejenigen, welche Geiſen halten, ſo wie für die andern Hirten haften. Würde aber

7) Ein oder der andere ſich beygehen laſſen, ſeine Geiſen mit andern Heerden zu treiben oder beſonders zu hüten, ſo ſoll der Forſter auf jedesmaliges Betreten ſolche zum Frevel notiren, und ſodann nach Masgab der gedruckten Verordnung vom 4ten Aug. 1785. Art. 21. von jedem Stück, ſo auſſer dem angewieſenen Diſtrict, es ſey im Feld oder Hochwald, betreten wird, fünf Baßen, in jungen Schlägen ein Gulden, von der Heerde erſtern Falls aber drey Gulden, im letztern hingegen fünfzehn Gulden Strafe erleget werden.

Gleiche Strafe findet auch ſtatt, wenn der Geiſenhirt dergleichen Frevel, daß ſolcher nemlich auſſer dem angewieſenen Diſtrict oder gar in Schlägen das Vieh weiden läßt, verübet.

Damit

Damit jedoch die Unterthanen keine Urfache zur Befchwerde haben, foll

8) Denen Forftern von Herzoglichem Oberforftamt gemeffene Weifung ertheilet werden, was für Diftricte fie zum Geifenhüten alljährlich aufzugeben haben, und denfelben dabey zugleich eingefchärft werden, die alljährliche Anweifung der zu beweidenden Diftricten jedesmal ohnentgeldlich und ohne Aufenthalt vorzunehmen, und die Unterthanen hierinnen nicht zu befchränken. Um aber

9) Den Forftern wiffend zu machen, wer diejenigen armen Leute feyen, fo Geifen zu halten geftattet werden möge, und wie groß der Weiddiftrict für die Geifen feyn muß, auch wer allenfalls unerlaubter Weife Geifen halte, und deßhalben zu beftrafen feye; fo foll dem Forfter zu Ende jeden Jahrs von jedem Schultheifen eine namentliche Lifte fämtlicher in jeder Gemeinde der Schultheiferey befindlichen armen Leute zugefertiget werden, damit er folche bey vorkommenden Fällen produciren könne. Und es werden

10) Sämmtliche Schultheifen angewiefen, daß fie bey diefen Armen- Liften mit möglichfter Accurateffe und Gewiffenhaftigkeit zu Werk gehen, niemand zur Ungebühr auslaffen noch hinein fetzen, auch die Liften jedesmal längftens bis Neujahr dem einfchlägigen Forfter einfchicken, widrigenfalls fie von jedem Contraventionsfall um fünf Reichsthaler geftraft, dabey auch für die ausgelaffene arme Leute verwirkte Strafe tenent gemacht werden follen.

Denen Ober- und Aemtern, infonderheit dem M. M. wird diefe Verordnung zugefchickt, um nicht nur folche gehörig zu publiciren, und jedem Schultheifen fowohl als jeder Gemeinde davon Exemplarien zu ihrer Benehmung

mung zuzuſtellen, ſondern auch in vorkommenden Fällen
ſich hiernach zu achten, und die Contravenienten behörig
zu beſtrafen, auch wie die Publikation geſchehen, dem-
nächſt ad acta zu berichten. Zweybrücken den 26ten
May 1791.

Zur Herzogl. Pfalzzweybrückiſchen
Regierung verordnete Präſident,
Canzlar, Geheime- und Regie-
rungsräthe.

Schmid.

Hien,
Rath und Regierungs-Secretarius.

13. Der Reichsſtadt Nürnberg Decret, wodurch den Vogelſtellern das Abhauen der
ſchönen, jungen, geſchlachten Bäumlein verboten wird; vom 19. Jul. 1731, und
21. Jul. 1736.

Demnach Ein Hoch-löblicher Rath des Heil. Römi-
ſchen Reichs Stadt Nürnberg mit nicht geringen
Mißfallen vernehmen müſſen, was geſtalten nicht allein
die Gemein-Hirten und andere mit Betreibung des Viehes zur Wuhn und Wayd in denjenigen Orten der Nürn-
bergiſchen Reichs-Wälde, welche zu beförderlichen Wachsthum des jungen Holtzes in Heeg geleget worden, ſondern
auch die Voglere mit Abhauung der ſchönen jungen geſchlachten Bäumlein, welche ſie mehrers, als vonnöthen
iſt, und alſo in groſſer Anzahl, zu Vergrünung der Vo-
gelheerd-

gelheerd-Stätten, um folche nur defto fchöner auszuzie-
ren, gebrauchen, bißhero in gedachten Wäldern hin und
wieder fehr groffen Schaden gethan, folches aber zu
mercklicher Verößigung gereichet und darturch das nöthige Wachsthum des Holtzes nicht wenig verhindert
wird; Als läffet dahero Hoch-Löbl. gedachter Rath hiemit ernftlich verbieten, daß niemand einiges Viehe in folche in Heeg gelegte Ort treiben, auch zu Vergrünung
der Vogelheerd-Stätten keine junge gerade und gefchlachte
Bäumlein, fondern nur Aefte von Tannen und Fiechten,
fo hoch man felbige von der Erden mit der Hand er-
langen kann, noch weniger zu denen Anfällen Aichen,
fondern Afpen und andere dürre Bäume, bey Straff
von jedem Verbrechen Zehen Gulden, gebrauchen folle.
Und weilen bißhero der meifte Theil der Voglere, fo die
Heerdftätten richten, bey Löfung der Zettul und Anhö-
rung der Ordnung felbften in Perfon nicht erfchienen,
fondern mehrentheils deren Kindere oder Brodt-Ehe-
halten gefchicket, darburch dann allerhand Mißbräuche
eingeführet worden; als werden diefelbige hiemit, bey
Straff Fünff Gulden, erinnert, fich künfftig um die gewöhnliche Jahrs-Zeit fleißiger darbey einzuftellen, oder
im widrigen Fall gewärtig zu feyn, daß von einem jedem,
fo nicht erfcheinen, und doch darüber richten wird, berührte Straff unnachläßig eingefordert werden folle. Im-
maffen dann denen Forftern und andern darzu beftellten
Perfonen nachdrücklich anbefohlen worden, über alle folche Verbrechere fleißige Auffficht zu halten, felbige zu
pfänden und in denen löblichen Wald-Aemtern anzuzeigen, damit fie zur gebührenden Straff gezogen werden
mögen. Wornach fich Männiglich zu richten und vor
Schaden und Straff zu hüten wiffen wird. Decretum
in Senatu den 19. Jul. A. 1731.
Wiederholt den 21. Jul. 1736.

14.

14. Fürstlich Hessen = Darmstädtische Ver= ordnung, die Bestimmung der Jagd = Heege= Setz = und Prunftzeiten betreffend; vom 1. Juli 1776.

Von Gottes Gnaden Wir Ludwig, Landgraf zu Hessen, Fürst zu Herßfeld, Graf zu Catzenelnbo= gen, Dietz, Ziegenhain, Nidda, Hanau, Schaumburg, Isenburg und Büdingen, ꝛc. ꝛc.

Thun kund und zu wissen: Nachdem Wir Uns un= terthänigst vortragen lassen, welchergestalten die in Unsere Fürstliche Lande ergangene so ältere als neuere Verord= nungen die Jagd = Heege = Setz = und Prunfftzeiten theils gar nicht theils nicht genüglich bestimmen, und dannen= hero geschiehet, daß nicht nur die Uns zustehende Hohe und Niedere Jagden gänzlich verderbet und verwüstet werden, sondern auch Unsere getreue Unterthanen, beson= ders aber diejenigen, welche mit der Jagd beliehen oder solche in sonstigem rechtlichem Besitz und Herbringen ha= ben, ohnverschuldet in Strafe und Schaden versetzt wer= den können, welch ein= und anderes möglichst zu verhü= ten Unsere ernstliche Vorsorge erfordert; So haben Wir für gut befunden, in denen Landen Unsers Ober = Fürsten= thums Hessen nachstehende Verordnung ergehen zu lassen.

1) Soll die Heege=Zeit um Petritag ihren An= fang nehmen, und um Lambertitage sich endigen, und während derselben die von Adel oder andere, so in Un= sern Landen und Herrschaften mit ein= oder anderer Jagd begabet sind, oder solche rechtlich erlangt und hergebracht oder auch nur geliehen haben, sich alles Jagens enthal= ten, im Widrigen aber gewärtig seyn, daß sie das Er=
stemal

ſtemal mit Funfzig, das Zweytemal mit Einhundert
Dukaten ohnnachläßiger Strafe angeſehen, das Dritte-
mal aber der Jagd gänzlich verluſtiget werden ſollen. Alles dieſes aber jedennoch vorbehaltlich der Uns in denen
Koppeljagden zuſtehenden Vorjagd.

2. Wird unter gleicher Strafe das Jagen und
Schließen in denen Waldungen während der unten feſtge-
ſetzten Prunfftzeit ebenfalls gänzlich verboten.

3. Die Setz-Zeit ſoll den 20ten May ihren Anfang nehmen, und bis auf den 20ten Junii einſchließlich
anbauren.

4. Die Prunfft-Zeit ſoll den 15ten September
anfangen, und mit dem 15ten October einſchließlich ſich
endigen.

5. Während der Setz- und Prunfftzeit ſoll, außer
denen öffentlichen Landſtraßen, Niemand unter keinerley
Vorwand in den Wald zu fahren, reiten oder gehen erlaubt ſeyn, und wer darwider handeln und dennoch ſolche
betreten würde, und zwar der Fahrende mit 1 fl., der
Reitende oder Gehende mit 30 kr. jedesmalen beſtrafet
werden.

6. Denenjenigen, welche Aecker oder Wieſen in be-
nen Waldungen liegen haben, ſoll zwar erlaubt ſeyn, zu
Bau- Saat- und Erndtezeit durch den Wald zu fahren
und zu gehen, jedoch ſollen dieſelben die auf ihre Aecker
und Wieſen gehenden Hauptwege einhalten, auch keinen
unnöthigen Lermen und Geräuſch machen, wibrigenfalls
aber gleich nächſt vorherigen beſtraft werden.

7. Soll keiner Unſerer Jagd- und Forſtbedienten
ſich unterſtehen, ohne Unſer oder Unſers nachgeſetzten
Fürſtlichen Oberforſtamts Vorwiſſen von Heeg- Setz-
oder Prunfftzeit zu diſpenſiren, und derjenige, welcher
ſich

ſich ſolches bennoch pflichtvergeſſener Weiſe beygehen laſſen würde, das erſtemal mit 20 Rthlr. ohnnachläßiger
Strafe angeſehen, das zweytemal aber caßirt werden.

Wornach ſich jedermänniglich zu achten, und für
Strafe und Schaden zu hüten hat. Signatum Darmſtadt den 1ten Julii 1776.

Ludwig, Landgraf zu Heſſen.

15. Inſtruktion von der kurpfälziſchen Hof-kammer für die Renovatoren, in Gemäsheit welcher künftighin die Waldungen vermeſſen, aufgenommen und in Plan gelegt werden ſollen; vom 22. März 1783.

Die Waldungen machen einen weſentlichen Theil des
Staatsreichthums aus, daher ſolche die größte
Aufmerkſamkeit verdienen, und als eine ohnehin noth-
wendige Bedürfniß der Allgemeinheit mit Pflichten und
unbeſchränkter Sorgfalt verwaltet werden müſſen.

Durch zeitherig mehrfache Erfahrung iſt die Verminderung der Waldungen allzufühlbar geworden, als
daß nicht wieder zu deren wirkſamſten Aufnahme die
thätigſten Zwecksmittel angekehrt werden ſollten.

Um nun jene in der obhabenden Verwaltung genaueſt überſehen zu können, und den hiezu erforderlichen
Zweck zu erreichen, hat man für ſo nützlich als nothwendig gefunden, nachfolgende Inſtruktion, in Gemäsheit
welcher künftighin die Waldungen vermeſſen, aufgenommen und in Plan gelegt werden ſollen, auszuerlaſſen.

§. 1.

§. 1.

Der richtige Flächeninnhalt und die eigentliche
Gränzanzeige ist eine der wesentlichen Eigenschaften, die
ein wohl eingerichteter Plan enthalten muß; um nun
diese zu erhalten, werden

1) die einschläglichen Cameral- und Forstbediente
angewiesen, dem beauftragten Renovatorn alle Grenzsteine, die den abzumessenden Wald umgeben, richtig anzuzeigen, und besorgt zu seyn, daß, wenn die Linien von
einem Grenzsteine zum andern etwa mit Gebüsch bewach-
sen wären, solches unverzüglich hinweggehauen, und diese
Linien frey gemacht werden, welche auch immer in diesem
Zustand erhalten werden sollen.

2) Hat sich der Renovator mit einem guten Astrolabium und einer von dem Hofmechanikus Beiser als
richtig bescheinigten Meßkette zu versehen, und alsdann
alle einwärts und auswärts laufenden Winkel und Linien
des Waldumkreises aufs genaueste aufzunehmen, nach
einem verjüngten Maaßstabe auf ein Papier zu tragen,
und die Größe jeder Linie und jedes Winkels mit Zahlen an die gehörigen Orte auf und einzuschreiben.

3) Bey Aufnahme dieser Linien und Winkel wird
dem Renovator besonders deßwegen aufgegeben, die größte
Vorsicht anzuwenden, weil es oft geschieht, daß sich die
Figur des aufzunehmenden Waldes bey dem Auftragen
nicht ganz schliesset, und daher nicht selten den letzten Linien noch etwas zugesetzt oder abgenommen wird, um die
Figur zum Schlusse zu bringen. Da aber dieses Verfahren offenbare Unrichtigkeiten zur Folge hat: so hat
der Renovator zu gewärtigen, daß bey dem Ende des
Geschäfts, von Kommissions wegen, die Linien und Winkel nachgemessen werden, und bey dem Befunde einer Unrichtigkeit, derselbe in den Ersatz aller Kösten schuldig erkannt

kannt, und das Geſchäft wieder aufs neue vorzunehmen
angehalten werde.

4) Dergleichen Fehler auszuweichen, haben verſchiedene Renovatoren, beſonders wenn der Wald eine
unregelmäßige Figur hatte, auſſerhalb deſſelben, wo freyes
Feld war, eine größere und regelmäßige Figur abgeſteckt,
ſolche auszumeſſen, aufgetragen, und dann das dazu ge-
nommene freye Feld vom Plane wieder ſtückweiſe abgezogen, wo dann nach allem Abziehen dieſer Stücke der
Ueberreſt als die Größe und Figur des Waldes angeſehen, und in einen reinen Riß gebracht worden iſt; dieſes
Verfahren wird gänzlich verworfen, und den Renovatoren
bey Strafe des Koſtenerſatzes unterſaget.

5) Da es bey allen Ausmeſſungen die Billigkeit
erfordert, wie auch, um einen Plan zum Schluſſe zu
bringen, nothwendig iſt, daß alle Hügel und Berge horizontal aufgenommen werden: ſo wird den Renovatoren
unterſagt, die Kette an bergigten Gegenden ſchief anzulegen; um aber die wahre Horizontallinie genau zu finden,
haben ſich die Renovatoren anſtatt der Meßketten der
Meßſtangen und einer Setzwage zu bedienen. Wollten
ſie aber auch da die Meßketten beybehalten, ſo müßte die
Setzwage ſo eingerichtet ſeyn, daß ſie an zwey benachbarte Ringe der Kette leicht befeſtigt werden könnte. Man
hat dem Hofmechanikus Beiſer eine dergleichen Setzwage zu verfertigen angegeben, die jeder Renovator ſamt
der Erklärung ihres Gebrauchs bey demſelben erhalten
kann.

6) In der Ebene iſt es den Renovatoren erlaubt,
eine drey Ruthen lange Kette zu gebrauchen; da aber
die Ketten an den Bergen in freyer Luft erhalten werden
müſſen, und alſo von ſolcher Länge nicht wohl gerade gezogen werden können: ſo wird verordnet, daß die Kette
in dieſen Fällen nur eine Ruthe oder höchſtens andert-

halb

halbe lang gebraucht werden, das übrige derselben aber
zusammengebunden werden soll.

7) Damit man die wahre Lage eines Waldes desto
besser beurtheilen könne, so soll der Renovator, vermittelst
einer Magnetnadel, die gemeiniglich an dem Astrolabium
angebracht ist, bey Aufnehmung der Winkel zugleich die
Himmelsgegend bemerken, und solche dem Plane durch
vier Linien, die an vier Seiten vom Rande des Plans
bis an die Grenzen des Waldes gezogen werden, anzeigen, und solchen Linien die behörigen Namen: Nord,
West, Süd und Ost beysetzen.

8) Da die Grenzsteine keine Namen haben, und
es auch zu wissen nützlich ist, wo das Vermessungsge-
schäft angefangen worden ist, so soll der Renovator in
dem Plane alle Grenzsteine mit Ziffern, und zwar den,
an welchem das Geschäft angefangen wird, mit Nro. 1,
den nächstfolgenden mit Nro. 2, und so weiter der Ordnung nach bezeichnen.

9) Oft werden die Meßketten während dem Geschäfte verbogen, oder durch langes Ziehen verlängert,
welches das Geschäft unrichtig macht. Es wird daher
jedem Renovator angerathen, an dem Orte, wo er sich
während dem Geschäfte aufhält, einen Maaßstab vorräthig zu halten, an welchem er jeden Abend die Richtigkeit seiner Kette prüfen, und nöthigen Falls wieder in
Ordnung bringen kann; hingegen wird ihm gebothen,
solche bey dem Ende des Geschäfts von den einschläglichen Kameral- und Forstbedienten versiegeln zu lassen,
und so der verordneten Kommission samt dem Plane zu
übergeben, wo er dann, im Falle daß eine Unrichtigkeit
an derselben gefunden werden wird, in den Ersatz aller
Vermessungskosten schuldig erkannt, und das Geschäft
wieder aufs neue vorzunehmen gehalten seyn soll.

§. 2.

Geometriſche Richtigkeit eines Plans allein reicht nicht zu, denſelben in allen Fällen als ein brauchbares Hülfsmittel zu benutzen. Beſonders iſt es zu verſchiedenen Abſichten erſprieslich, die Wege, Bäche, Gräben und Berge, die ſich in dem Walde vorfinden, in dem Plane anzuzeigen; daher ſoll der Renovator

1) Alle Wege, Bäche und Gräben nach ihrer wahren Lage dem Plane einverleiben, und die Breite derſelben an verſchiedenen Orten, wie auch die Namen zu ſetzen.

2) Soll derſelbe alle Bergumkreiſe richtig eintragen, und durch eine einwärts laufende Schattirung, ſo viel es thunlich iſt, den Berg kenntlich machen, wobey durch die Zeichnung anzumerken iſt, ob der Berg ganz oder zum Theil ein Felſe iſt.

§. 3.

Da ein Plan die Abbildung eines Waldes vorſtellen, und man dadurch in den Stand geſetzet werden ſolle, in der Entfernung von demſelben über ſeinen Zuſtand zu urtheilen, ſo ſcheinet, nebſt der geometriſchen Größe, nichts weſentlicher zu ſeyn, als den ganzen Holzzuſtand, ſo viel es ſich thun läßt, dem Plane einzuverleiben, ſo daß man nicht nur die Holzgattungen, ſondern auch, wie ſolche ſtehen, und ob es Hoch- oder Schlagwald ſey, u. ſ. w. leicht daraus erſehen könne. Bisher war es beynahe allgemein gewöhnlich, den innern Raum eines Plans mit gezeichneten Bäumen auszufüllen, woraus man nichts weiter erſehen konnte, als daß das Feld, welches durch den Plan vorgeſtellt werde, ein Wald ſey. Um nun Plane zu erhalten, die dem geſuchten Zwecke auch von dieſer Seite entſprechen, ſo hat man beſtimmt und

feſt-

festgesetzt, daß bey einem Hochwalde, in Ansehung seines Holzzustandes, dreyerley Gattungen bemerkt werden sollen, nemlich:

a) Ein Hochwald, dessen Stämme in einer behörigen Dichte stehen.

b) Ein Hochwald, dessen Stämme mittelmäßig dicht stehen, und

c) ein Hochwald, dessen Stämme dünne stehen.

Nebst diesem gehört zu jeder Klasse, zu wissen, ob sie mit Unterholz durchwachsen sey oder nicht, und wie alt dieses Unterholz, oder wann solches das leztemal gehauen worden sey. Schlagwaldungen, die nicht mit hochstämmigen Bäumen durchwachsen sind, oder worinn nur hie und da ein Baum stehet, sollen besondere Theile ausmachen, und wenn ein Schlagwald in mehrere Hiebe eingetheilt ist, die in verschiedenen Jahrgängen gehauen worden sind, so sollen sie nach den Hieben und Jahrgängen abgetheilt werden.

In Ansehung der Güte eines Hochwaldes, ob derselbe nemlich noch in einem gedeihlichen Wachsthume, oder schon abständig und gipfeldürr sey, will man, daß solche in vier Klassen abgetheilt werden, nemlich:

a) In ganz abständige oder gipfeldürre.

b) In solche, worinn über die Hälfte oder dreyviertel abgängige oder gipfeldürre Bäume sind.

c) In solche, worinn ohngefähr die Hälfte, und

d) Worinn nur ohngefähr ein Viertel abgängig oder gipfeldürre sind. In Rücksicht auf die Holzgattungen will man vier unterschiedene bemerkt haben, nemlich:

a) Eichen.

b) Buchen.

c) Nadelholz; wozu Tannen, Fichten, Forlen und Lerchen, und endlich

N 2

d)

d) Weiches Holz; wozu Erlen, Birken, Aſpen, Weiden u. ſ. w. gerechnet werden ſollen.

Dieſem zu Folge nun haben

1) Die einſchlägigen Kameral- und Forſtbediente den Wald, der aufgenommen werden ſoll, zu durchgehen, ſolchen nach den vorbeſchriebenen Eigenſchaften zu beurtheilen, und die Hochwaldungen in dicht, mittelmäßig, und dünn ſtehende, die Schlagwaldungen aber nach den verſchiedenen Hieben abzutheilen und obſtecken zu laſſen, wie auch die Namen, wenn ſie ſolche haben, und haben ſie keine, die Buchſtaben oder Ziffern zu beſtimmen, mit welchen ſie bezeichnet werden ſollen.

2) Haben ſolche den Renovator anzuweiſen, daß derſelbe, nachdem er mit dem Hauptumriſſe fertig iſt, dieſe verſchiedenen Abtheilungen beſonders ausmeſſe, und ſolche mit Bemerkung der Namen, Buchſtaben oder Ziffern, wie auch der Morgenzahl dem Plane einverleibe.

3) Demſelben pflichtmäßig ſchriftlich anzugeben, was der Holzzuſtand jedes Stückes insbeſondere ſey, und zwar nach allen den oben angezeigten Unterſchieden, welche Schrift auch der Beſchreibung des Waldes beygelegt werden ſoll. Damit aber die Kennzeichen des Holzſtandes deutlich und auf eine allgemeine Art in dem Plane bemerkt werden, ſo wird dem Renovator vorgeſchrieben:

1) Daß er a) einen dichtſtehenden Hochwald durch drey neben einander gezeichnete Bäume, b) einen mittelmäßig ſtehenden durch 2 Bäume, und c) einen dünnſtehenden durch einen Baum ausdrücken ſoll.

2) Sollen die Holzgattungen durch folgende Zeichen:

als

als **Eichen** durch ein kleines □
Buchen durch ein △
Nadelholz durch ein ✛
Weiches Holz durch ein ○
an der Spitze eines Seitenasts der Bäume, und zwar
mit Dinte oder Tusch bemerkt werden.

Steht nun ein Stück Hochwald dicht, so daß er
durch drey Bäume angedeutet wird, und besteht dieser
Wald aus Eichen, Buchen und Nadelholz, so kann jedem Baum eines der Zeichen beygesetzt werden; steht
solcher aber dünn, und hat also in dem Plane nur einen
Baum, so kann dieser Baum so viele Aeste erhalten,
als verschiedenes Holz da ist, und jeder Ast eines dergleichen Zeichen bekommen.

3) Ist ein Hochwald mit Buschholz durchwachsen,
oder ist eine Abtheilung ein Schlagwald, so sollen im
ersten Falle einige Gebüsche zwischen die Bäume, im
zweyten Falle aber einige Gebüsche in die leere Abtheilung mit darunter geschriebener Jahrzahl, wann derselbe nämlich das letztemal gehauen worden, eingetragen, und mit den Zeichen versehen werden, von welcher
Holzgattung sie sind.

4) Um den Zustand des Waldes, in Ansehung des
Wachsthumes in dem Plane anzudeuten, soll der Renovator, im Fall daß der Wald abständig oder gipfeldürr ist, einen dürren Ast oben an dem Baum hervor-
ragen lassen: ist nun der Wald

a) ganz abständig, so soll er diesem dürren Aste
vier Zweige geben.

b) Ist er zu drey Viertel abständig, so erhält der
Ast drey Zweige.

c) Zwey Zweige oder eine Gabel erhält er, wenn
der Wald zur Hälfte, und

N 3　　　　d) Ei-

d) Einen Zweig, wenn er um den vierten Theil gipfeldürr oder abſtändig iſt.

Da in unſern Zeiten die Holzbedürfniß von Tag zu Tag ſtärker wird, und eben aus dieſer Urſache die Waldungen immer mehr abnehmen, ſo daß es zu einem wichtigen Theile der Forſtwirthſchaft geworden iſt, nicht nur die vorhandenen Waldungen beſtens zu ver-walten, ſondern auch ſolche, da, wo ſie in Abnahme ge-kommen ſind, wieder anzupflanzen; hiezu aber von Sei-ten Churfürſtlicher Hoffammer und Churfürſtlichen Obriſtforſtamtes nicht nur eine genaue Kenntniß der ab-gängigen Waldungen und leeren Pläße, ſondern auch die Art des Erdreichs zu wiſſen nöthig iſt, um dadurch in den Stand geſeßt zu werden, das Beſte zu wählen, ſo ſollen

1) Die einſchlägigen Kameral - und Forſtbediente dem Renovator alle leeren Pläße beſonders angeben und abſtecken laſſen.

2) Dabey bemerken, ob ſolche als Wieſen oder Walde, oder gar nicht benußt werden.

3) Aus was für Erdreich ſolche beſtehen, deren man doch nur drey bemerkt haben will, als:

a) Sandboden,

b) Sumpfigten Boden.

c) Alle andere ſollen unter dem Namen fruchtba-rer Boden angegeben werden, wobey hier bemerkt wird, daß das Erdreich, ſo wie bey den leeren Pläßen, alſo auch bey den übrigen Walddiſtrikten auf eben die Art angegeben werden ſoll.

Der Renovator hingegen hat

4) Die

4) Die angegebenen leeren Pläße besonders aufzunehmen, und dem Plane an die behörigen Stellen einzuverleiben.

5) Werden solche als Wiesen benußet, so soll dieses durch verschiedene eingezeichnete Grashalmen angedeutet werden; werden sie aber gar nicht benußt, so sollen sie in dem Plane weiß gelaffen werden.

6) Die Art des Erdreichs soll er sowohl in die
leere Pläße, als auch die übrigen Waldstücke an die
Seite nahe an den Rand, und zwar folgender Gestalt
eintragen:

a) Sandboden, durch mehrere Punkte ∴

b) Sumpfigtem Boden durch drey oder vier schlan-
genförmige Striche ∾∾∾

c) Fruchtbaren Boden durch eben so viele parallele
gerade Striche ☰

§. 5.

Es hat einen besondern Einfluß in die Verwaltung
der Waldungen, wenn die benachbarten Gemeinden einen
Waidtrieb, das Beholzigungsrecht oder keines von beyden, und ihre eigene Waldungen, oder auch diese nicht
haben: so wie auch, ob holzverzehrende Gewerbe, als Ei-
senwerke, Kalk- und Ziegelbrennereyen u. s. w. in der
Nähe, und wie weit solche von dem Wald entfernt sind.
Damit man nun auch hierinn den Plan so vollständig
mache, als es sich thun läßt, so sollen

1) Die einschlägigen Cameral- und Forstbediente
der Beschreibung, die sie dem Renovator wegen dem
Holzstande und den Abtheilungen zustellen, auch einverleiben, welche Dorfschaften und holzverzehrende Gewerbe
sich in der Gegend finden, die einen Einfluß auf den

Wald haben; wie auch auf welcher Seite des Waldes
ſolche gelegen, und wie weit ſie davon entfernt ſind, nebſt
allem übrigen, was im Eingange dieſes Abſatzes ange-
merkt worden iſt.

2) Soll der Renovator alle dieſe Orte und Gewerb-
ſchaften auſſerhalb dem Umkreiſe des Plans, da wo ſie
der Himmelsgegend nach hingehören, auf eine einfache
Art hinzeichnen, und mit abgekürzten Worten zuſetzen,
ob ſolche Waldgerechtigkeit, Holzgerechtigkeit, eigene
Waldungen oder Holzmangel haben; nebſt dieſem ſoll
er die Entfernung eines jeden Orts in Stunden, halben und Viertelſtunden in Zahlen beyſetzen.

§. 6.

Auſſer dem Angeführten, welches dem Plane einverleibt werden ſoll, iſt es dem Renovator nicht geſtattet,
noch einige andere Sachen zum Ausfüllen oder zur Zier-
rath in den Plan zu zeichnen; doch ſtehet ihm frey, den
äuſſern Umriß des ganzen Waldes mit einer ohngefähr
zwey Finger breiten einwärts laufenden ſchwachen Schattirung zu verſchönern; das übrige aber, was in dem
Plane noch weiß und leer bleibt, aus der Urſache weiß
zu laſſen, damit man, im Falle der Zuſtand des Waldes
hie und da durch Hauen verändert wird, noch Platz habe,
dieſen veränderten Zuſtand an die behörigen Stellen ein-
zuzeichnen.

§. 7.

Auſſerhalb dem Riſſe ſollen

1) Die Angränzer mit Worten an die behörigen
Orte hingeſchrieben, und dazu geſetzt werden, ob ſie mit
Waldungen oder andern Gütern angrenzen.

2) Auf eines der leeren Ecken des Plans ſollen
die verſchiedene Abtheilungen, d. i. ihre Namen oder
Buch-

Buchstaben samt der Morgenzahl unter einander geschrieben und letztere summirt werden.

3) Auf ein anderes hingegen sollen die Zeichen, die zum Holzstande u. b. gl. angenommen sind, mit ihren Erklärungen hingesetzt, unter solche der verjüngte Maaßstab, der zum Plane gebraucht worden, und zwar so viele Ruthen lang, als die größte Linie auf dem Plane ist, gezeichnet, und endlich die Jahrzahl der Aufnahme, und der Name des Renovators beygesetzt werden.

§. 8.

Obschon man durch einen auf vorbeschriebene Art eingerichteten Plan in den Stand gesetzt wird, von der Lage und den Eigenschaften des Waldes zu urtheilen, so soll der Renovator doch gehalten seyn, eine vollständige Beschreibung von demselben zu entwerfen, und alles, was in dem Plane enthalten ist, als:

1) Die Grenzlinie, Winkel, Grenzsteine mit den Angränzern.

2) Die Wege, Gräben und Berge, bey welch letztern vorzüglich anzumerken ist, ob man, um das Holz, auf solchen zu holen, herbey fahren könne, oder solches eine Strecke Wegs tragen müsse.

3) Jede besondere Abtheilung des Waldes mit ihrer Morgenzahl und ihrem Holzstande.

4) Jeden leeren Platz.

5) Alle umliegende Ortschaften mit ihren Gerechtsamen oder ihrer Holznothdurft; wobey alle genennt werden müssen, die Brand- oder Bauholz aus diesem Walde zu kaufen pflegen; und endlich

6) Alle holzverzehrende Gewerbschaften pünktlich und deutlich zu bestimmen.

N 5   §. 9.

§. 9.

Während des Geschäftes, und so bald die einschlägigen Kameral- und Forstbedienten den aufzunehmenden Wald in die verschiedenen Theile abgetheilt haben, so sollen sie an ihre Behörde Bericht abstatten, ob diese Abtheilungen ihre natürlichen Grenzen haben, das ist, ob sie durch Wege, Gräben oder Bäche, oder dadurch unterschieden sind, daß ein Hochwald an einen Schlagwald, oder eine Abtheilung von gutem Holzstande an einen leeren Platz grenzet, u. s. w. oder ob es nothwendig sey, dergleichen Abtheilungen durch Steine zu unterscheiden; zugleich sollen sie bemerken, woher und um welchen Preis die nothwendigen Steine zu erhalten sind, oder überhaupt einen bestimmten Ueberschlag des Kostenertrags beyschliessen, damit man dadurch in den Stand gesetzt werde, in behöriger Zeit das nöthige zu verfügen.

§. 10.

Schließlich soll der Renovator den Brouillon seines Plans samt der Beschreibung von den einschlägigen Kameral- und Forstbedienten unterschreiben lassen, und beyde Stücke den ernannten Kommissarien überreichen, welche dann den Plan untersuchen, und falls solcher richtig befunden wird, ebenfalls unterschreiben, und dem Renovator, um solchen ins Reine zu bringen, wieder zustellen werden.

Man versiehet sich von M. M. der gemässen Einfolge um so mehr, als derjenige, der hierwider fehlerhaft gefunden wird, zur eigenen Zahlung der verfallenen Kosten nicht nur, sondern auch deren weiters nothwendigen ohnnachsichtlich angehalten werden soll.

Mannheim, den 22ten März 1783.

Churpfälz. Hofkammer.

Freyherr von Dalberg.

16.

16. Der Reichsstadt Nürnberg Mandat,
das Eichel-Klauben betreffend; vom
7. Sept. 1737.

Obwoln Ein Hoch-löblicher Rath des Heil. Römi-
schen Reichs Freyen Stadt Nürnberg sich gäntzli-
chen versehen, es würden die Nürnbergischen Walds-
Genossen, weß Herrschaften Sie auch zugethan seyn
möchten, denen ehmaligen ergangenen offentlichen publi-
cirten und von den Cantzeln auf dem Lande abgelesenen
Ordnungen und Mandaten, worinnen das übermachte
mißbräuchige Eichel-Klauben, sonderlich das verbot-
tene Abschütteln und Abschlagen derselben, wodurch die
Eich-Bäume und deren Aeste unverantwortlich beschädiget werden, alles Ernsts nachgekommen seyn; So hat
doch Hoch-löbl. gedachter Rath mit höchstem Mißfallen
abermalen vernehmen müssen, daß nichts desto weniger
von einigen gewinnsüchtig- und eigennützigen Walds-
Verwandten, je aus einem Haus wohl 2. 3. und mehr
Personen darzu des Tages unterschiedlich und offt hin-
aus- auch so gar in andere Gräntze und Huten gelauf-
fen, folgig der uralten Gewonheit und woleingerichteten
Walds-Ordnung bößlich und sträflich zuwider handeln,
auch theils mit continuirlicher Treibung der Schweine
auf dem Wald, widerspenstig fortzufahren sich unterstanden; Als will mehr Hoch-löbl. gedachter Rath besagter
Stadt Nürnberg, solche Unordnungen und Mißbräuche
hiemit nochmalen gantz und gar abgestellet, und ernstlich
statuirt, geordnet und befohlen haben, daß des Tags
aus jedem Walds-Genossen Haus, wie von Alters Her-
kommen, mehr nicht, denn nur eine Person auf dem Wald
und Reichs-Boden, und zwar jede in diejenige Gräntz
und Huten, dahin sie gehörig, gehen, und Eichel klau-
ben,

ben, doch sich hiebey des Auffsteigens, Schütteln und
Abschlagens von den Aesten und Bäumen, wie auch
des Knüllens und dergleichen allerdings enthalten sollen,
alles bey Straff jeder Verbrechung fünff Gulden un-
abläßig, und wer diese nicht zu bezahlen hätte, am Leibe
zu büssen haben solle. Es soll auch ein jeder, der Wald-
Recht hat, mit seinen Schweinen auf dem Wald und
Reichs-Boden zu treiben Macht haben, und den Herrn
Wald-Amtmann, die gewöhnliche Gebühr davon reichen, keine aber davon ausser dem Lande und ausser der
Bleth verkauffen, und vertreiben, noch weniger niemand
einige Schweine von denen Personen, so nicht Wald-
Recht haben, weder Hauffen- noch bey eintziger Weiß
einnehmen, und unter die seinen schlagen, bey Verlieh-
rung des Viehes. Und dieweil auch fürkommen, daß
etliche Personen von fremden Orten, aus der Pfaltz,
und sonsten sich solches Eichel-Schütteln und Klaubens,
unerkännlicher Weiß unterstehen, und dabey Tag und
Nacht ihren Unterschleiff in etlichen bewusten Dörffern
bey Walds-Verwandten haben sollen: Also will Hoch-
löbl. gemeldter Rath diejenige Personen, so solche behau-
sen, und ihnen Unterschleiff geben, vor solchen Mißbrauch treulich gewarnet haben. Neben der Bedro-
hung, daß von ihnen vorgemeldte Straff der fünff
Gulden, unnachläßig erfordert und eingebracht werden
soll. An den Sonn- und Feyertägen aber soll keiner
auf dem Wald und Reichs-Boden Eichel aufzuklau-
ben Macht haben, alles bey nechst-berührter Straff
der fünff Gulden. Darnach wisse sich männiglich zu
richten, und vor Straff und Schaden zu hüten.

Den 7. Sept. A. 1737.

Wald-Amt Sebaldi.

17.

17. Churpfälzische Verordnung, die Errichtung eines besondern Churpfalz-Hof-Cammer-Forstamts betreffend; vom 27. April 1787.

Copia.

Sereniſſimus Elector.

Jhre Churfürſtliche Durchlaucht, Höchſtwelche ſchon vor geraumen Jahren her, Sich ein heimlich beſonderes Geſchäft damit gemacht haben, den Zuſtand deren Waldungen, derſelben Behandlungs-Art, den aus ſolchen von vielen Jahren her pro Aerario bezogenen geringen Vortheil, und die Urſachen hievon ausfündig zu machen, ſeind nach mehreren heimlich- und offentlich ausgeſendeten Commiſſionen, Unterſuchungen deren Cameral-WaldHolzbeſtänden, durch Aufnahm dererſelben Morgen-Maaß, und Zahl-Enthalt, fort darüber gefertigte Plans- und Beſchreibungen, endlich durch mehrere Vorlagen nunmehr gänzlich und vollkommen überzeugt, daß dieſer Hauptzweig Dero Cameral-Revenuen bisher nicht nach Wunſch behandlet, ſomit dem höchſten Aerario allerdings Nachtheil verurſachet worden, welcher bey dem Anwachs der Bevölkerung, in aller Rückſicht der Holzbedarfnis, noch gröſeren Schaden und Verluſt in längerer Verzögerung ohnausſtellig beſſerer Ankehr anrichten könnte. Höchſtdieſelbe haben dahero ernſtlich und ſtandhaft gnädigſt beſchloſſen, und eigens für gut befunden, das bisherige zwiſchen der Hof-Cammer und dem Forſtamt gleichſam getheilt geweſene Cameral-Waldungs-Forſtweſen, wo durch die Separa-

ration-

ration - Communications - und Widerſpruchs-Wege,
ohnnützliches Schreibwerk getrieben, inzwiſchen die Ge-
ſchäften verzögert, durch ohnnöthigen Aufenthalt dem
höchſten Aerario der klare beträchtliche Schaden verurſachet worden, ein beſonderes die Hof-Cammer-Wal-
dungen und dahin gehöriges Forſtweſen beſorgendes
Forſtamt unter dem Namen

Churpfalz Hof-Cammer-Forſtamt

anzuordnen, und Höchſtdero zeitlichen

> Hof-Cammer-Præſidenten,
> Obriſt-Jäger- und
> Obriſt-Forſtmeiſter,
> Hof-Cammer-Directorn,
> Hof-Cammer-Rath Kling, qua Forſt-Com-
>   miſſarium,
> Der Forſt-Rath Tit. Bleſen Juniorem, und
>   Einen der Hof-Cammer-Secretarien,
>   qua Protocolliſten,

dergeſtalten hierzu zu ernennen, und niederzuſetzen, daß
gleich nach Empfang dieſes gnädigſten Reſcripti alle
Communications- und reſpectivè bisherige Separa-
tions-Pflege, zwiſchen Churpfälziſcher Hof-Cammer,
und dem Ober-Forſtamt, über Hof-Cammer-Wald-
und Foreſtal-Weſen ceſſiren, und nachfolgende gnä-
digſte Anordnung und Vorſchrift, ohne die mindeſte
Weigerung und Einrede, genaueſt und pünktlich befolget werden ſolle, nemlich

Primo. Das Ober-Forſtamt in denen Perſonen
des Oberſt-Jäger- und Oberſt-Forſtmeiſters, des
Forſt-Raths ꝛc. kann vor wie nach um das Forſt-
Regale, als das Recht der oberſten Gewalt, über die
zur geiſtlichen Adminiſtration, und allgemeinen Eigen-
                                                    thum

thum gehörige Waldungen (das ist, die der geistlichen
Administration, denen Städt und anderen Gemeinden,
auch Privat-Personen zuständig seind) nach der bisheri-
gen Verfassung und der mit Churpfälzischer Regierung
demselben übertragenen Gewalt, die gesäzgebende Macht
auszuüben, und derselben wirthschaftlichen Gebrauch,
nach Umständen zu bestimmen, und anzuordnen; fort bestehen, und kann hierzu, wie bishero ihre gewöhnliche
Sessiones, an Ort und Stelle, fleisig Samstags forthal-
ten; dahingegen

Secundo. Weilen durch die bis nun bestandene
Theilung des Oberst-Forstamts von der Hof-Cammer,
auch die, wegen solcher Separation nöthig gewesene un-
nüze viele Schreibereien, und Communications-Pfle-
gen, nur Verwirrung, Unordnungen, dann Verzögerun-
gen deren Geschäften, zum größten Schaden des höchsten Aerarii sich vielfältig ergeben, die so nöthige Ver-
besserungen deren Cameral-Waldungen, meist ausser
Acht gelassen worden, ja fast gar unterblieben seind;
So wollen Ihro Churfürstliche Durchlaucht zu Abstellung dieser Wahrnahmen, auch um diese dringende, keinen Aufschub duldende Geschäfte künftig besser und mehr
zu beschleunigen, gnädigst, und ernstlichst, daß

Tertio. Von nun an, die Churpfälzische Hof-
Cammer mit dem Ober-Forstamt, genau und unzer-
trennlich dergestalt verbunden seyn solle, daß alle Mon-
täge in der Woche, und wann dieser ein Feiertag, Tags
darauf, in dem Hof-Cammer-Raths-Sessions-Zimmer
eine Zusammenkunft in denen Personen des zeitlichen

Hof-Cammer-Præsidenten,
Obrist-Jäger- oder
Obrist-Forstmeistern, Einer von beiden,
Des Hof-Cammer-Directoris,

Des

Des Hof = Cammer - Raths Kling, der hier=
mit als Hof=Cammer=Forst = Commissarius angeordnet wird, dann
Des zeitlichen Forst=Raths,

und Eines eigends hierzu schicklichen und für beständig
zu Führung des Protocolls= und Besorgung deren Ex-
peditionen, auszuerlesen= und anzuordnenden Hof=Cam=
mer = Secretarii Hof=Cammer=Wald= und Forst=
Rath gehalten, darinnen alle in das Cameral= Wald=
und Forstwesen einschlagende Vorwürfe alleinig vorgenommen, abgelesen, in genaue Prüf= und Berathung
gezogen, über Fälle, wo nöthig ausführlich referirt,
demnächst pflichtmäsige Entschliesungen gefasset, in das
Cameral - Protocoll eingetragen, ohne Verzögerung
die Expeditiones von dem Hof=Cammer=Secretario
gemacht, und unter der alleinigen Unterschrift des Hof=
Cammer= Præsidenten, oder in dessen Abwesenheit, von
dem der das Directorium führet, an Cameral= und
Forstbediente erlassen werden.

Quarto. Damit nun die in dieses Cameral-
Wald = Forstamt einschlagende zum Forstwissenschaftli-
chen, und zur Cameral=Forst=Oeconomie alleinig gehörige Objecta determiniret seien; so sollen solche

A. In der General - Aufsicht und Beschaltung über
alle Cameral - Waldungen der ganzen unteren
Pfalz.

B. Deren forstmäsig nüzliche Erhalt= An= und Fort=
pflanzung oder Fäll und Aushauung, nach Ver=
hältnis und Erfordern guter Forsthaushaltung.

C. Abtheilung derselben in Schläge, Hieb und Gehaue.

D. Anweisung des Stamm= Bau= Schaff= Hollän=
der= und Brandgehölz zum Hof= Cammer= Behuf
oder Versilberung.

E.

E. Regulier- Feſtſez- und Genehmigung des Holz-
preiſes, dann Hauer- Mach- und Schlittler- oder
ſonſtigen Transports- und Auffezer-Lohns.

F. Beſtimmung der Erträglichkeit an Gehölz- und
Preis jeder Gattung.

G. An- und Verkaufung des Wachsthums ganzer
Wald-Diſtricten.

H. Verkauf- Verſteig- oder ſonſtige Verwendung
des Cameral- Stamm- Bau- Schaff- und
Brandgehölz.

I. Beſorgung junger Schläge, deren Saam- und Anlagen.

K. Regulier- und Abgab- deren Hackwaldungen,
und deren Verſteigung.

L. Anſchlag= und Beſtimmung des Aeckerichs, und
deſſen Verſilberung.

M. Zuhängung deren Wald-Diſtricten.

N. Beiſchaffung des Saamens zur Beſaamung öder
Diſtricten.

O. Beſtimm- und Gränz- Berichtigungen, auch
Verſteinung der Waldungen.

P. Anlagen deren Gräben, Wald-Einfaſſungen.

Q. Die Frevel- und Wald-Thätigungen, und all
dergleichen Beſtrafungen.

R. Einführung deren Neben- Waldnuzungen, als
Harz- Ruß- und Pechbrennereien, Podaſchſiede-
reien —

beſtehen, und alle ſonſtige hier nicht benannte, jedoch
damit verbundene betreffe, auch in dieſes Pfälziſche Ca-
meral- Forſtamt gehörig ſeyn.

Quinto. Alle dieſe Vorwürfe und Gegenſtände
ſollen nach der ſchon dermalen beſtehenden Einrichtung
durch gemeinſchaftliche von denen Cameral- und Forſtbedienten abgefaſſet, und unterſchriebene Berichtere, bei

diesem Cameral · Forstamt alleinig · und ohnmittelbar angebracht, vom Cameral-Præsidio erbrochen, eingesehen, und dem im Cameral-Forstwesen angeordneten Commissario und Referenten, zum Gutachten und Vortrag in der nächsten Cameral-Forst · Session zugestellet, und zu mehr geschwinderer Beförderung nichts mehr ausser Mannheim zur Unterschrift noch sonsten gesendet werden.

Sexto. Der Cameral-Forst · Commissarius und Referens, Hof · Cammer · Rath Kling hat, wie andere Beisitzere, Siz und Stimm, seine Vorträge sollen gemeinschaftlich erwogen, denenselben entweder beigestimmet, oder auch mit Gründen widersprochen, sohin die für diesen verfaßte hiebei mitfolgende Instruction, und so

Septimo. Die Instructiones für die Cameral · Bediente, Forstmeister, und Unterförstere, die, die Beschaltungen deren Cameral-Waldungen und Forstwesen betreffen, expediret, und zugesendet werden, stehen in diesen Geschäften von nun an alleinig unter diesem Cameral-Forstamt, woher sie ihre Befelchere und Notificationes ohnmittelbar zu empfangen, und neuerlich die theuerste Pflichten auf solche Instructiones abzulegen haben.

Octavo. In wichtigen Fällen und beträchtlichen Vorwürfen · dann in Sachen, wo die Meinungen getheilt, oder Vota Disparia ausfallen, seind der Sachen Lage · und Essential-Verhältnissen, mit denen aufgestellten Gründen und Gegengründen zur höchsten Entscheidung Ihrer Churfürstlichen Durchlaucht cum Actis unterthänigst einzuberichten.

Nono. Endlich wann auch Dienst · Stationen, Cameral-Bediente, Forstmeister, Förster, und sonstige Waldaufsehere derer Cameral - Waldungen befindlich
seind

felnd, die aus Nachläßigkeit oder sonstigen Fehler, auch aus besonderen anderen Gründen, oder wann selbige ihren Instructionen nicht pünktlich nachkommen, sohin ihre Pflichten nicht genauest erfüllen, erwärtigen Ihre Churfürstliche Durchlaucht die unterthänigst-pflichtmäsige Anzeige, und Vorschläge, wie solche Hinläßige versetzet, oder sonsten amoviret werden könnten; versehen sich lezteres gänzlich, daß jeder, deren zu diesem Amt Angeordneter mit allem Fleiß, und Treue, zu Erreichung des vorgesezten Ziels, sich bestens verwenden, diesem höchsten Befehl pflichtschuldigst nachkommen, das Nöthige hierunter verfügen, und pünktlich beobachten werde. München den 27ten April. 1787.

Carl Theodor Churfürst.

(L. S.)

Vidit Freyherr von Oberndorf.

Ad Mandatum Sereniſſimi Domini
Electoris proprium.

Schmitz.

---

18. Der Reichsstadt Nürnberg Mandat, das Holzlesen und den Waldzins ꝛc. der Waldgenossen betreffend; vom 26. Novemb. 1735.

Ein Hoch-löblicher Rath der Stadt Nürnberg, läſt männiglich gebieten, daß niemand vom Montag als den 28. Novembris nächſtkünfftig ferner in den

Nürn-

Nürnberger-Wald fahren, weder Brenn- noch einig
ander pfandbar Holz daraus führen, ziehen oder tragen
solle, bey Verlierung Roß und Wagen, und wegen der
andern, asonderlich auch derer schädlichen Schubkärner
halber, so nicht Wagen und Pferd haben und aus dem
Wald Holz ziehen oder tragen werden, bey Straff 5.
Gulden, und Verlierung des Zeugs, auch Einziehung
in die Loch-Gefängnus, und dieses so lang biß der Wald
wieder eröffnet wird. Weil aber dieser Zeit in denen
offenen Hutten, noch von vorigen Jahr her, mancherley wider die Wald-Ordnung liegend gelassene Aest und
Gesträuß vorhanden, so dem jungen Holz im aufwachsen
hinderlich und schädlich; Also wird hiemit allen Walds-
Verwandten, bey Straff 5. Gulden auferlegt, daß ihr
jeder, nach Zuthuung des Walds, innerhalb 8. Tagen
den nächsten, alle unverbottene Täge seine Aest und Gesträuß, biß solche aufgeraumt werden, nebst dem im
Wald noch stehenden Claffter-Holz und ausgegrabenen
Stöcken heraus führen. Doch hiebey des stehenden
und pfandbaren Holzes schonen, und vom Stock nichts
abhauen solle, bey Eingangs gesetzter Pön, nemlich Verlierung Roß und Wagen. Daneben auch ein jeder
seine verholtzte Pfand und Urlaub mit guten und unver-
schlagenen groben Geld, samt den schuldigen Wald-
Getraid, zwischen Dato und Obersten nächstkommend
auszuzahlen, und nicht länger anstehen zu lassen, schuldig seyn, bey Straff abermals 5. Gulden. Inmassen
dann beede Herren Wald-Amt-Leute in Befelch, von
Dato an, biß auf Lichtmeß hernachfolgend, alle Sam-
stag, in den Wald-Aemtern zu sitzen, und der gehorsa-
men Pfand-Richter zu erwarten.

Und dieweiln Hoch-Löbl. gedachtem Rath
abermaln vorkommen, daß unterschiedliche Waldgenossen ihre alte verholtzte Pfand, Zimmer und Zinnß, wie
auch das schuldige Wald-Getraid, nicht allein nach
Ver-

Verfliessung der bestimmten Zeit, sondern auch noch
über die allbereit vielfältigmaln verruffenen Mandaten,
und ernstlicher Anmahnung sowohl durch die Förster,
als andere Persohnen, neben angesetzter Straff noch
nicht bezahlt und abgestattet. Als gebeut mehr Hoch-
Löbl. gedachter Rath nochmaln, und zu allem Uberfluß, daß alle diejenige Waldgenossen ihre alte hinterstellige Gebühr, zwischen Dato und Obersten den nächsten, dem Herrn Wald-Amtmann, unaufhaltend entrichten und nicht anstehen lassen sollen, bey Straff 10.
Gulden, und da einer oder der ander Waldgenoß solchen nicht völlig nachsetzen würde, der soll nicht allein
bemeldte 10. Gulden Straff, ohne alle Gnad, zu bezahlen gehalten seyn, sondern auch mit Arrestir- und
Abnehmung ihres Viehs, sowohl unter den Thoren,
oder wo solches anzutreffen, verfahren werden, in Er-
mangelung des Viehs aber gegen die Personen selbsten
nach angesetzter Zeit, die endliche Vollziehung der dictir-
ten Straff vorgenommen, und selbige so lang in der
Eisenverhafft angehalten werden sollen, bis sie ihre
Schuldigkeit völlig abgelegt, und bezahlt haben. Darnach wisse sich Männiglich zu richten, und vor Straff
zu hüten. Actum Nürnberg, den 26. Novembr.
Anno 1734.

Wald-Amt Sebaldi.

---

19. Churpfälzische Verordnung, die zu treffenden Anstalten bey entstehenden Bränden
in den Waldungen betreffend; vom
17. Juni 1796.

Die Erfahrung hat gezeiget, daß den Waldungen
durch den verschiedentlich in denselben entstehen
den

den Brand großer Schaden zugefügt werde, es ist also
nöthig, alles anzuwenden, um die Veranlassung zu dergleichen Bränden zu entfernen, und bei derselben Entste-
hung die schleunigste Hülfe zu verschaffen, oder derselben
fernern Ausbreitung zu hemmen; in dieser Absicht hat
man für nothwendig befunden, in gefolg des gnädigsten
Genehmigungs-Rescripts vom 1ten Septemb. a. p.
folgende Normal-Verordnung zu erlassen.

1mo Ist das Feuermachen den Hirten, Holzmachern, Fuhrleuten, und besonders den herumstreichenden
Bettlern, Pfannenflickern, Korbmachern, oder andern
dergleichen Vagabunden in den Waldungen bei Zucht-
hausstrafe untersaget, zugleich auch zur Sommerszeit
das Tabakrauchen, besonders ohne Pfeifendeckel, schär-
fest verbotten, und für jene Gegenden, wo noch Hackwaldungen üblich sind, gebotten, daß keiner allein sich
unterfange zu Schmoden, und Heiden zu brennen, sondern wenn solches einem ganzen Orte zum Besten geschiehet, sollen die Betheiligte es dem Ortsvorstande, und
dieser dem einschlagenden Förster es anzeigen, damit solcher sich selbst auf dergleichen Stellen begebe, und in
dessen Beiseyn das Feuer angestecket werde, dieser soll
auch mit den Betheiligten so lange dabei verbleiben,
bis das Feuer gänzlich gedämpfet, und gelöschet worden,
weshalb im Unterlassungsfalle nicht nur einer für den
andern, sondern auch in subsidium der Ortsvorstand
den daraus entstehenden Schaden zu ersezen hat, und
noch mit einer besondern Strafe zu belegen ist. Ferner
und wenn

2do dieser Vorsicht ungeachtet durch Wetterschlag
oder sonst ohnvorgesehenen Zufall ein Brand entstehen
würde, sollen auf solchen Fall die Einwohner der nächst
gelegenen Ortschaften schuldig und gehalten seyn, nebst
den Förstern und Jägerpurschen mit Axten, Beilen,
Rott-

Rotthauen, Hacken, Schaufeln und dergleichen ohnge-
säumt sich an die Brandstätte zu begeben, auch die
mehr entlegenen Ortschaften durch abzuschickende Botten, und Anziehung der Sturmglocken zur gleichfalls ei-
ligen Beihülfe aufzufordern; auf der Brandstätte selbst
aber durch Umhauung der Bäume, Auseinanderreissung
des schon angebrannten Holzes, auch Ziehung der Gräben, und Aufwerfung des Grundes nach des Försters
Anweisung dem Feuer zu wehren, und dabei, ob es ihr
eigen Gehölz, oder der Hoffammer, oder sonst jemand
zuständig seye, keinen Unterschied machen, und sich durch
Verabsaumung ein oder des andern eine schwere Strafe
und Verantwortung nicht zuziehen; Hiernach hat also
das Oberamt   sich genauest zu achten,
auch die untergebene Gemeinden zur strengsten Beobachtung anzuweisen, und sich desfalls nichts zur Schuld
oder Verantwortung kommen zu lassen.   Mannheim,
den 17ten Junii 1796.

Churpfalz Regierung.

Freyherr von Venningen.

Schweizer.

---

20. Der Reichsstadt Nürnberg Mandat,
das Streuerechen betreffend; vom
27. Septbr. 1738.

Nachdeme man bißhero wahrnehmen müssen, welcher-
gestalt die Wald-Genossen wider das Oberherrliche Verbott ohne Unterlaß, auch so gar bey Nachts-
Zeiten, und noch vor der Sonnen Aufgang, sich in die

D 4   Wälder

Wälder begeben, und daselbsten, wo es ihnen nur beliebig gewesen, sonderheitlich aber in denen Förren jungen
Schlägen, die Streu häuffig, zu Ruinirung und gänz-
licher Verderbung der erst aus dem Erdboden zu sprossen
angefangenen Bäumlein, zusammen gerechet, sodann in
einer Menge heimgeführet, auch zum theil gar verkauft
haben: wodurch dann andere Walds-Verwandte, dergestalten unchristlicher Weise gefähret worden, daß manche gar nichts, oder kaum etwas erreichen können: als
wird zur Verhütung aller fernerweiten Excessen, und
damit diesem Eigennutz- und gemeinschädlichen Begin-
nen noch in Zeiten vorgebogen werde, auch von Wald-
Gestreu auf andere ebenfalls gelangen möge, hiermit von
Wald-Amt Sebaldi wegen, zu allem Uberfluß, und,
damit in Zukunfft sich niemand mit der Unwissenheit zu
entschuldigen haben möge, nochmalen offentlich verkün-
det, und alles Ernsts anbefohlen, daß alle und jede
Wald-Genossen, so diesem instehenden Herbst wiederum
in die Streu fahren und rechen wollen, sich einiges Feuer
auf den Wald zu schieren enthalten, auch hierbey be-
scheidentlich bezeigen, und zuvor bey denen Forstern anmelden, auch gegen Einreichung der von Alters her derentwegen gebräuchlich gewesenen Laub-Geldes, erwarten sollen, wohin und auf was für einen Platz, sie angewiesen werden, wobey sie sich aber insonderheit derer mit
Strohbänder umhängten, und in Heeg gelegenen Plätze
zu enthalten, und solcherwegen des jungen Holzes und
des neu-aufgehenden Wald-Saamens, gänzlich zu
verschonen haben, auch sich durchaus nicht mehr unterstehen, vor der Zeit einige Plätze einzuschlagen, und sich
hernach mit dem Vorwandt, daß es von andern Personen geschehen, zu entschuldigen.

Und solle die Heraus- oder Heimführung der Streu,
ehender nicht, als Dienstags, den 30. 7br., biß zu Zuthuung des Waldes, ihnen, und zwar dergestalten erlaubet

bet seyn, daß hierzu aus eines Bauren Haus mehr nicht
dann zwey, und von einem Köbler nur eine Person,
von ihren Kindern oder gebrodeten Eheyhalten, durchaus
aber keine fremde Personen, als Taglöhner gebrauchet,
und einem Bauren 8. biß 10., einem Köbler, so An-
spann hat, aber 3. biß 5. Juder Streu, andern und geringern aber noch ein wenigers zu seiner Haus-Noth-
burfft zu rechen, auch auf einem Platz in dem Wald nur
2. Juder solcher Streu einzuschlagen, zugelassen, davon
aber etwas zu verkauffen allerdings verbotten seyn, und
derjenige, so hierwider auf ein oder die andere Weise
handeln wird, mit 5. fl. Straffe ohnnachläßig beleget
werden solle. Wornach sich männiglich zu richten und
vor Straffe zu hüten hat.

Den 22. 7br. A. 1738.

Wald-Amt Sebaldi.

---

21. Churpfälzisches Rescript, die Begebung und Betreibung des Aeckerichs in den Waldungen, und die Versteigung und Anweisung des Brand-Holzes betreffend; vom 23. März 1740.

Demnach Ihro Churfürstl. Durchleucht, vermög
Special-Gnädigsten Rescripti vom 21ten laufenden Monaths, zu künftiger Abwend- und Vermey-
dung deren, von Dero Cameral- und Forstbedienten
bey Begeb- und Betreibung des Aeckerichs so wohl, als
in Abgab des Brandholzes, zu Dero Cameral-Aerarii
merklichen Schaden und Abgang, bereits einige Jahren
her unternommener verschiedener Excessen, und sonstiger

D 5   mehr

mehr eigen-nuziger Uebertrettungen Gnädigſt verordnet
haben und wollen, daß, ſo viel die Künftige Begeb. und
Betreibung des Aekerichs betrift, es nachfolgender Geſtalten gehalten werden ſolle, nemblich

I. Es ſollen ſambtliche Participanten an dem ſo-
genannten Aekerichs-Accidentali ſich hierzu durch ihre
Beſtallungs-Inſtructiones, oder ſonſten bey Dero
Chur-Pfälziſcher Hoff-Cammer in Zeit ſechs Wochen,
bey Verluſt ſothanen Accidentalis legitimiren, hier-
nechſt bey jedesmaliger Aekerichs-Verſtaigung, die eigentliche Anzal der Accidental-Schweinen, zu der Staigeren Direction und Wißenſchaft in dem Staigungs-
Protocollo benennen, mithin beſonders von Dero Jägeren über dieſe Gebühr kein weitherer Beyſchlag attenti-
ret, zu deme auch

II. Denenſelben die Anſchaffung einer Anzahl
Schweinen, und darmit hernechſt treibender Handel un-
ter Straff der Confiscation, nicht weniger die heimli-
che oder offentliche Uebernehmung einiger Herrſchafftl.
Wald Diſtricten unter hundert Rthlr. ohnnachläßiger
Straff, auch, geſtalten Sachen nach, der würklicher
Caſſation verbotten, nicht weniger

III. Alle Zehrungen ein für allemahl abgeſtellt,
und dagegen bey dieſer und aller anderen Verſtaigun-
gen ein geringes Geld-Quantum von ſechs-ſieben-
und höchſtens biß acht Gulden für Wein und Brod
vorbehalten, ſofort denen ein-ſo andere Verſtaigung
vornehmenden Cameral- und Forſt-Bedienten lediglich
ihr Deputat aus der Jagd-Caſſa und nicht von denen
Staigeren verreichet, mithin dieſe zu einem mehreren
nicht, als nebſt vorgedachtem Trinkgeld, zu Entrichtung
des ausfallenden Staigungs-Quanti, und Forſt-Ord-
nungs-mäßigen Brand-Gelds, wie auch, im Fall die

Parti-

Participanten ihre Accidental - Schweine nicht in
natura einschlagen wolten, zu Zahlung eines Reichs-
thalers von jedem Stuk angehalten, so dann

. IV. Keine größere Districten, als etwan zu Unterhaltung des Wilpretts höchstens vonnöthen, nach der
Jägerei Willkühr, ohnnöthiger Dingen abgehänget, in
solchen abgehängten Districten auch weder der Jägeren
eigene - noch deren Ackerichs - Bestänberen Schweine,
bey Straff der Confiscation eingetrieben, noch die Ei-
chelen für sich oder andere aufzusamblen erlaubt, annebst und letzlichen

V. Was in Specie die Harb anbetrifft, die dabey gelegene kleine Waldungs - Districten nicht unter
der Hand und Separatim begeben, sondern mit in die
Haupt - Verstaigung der gesambten Waldungen gebracht werden.

Anlangend nun die Verstaig - und Begebung des
Brand - Holzes, so solle

VI. Von denen Cameral- und Forst-Bedienten
künftighin von einem verstaigten Claffter Holz ein mehrers nicht, dann die in der Forst-Ordnung regulirte
drey Kreuzer prætendirt, noch auch ein mehreres unter
hundert Reichsthaler ohnnachläßiger Straff angenommen, nicht minder

VII. Bey denen vorseyenden Verstaigungen wie
in obgedachter 3ter Position angemerket, nach Proportion des Objecti subhastandi, lediglich ein geringes
Quantum, von 6. 7. höchst biß 8. Gulden für Wein
und Brod hergegeben, und solches in die Staigungs -
Conditionen einverleibt, denen Bedienten hingegen lediglich ihr ordinari Deputat aus der Jagd-Cassa und
nicht von denen Staigeren verreichet, schließlichen und
VIII.

VIII. Solle künftighin all das abfallende Gipfel-
Holz, welches sich gedachte Forst-Bediente wider den
litterlichen Innhalt der Forst- und Holz-Ordnung ohn-
pflicht-mäßig, dem Vernehmen nach, bißhero zugeeignet haben sollen, führohin ebenfalls in öffentliche Versteigung gebracht, und dem meistbiethenden überlassen
werden;

Als wird aus Höchst-gedachter Ihrer Churfürstl.
Durchl. obangeregten besonderen Gnädigst- und ernstlichen Befehl ein- so anderes allen und jeden Ober-
und Unter-Beambten, auch Bedienten, fort Schultheissen, Anwälden, und Gerichten mit dem Anhang
durch gegenwärthige gedrukte Verordnung bekannt gemacht, daß sie sambt und sonders auf obiges alles genaue Achtung geben, und alle Contravenienten also
gleich-pflichtschuldigst anzeigen, widrigen Falls, und, da
wider Verhoffen, ein- so anderer Bedienter gegen diese
Churfürstl. Gnädigste Willens Meyn- und Verordnung
sich verlauffen würde, und solches heraus käme, der
Schultheiß und Gericht sowohl, als der Contravenient,
umb, weilen selbige solches Pflicht-vergessen verschwie-
gen, und bemänteln helffen, einer wie der andere ohnnachläßig gestrafft werden solle; Wornach sich ein jeder
schuldigst zu richten, und vor Schaden zu hüten hat.
Mannheim den 23ten Martii, 1740.

(L. S.)

---

22. Der Reichsstadt Nürnberg Mandat, das Holzen und die Waldhütung betreffend; vom 31. März 1736.

Zu wissen und kundt sey Männiglich, daß Ein Hoch-
löbl. Rath der Stadt Nürnberg, allen Walds-Verwandten

wandten wieder erlaubet und zuläſſet, den 3ten Monats-
Tag April, in denen offenen Huten auf zuvor durch die
Forſter geſchehene Anweiß- und Zeichnung nach der
Wald-Ordnung gegen Abſtattung des bißhero gewöhnlichen Pfand-Geldes und der Amts-Gebühr zu holtzen,
doch alſo und dergeſtalt, daß zu Abſtell- und Verhütung
der bey dem Holtzen auf Schröthen von denen Wald-
Genoſſen vielfältig ausgeübten Schalckungen und Mißbräuche, man denen Wald-Genoſſen das allbereit nach
des Waldes dermahligen Zuſtand, und zu deſſelben beſten eingeführte Scheiten, heuriges Jahr wiederum erlauben will, und zwar mit offener Hand und der beyge-
fügten Verordnung, daß ein jeder vorhero, ehe er ſich
einiges Holtzens gebrauchet, zuvorderſt auf vier Mäß
Holtz, ſo ihme abgegeben werden, wenigſtens eine Klaff-
ter Stöcke, welche künfftighin, gleichwie das Scheit-
Holtz von denen Forſtern numerirt, und die Gruben,
allwo ſelbige gegraben worden, alſobald wieder mit Erden eingegleichet, nebſt denen Aeſten und Geſträuß, oder
anſtatt dieſer, Büſchel, wie hernach folget, heraus geführet, und die Anzahl Clafftern Holtz, welche ihme der
Forſter auf einmal zu Scheiten angewieſen und gezeichnet hat, innerhalb 14. Tagen von dem Stock angerau-
met, und aufgehauen, ſodann aber ſolche Clafftern mit
denen Gipffeln, und unausgeſchnaltet zu laſſen habenden
Aeſten, oder aus dieſen zweyen letztern gehauenen und
gemachten Büſcheln, zuſommen geſchlichtet halten, alsdann zu erſt und vor Verführung der Scheiter aus dem
Wald geſchaffet, und das geſcheidete Holtz nicht ehender
aus dem Wald geführet werden ſolle, bis der Förſter
nachgeſehen, ob dieſes alles gehörig beſchehen, und
nicht zu viel gehauen, auch numerirt worden ſey, bey
Straff 5. fl.
Daferne auch hierbey unter denen angewieſenen
Höltzern bißweilen einige Bäume ſich befinden mögten,
davon

davon die Erd - Stämme zu Seg - Schröthen oder
Büttner-Hölzern tauglich, so sollen selbige nicht zu
Brenn-Holz aufgehauen, sondern liegend gelassen, und
an dem Ort, wo der Stamm abgelänget ist, von dem
Forster und dem Waldhauer das Laub-Zeichen mit dreyen
Schlägen daran gemachet, auch sodann denen Wald-Genossen, um solche entweder zu ihrer Haus - Nothdurfft
und Erhaltung ihrer Gebäu gebrauchen, oder als Werck-
holz denen Handwerckern alhier zum Besten, in die
Stadt herein zu führen, und ihnen damit auszuhelffen,
auf das gewöhnliche Urlaub - Geld abgegeben werden,
bey Straff von jedem Verbrechen fünff Gulden, inmassen dann denen Forstern anbefohlen worden, auf die
Ubertrettere fleissige Nachsicht zu halten, und dieselbige
zu pfänden. Hiebey aber die Meil und Heilör bey hiebevor mehrmals bemeldter Straff, besonders auch das
schädliche Mistel-Steigen bey Pön 10. fl. ernstlich verbotten seyn sollen. Sonderlich aber, daß niemand einige geschlachte Buchen und Eichen nicht hauen solle, bey
mehrmals verruffter Straff als 20. Gulden. Imglei-
chen, daß ein jeder seine verholtzte Pfand und Urlaub
zuvor, und ehe er sich des Walds gebraucht, bey Straff
5. Gulden ausrichten und bezahlen, auch daß ihr keiner
dieselben Pfand und Urlaub, er gebrauche sich gleich
des Walds oder nicht, über Jahr und Tag unbezahlt
anstehen lassen soll, bey Verlust der Wald - Gerechtig-
keit. Und weilen viel von denen Wald-Genossen sich
biß anhero unterstanden, nicht allein aus der Pieth,
das ist von einer Wald-Seiten auf die andere, oder an
solche Oerter, welche kein Wald-Recht haben, das Holz,
wie auch Ziegel, Calck, Kohln und anders, so von hiesigen Reichs-Wald kommet, ohne Erlaubnus zu verkauffen, zu führen oder zu tragen, sondern auch noch bey
Nacht, und also vor Aufgang der Sonne in den Wald
zu fahren, wormit viel Schalckungen und Betrug zu

bes

des Walds gröſten Schaden ſeynd verübet worden, ſolches aber in denen Ordnungen bey hoher Straff nemlich
bey Verluſt des Zeugs, als Roß oder Ochſen und Wagen verbotten iſt; Als wird jedermänniglich hiermit erinnert, von ſolchen Unfug abzuſtehen, wie dann das
Wald-Amt derentwegen gemeſſenen Befehl empfangen,
künfftighin gegen ſolche Verbrecher mit der darauf ge-
ſetzten Straff alles Ernſts zu verfahren. Wie nicht weniger wird auch dieſes ernſtlich und zwar bey Pön 5 fl.
verbotten, daß künfftighin ſich niemand mehr von denen
Wald-Genoſſen unterfangen ſolle, bey zugehaltenen
Wald das aufgeſchädete Holtz, welches man gewieſe-
ner und gezeichneter Maſſen hat hauen laſſen, abzuho-
len, weilen unter ſolchen Prætext allerley Schalckungen
mit unterlauffen und verübet werden können, ſondern ſel-
biges annoch zur rechter Zeit, und alſo noch vor Zuthuung des Waldes heraus führen, damit keiner auf den
widrigen Fall mit behöriger und beharrlicher Straff angeſehen werden möge. Und weilen man mit ſonderba-
rem Mißfallen erfahren müſſen, daß die Wald-Genoſſen bißhero wider das Oberherrliche Verbot, ohne Unterlaß in die Wälder gefahren, und daſelbſten wo es ihnen
nur beliebig geweſen, ſonderlich in denen Förren-Schlä-
gen, die Streu häuffig, mithin zu Ruinir- und Verderbung der erſt aus dem Erdboden zu ſproſſen angefangenen Bäumlein zuſammen gerechet, ſodann in einer Menge heimgeführet, auch zum Theil ſo gar verkauffet haben,
und an deme, was Ein Hoch-löbl. Rath in denen beſondern Mandaten gemäſſiget, ſich nicht genügen laſſen;
Als ſollen hinführo diejenigen, ſo nach Streu fahren wollen, bey denen Forſtern ſich anmelden, und gegen Entrichtung des Laub-Gelds erwarten, wie viel ihnen erlaubet, auch wohin und was für einen Platz ſie angewieſen
werden, und ſoll die Heraus- oder Heimführung der
der Streu, eher nicht als von Michaelis-Zeit an, biß
zu

zu Zuthuung des Walds ihnen erlaubt, davon aber etwas zu verkauffen allerdings verbotten seyn, und derjenige, welcher hierwieder handeln würde, mit 5 fl. Straff
unnachläffig beleget werden, worwider Männiglich gewarnet wird.

Es soll auch niemand einige brennende Fackeln oder
Schaub, von dato an, bis nach St. Michaelis-Tag,
auf dem Wald nicht tragen und hinwerffen, vielweniger
einige Feuer darauf schüren und anzünden, bey vor darauf gesetzter Buß, daß auch männiglich und insonderheit
die Hirten in die junge Holtz-Schläge und Plätze, welche zu Beförderung des Holtz-Wachses in Heeg geleget, und mit Stroh-Schauben bestecket sind, kein Vieh
hüten noch über die Wald-Gräben treiben, sondern selbige schonen soll, bey Straff 1C. fl. Und weilen sich
auch ein und anderer unterstanden, obgedachte Stöcke,
zu des Walds grösten Schaden, abzusparren, oder ab-
zuspuhlen, wodurch jedoch der Nachwachs des jungen
Holtzes sehr verhindert worden; als soll hinkünfftig kein
Stock mehr, über einen Stadt-Schuhe, gleichwie es
die Wald-Ordnung erfordert, gemachet, das absparren
oder abspuhlen derselben aber gäntzlich unterlassen werden, bey Straff 5. fl.; So solle auch keinem Wald-
Genossen, um der begangenen Schalckungen willen,
mehr zugelassen seyn, einige Holtzstätt in dem Wald,
oder ausser der Hofraith, ohne in dem Amt darzu ge-
nommenes Laub zu machen, bey Straff 5. fl. Desgleichen soll auch ein jeder innerhalb 14. Tagen den
nechsten zu seinen Marck-Steinen, wo sie stehen, und
an den Reichs-Boden stossen, raumen, und zu jeden einen Pflocken dreyer Schuh lang schlagen, bey Straff
von jedem Stein 1 fl. Ferner soll auch hinführo niemand sein Viehe auf den Reichs-Boden zu treiben
Macht haben, er habe dann sein Pfand und Urlaub zuvor ausgerichtet und bezahlet, bey Straff von jedem
Stück

Stück Viehes 30. Kr. Nachdeme auch eine Zeicherei
viel Unburgere und andere Herren-loß Gesind, (welche
doch kein Wald-Recht) sowohln in der Stadt uud beeden Vor-Städten, als auf dem Land in beeden Wäldern, mit Abhauung, Hereintrag- und Ziehung des
Holtzes sehr grossen Schaden gethan; Als wird bey denenjenigen allen, wie sie auch Namen haben mögen,
solch Tragen oder Führen, insonderheit aus der Ober-
und Untermeil auch denen Heilöhren, hiermit bey Straff
10. fl. ernstlich abgeschafft, welche aber berührte Straff
nicht zu bezahlen hätten, solche mit dem Leib zu büssen
angehalten werden: Die Schub-Kärner und Soldaten
aber, welche das junge Gehöltz schädlicher Weise abhauen, denen soll, bey obbemeldter Straff der 10. fl.
solches auch allerdings verbotten seyn. Darnach wisse
sich Männiglich zu richten, und vor der Straffe zu hüten.

Den 31. Martii A. 1736.

Wald-Ambt Sebaldi.

---

23. Churpfälzische Verordnung, daß bey Vorgang deren Gemeinen Holzversteigungen durch die Ortsvorstände, jedesmal die Forst-behörden zugezogen werden sollen; vom 9ten Nov. 1790.

Demnach Seine Churfürstliche Durchlaucht Inhalts
gnädigsten Reskripts vom 3ten dieses entschloßen,
daß bey Vorgang deren Gemeinen Holzversteigungen
durch die Orts-Vorstände, jedesmal die Forstbehörden
zugezogen, und übrigens dabey dasjenige, was die Satz-
und Ordnung Art. 5. überhaupt, und insonderheit gebie-

tet, bey diesem Geschäft genauest beobachtet werden soll;
als wird solches dem Oberamte   es zu
weiterer Verfügung andurch mit dem Ferneren unverhal-
ten, daß 1) denen Schultheissen, und Gerichtern die ge-
ringere dergleichen Versteigungen ohne An- und Rück-
frage, doch allemal mit genauer Beobachtung deßen,
was in ersagten §. unter denen Abfätzen A und B besonders wegen der Nachweisung durch Rechnung vorge-
schrieben ist, und so auch 2) die mehr beträchtliche, jedoch in der Maaß, daß die Bedingnißen vorhero dem
Ober- oder Unter-Amt zur Gutheissung eingeschickt werden sollen, zu überlassen, diesen oberen Behörden aber
3) die Beywohnung bey dergleichen Holz- und sonstigen
Versteigungen, wenn sie tausend und mehrere Gulden
etwa betragen mögen, gegen den taxmäßigen Diäten-
Bezug zu verstatten seye. Mannheim den 9. Nov. 1790.

Churpfalz Regierung.

C. P. Freyherr von Venningen.

Leberforg.

V.

V. Neuere Forst - und Jagd-Literatur.

Ᵽ 2

24. Verzeichniß der auf der Oster-Meſſe 1796. neu erſchienenen Forſt- und Jagd-Schriften *).

1. Abhandlungen der Königl. ſchwediſchen Akademie der Wiſſenſchaften aus der Naturlehre, Haushaltungskunſt und Mechanik; aus dem Schwediſchen überſetzt von Abraham Gotthelf Käſtner. Neue Auflage. VIIr Band. Leipzig. gr. 8. mit Kupfern. Bey Heinſius.

(f. obeu Th. I. S. 180. §. 39. N. 1, b.)

2. Annalen der märkiſchen ökonomiſchen Geſellſchaft zu Potsdam. IIten Bandes 2tes Stück. Potsdam. gr. 8. mit Kupfern. — Horvath.

(f. oben Th. I. S. 178. Nr. 3.)

3. Anweiſung für gemeine Feldmeſſer. Marburg. 8. mit Kupfern. — Neue akademiſche Buchhandlung.

(zu Th. I. S. 14. §. 1.)

4. Anweiſung, kurze, wie man auf eine leichte und geſchwinde Art alle Pflanzen wie in Kupfer geſtochen ſauber abdrucken kann. Brandenburg. 8. — Leich.

(zu Th. I. S. 44. §. 11.)

5. von Aretin, Georg Freyherrn, vier wichtige Aktenſtücke zur Kulturgeſchichte des Donaumoores in Bayern.

P 3

---

*) Die unter den Titeln befindlichen Verweiſungen beziehen ſich auf die beyden erſten Theile dieſes neuen Forſtarchivs.

A. d. H.

Bayern. Ein Beytrag zu einer allgemeinen Kultur-
geschichte dieses Landes. Augsburg. gr. 8. — Stage.

(zu Th. II. S. 68. Nr. 7.)

6. Beckmann, Johann, Anleitung zur Technologie,
oder zur Kenntniß der Handwerke, Fabriken und Manufakturen, nebst Beyträgen zur Kunstgeschichte.
Vierte vermehrte und verbesserte Auflage. Göttingen.
8. — Vandenhoeck und Ruprecht.

(s. oben Th. I. S. 39. §. 9. Nr. 1.

7. Beckmann, Johann, Beyträge zur Geschichte der
Erfindungen. IVten Bandes 2tes Stück. Leipzig. 8.
— Kummer.

(s. oben Th. I. S. 191. Nr. 21.)

8. Beyer, J. M. höchstnöthiger Unterricht für Ritter-
guths- und Gutsbesitzer, welche ihre Güter und Ländereyen mit Nutzen ausmessen lassen wollen rc. Leipzig. 8. — Supprian.

(zu Th. I. S. 14. §. 1.)

9. Breithaupt, H. C. W., über den Gebrauch verschiedener neuer und verbesserter Arten mathemati-
scher und geometrischer Instrumente, die zur Feld-
meßkunst leicht und gut zu gebrauchen. Cassel. 8.
mit Kupfern. — Griesbach.

(zu oben Th. I. S. 14. §. 1.)

10. von Burgsdorf, F. A. L., Forsthandbuch. IIr
Theil. Berlin. gr. 8. — In Kommission bey Hün-
burg.

(s. oben Th. I. S. 128. Nr. 110.)

11. Däzel, G. A., vollständige Tabellen zur Bestimmung des Inhalts unbeschlagener Baustämme, mit
einer Anleitung zu deren Gebrauch. Zweyte verbesserte

serte Auflage. München. 8. — In Kommisston bey Lindauer.

(s oben Th. I. S. 24. Nr. 22.)

12. **Eigner's** Beschreibung eines neuen holzersparenden und in allem Betracht vortheilhaft befundenen Ziegelbrennofens, nebst Rissen; aus dem Russischen übersetzt. Zweyte Auflage. Riga. 8. — Müller.

(zu Th. II. S. 87.)

13. **Encyklopädie,** teutsche, oder allgemeines Realwörterbuch aller Künste und Wissenschaften, von einer Gesellschaft Gelehrten. XIXr Band. Frankfurt am M. 4. — Varrentrapp und Wenner.

(s. oben Th. I. S. 79. Nr. 15.)

14. **Finger, W.,** Abhandlung über die Anlegung neuer Eichelgärten, der Besaamung und Pflanzung der Eichen. Cassel. 8. — Griesbach.

(zu Th. II. S. 19. §. 8.)

15. **Fischer, J. A.,** Anfangsgründe der höhern Geometrie, zum Gebrauch der Vorlesungen. Jena. 8. mit Kupfern. — Crökersche Buchhandlung.

(zu Th. I. S. 14. §. 1.)

16. **Gaschitz, F. W.,** Experimentalökonomie, worin die nützlichsten und neuesten Gegenstände der ganzen Landwirthschaft, als Aecker, Garten- Hopfen- Holz- Wein- Wiesen- und Futterkräuter-Bau; Rind- Pferde- Schaaf- Schwein- Federvieh- Baum- und Bienenzucht; Bier- und Brandtweinbrennerey ꝛc. abgehandelt; auch die in Deutschland am nützlichsten anzubauenden ausländischen Gewächse ꝛc. mit aufgeführt sind. Görlitz. 8. — Hermsdorf und Anton.

(zu Th. I. S. 192.)

17. Germershausen's, C. F., ökonomisches Real-lexikon, worin alles, was nach der Theorie und er-probten Erfahrungen der bewährtesten Oekonomen unserer Zeit, zu wissen nöthig ist, in alphabetische Ordnung zusammengetragen. IIr Band. Leipzig. gr. 4. — Feind.

(s. oben Th. I. S. 81. Nr. 22.)

18. Handbuch für praktische Forst- und Jagdkunde, in alphabetischer Ordnung ausgearbeitet, von einer Ge-sellschaft Forstmänner und Jäger. Frankfurt und Leipzig. gr. 8.

(zu Th. I. S. 81.)

19. Handbuch zur Heilkunde der vorzüglichsten und ge-fährlichsten Pflanzenkrankheiten in der Landwirth-schaft, von einem denkenden Landwirth. Leipzig. gr. 8. — Meyer.

(zu Th. II. S. §. 1.

20. Hartig, F. K., Beschreibung seines wohlfeilen Winkelmeßinstruments, welches als Astrolabium, Scheibe, Meßtisch, Boussole, Quadrant, Dendro-meter und Wasserwaage gestellt, und bey Forst- und anderen Messungen sehr vortheilhaft gebraucht werden kann. Frankfurt a. M. 8. mit Kupfern. — Var-rentrapp und Wenner.

(zu Th. I. S. 19. §. 2.)

21. Henne, S. D. L., Anweisung, wie man eine Baumschule im Grossen anlegen und gehörig unter-halten solle; wobey eine vollkommene Beschreibung der vornehmsten darinn vorkommenden Obstsorten ꝛc. Neue Auflage. Halle. gr. 8. — Hendel.

(s. oben Th. II. S. 69. §. 47. Nr. 2.)

22. Jachtmann, H., Anweisung zur Anlegung Holz-Steinkohlen- und Torf ersparender Feuerungen. IVr
Theil

Theil in 3 Heften, Berlin. gr. 8. mit illuminirten
Kupfern. — Beliz und Braun.

(ſ. oben Th. II. S. 83. Nr. 36.)

23. Kerner Abbildungen der vorzüglichſten ausländi-
diſchen Bäume und Geſträuche, welche im Freyen in
Deutſchland ausdauern. Is Heft. Tübingen. gr. 4.
mit illuminirten Kupfern. — Cotta.

(ſ. oben Th. I. S. 31. Nr. 18.)

24. Kirchner, J. A., Lehre über geometriſche und ökonomiſche Zertheilung der Felder. Weimar. 8. mit
Kupfern. — In Kommiſſion bey Hoffmann.

(zu Th. I. S. 14. §. 1.)

25. Kleidke, J. G., Handbuch der Feldmeßkunſt für
Oekonomen, welches eine Anweiſung enthält, Feld-
marken ſelbſt zu vermeſſen, zu zeichnen, zu berechnen
und in Schläge oder Koppeln zu legen, mit beſonderer Rückſicht auf Pommern und Mecklenburg. Berlin. gr. 8. mit Kupfern. — Lange.

(zu Th. I. S. 14. §. 1.)

26. Koch, A., Verſuch einer theoretiſch - praktiſchen
Anleitung zur Ausübung der Geometrie und Gnomo-
nik, nebſt einem Anhange der Chronologie. Stuttgart. 8. mit Kupfern. — Erhard und Löflund.

(zu Th. I. S. 14. §. 1.)

27. Krünitz, D. J. G., ökonomiſch - technologiſche
Encyklopädie, oder allgemeines Syſtem der Staats-
Stadt- Haus- und Landwirthſchaft, in alphabetiſcher
Ordnung. 67ter, 68ter und 69ter Band. Berlin.
gr. 8. mit Kupfern. — Pauli.

(ſ. oben Th. I. S. 77. Nr. 13.)

— — Zweyte Auflage. 41ter, 42ter und 43ter Band.
Berlin. gr. 8. mit Kupfern. — Pauli.

P 5 (ſ.

(ſ. oben Th. I. S. 77. Nr. 13.)

28. **Laurop, C. P.**, über Forſtwiſſenſchaft, beſonders über Erhaltung, Abtrieb und Wiederanbau der Wälder. Leipzig. gr. 8. mit einer illuminirten Forſtkarte. — Cruſius.

(zu Th. I. S. 141.)

29. *Ludwig*, Dr. *Ch. Fr.*, die neuere wilde Baumzucht in einem alphabetiſchen und ſyſtematiſchen Verzeichniſs mit franzöſiſchen und engliſchen Benennungen. Zweyte vermehrte und verbeſſerte Auflage Leipzig gr. 8. — *Müller*.

(ſ. oben Th. I. S. 122. Nr. 93.)

30. **Märter, Fr. J.**, die Obſtbaumzucht, nebſt dem Verzeichniß aller öſterreichiſchen Bäume, Stauden und Buſchgewächſe, mit kurzgefaßten Anmerkungen aus der Natur = und ökonomiſchen Geſchichte derſelben. Dritte von **Chr. B....** vermehrte und verbeſſerte Auflage. Wien. 8. — Gerold.

(ſ. oben Th. I. S. 166. Nr. 2.)

— — Dritte vom Verfaſſer ſelbſt verbeſſerte und mit einigen Zuſätzen von ausländiſchen im Freyen ausdauernden Baum = und ſtrauchartigen Gewächſen vermehrte Auflage. Wien. gr. 8. — In Kommiſſion bey Stahel und Kompagnie.

(ſ. oben Th. I. S. 166. Nr. 2.)

31. **Medicus, F. C.**, unächter Acacien = Baum, zur Ermunterung des allgemeinen Anbaues dieſer in ihrer Art einzigen Holzart. Neue Auflage. 1tes bis 6tes Stück oder Ir Band. Leipzig. 8. — Gräff.

(ſ. oben Th. II. S. 27. Nr. 5.)

32.

32. **Medicus, F. C.,** unächter Acacien-Baum ic.
IIten Bandes 1tes und 2tes Stück. Leipzig. 8. —
Gräff.

(f. oben Th. II. S. 27. Nr. 5.)

33. **Meisner, C. H.,** Landwirthschafts-Garten- und
Forstkalender, oder Verzeichniß der in jedem Monate
vorfallenden Verrichtungen sowohl im Felde, als in
Küchen-Blumen-Baumgärten und Wäldern; auch
entdeckten Betrügereyen mancher untern Forstbediente ic. Leipzig. 8. — Sommer.

(zu Th. I. S. 176.)

34. **Meyen, Joh. Jac.,** physikalisch-ökonomische
Baumschule. Neue gänzlich umgearbeitete Auflage.
Brandenburg. 8. — Leich.

(f. oben Th. II. S. 70. Nr. 5.)

35. **Michelsen, Joh. Andr. Chr.,** der vollkommene
Haushalter und Kaufmann, oder Sammlung von
Haushaltungs-Holz-Intereß-Rabbat-Münz-
Maaß- und Gewichts-Tabellen u. s. w. Zweyte
vermehrte und verbesserte Auflage. Berlin. gr. 8. —
Maurer.

(zu Th. I. S. 25. §. 3.)

36. **Müllenkampf, Fr. D. F.,** Sammlung der
Forstordnungen verschiedener Länder; fortgesetzt von
A. E. Freyherrn von Moll. IIr Theil. Salz-
burg. gr. 4. — Mayer.

(f. oben Th. I. S. 198. Nr. 48.)

37. **Naumann, J. A.,** ausführliche Beschreibung
aller Wald-Feld- und Wasservögel, welche sich in
den Anhältischen Fürstenthümern und einigen umlie-
genden Gegenden aufhalten und durchziehen. Iten
Bandes 2tes Heft. Köthen. gr. 8. mit Kupfern. —
Aue.   (zu

(zu Th. II. S. 147. §. 75.)

38. Neujahrsgeschenk für Forst = und Jagdliebhaber aufs Jahr 1796, von Hrn. von Wildungen. Marburg. 16. — Neue akademische Buchhandlung.

(s. oben Th. I. S. 176. Nr. 5.)

39. Noth = und Hülfsbüchlein für Jäger und Oekonomen. Halle. 8. — Osterloh.

(zu oben Th. I. S. 192.)

40. Schuhr, Chr., botanisches Handbuch. 17ter und 18ter Heft. Wittenberg. 8. mit schwarzen und ausgemahlten Kupfern. — Verfasser.

(s. oben Th. I. S. 32. Nr. 24.)

41. Schütz, fortgesetzt von Graßmann, Auszug aus der Krünitzischen ökonomisch = technologischen Encyklopädie. XVIr Band. Berlin. gr. 8. mit Kupfern. — Pauli.

(s. oben Th. I. S. 78. Nr. 13. b.)

42. Sierstorpf, C. H. von, über die forstmäßige Erziehung, Erhaltung und Benutzung der vorzüglichsten inländischen Holzarten, nebst einigen Beyträgen, welche das Forstwesen überhaupt betreffen. Ir Theil. Hannover. gr. 8. mit illuminirten Kupfern. — Gebrüder Hahn.

(zu oben Th. I. S. 141.)

43. Strelin's Realwörterbuch) für Kameralisten und Oekonomen. VIIIr und letzter Band. Nördlingen. gr. 8. — Beck.

(zu Th. I. S. 80. Nr. 18.)

44. Schwinden, J. H. van, Anleitung zur Meßkunde; aus dem Holländischen übersetzt und mit Anmerkungen und Zusätzen vermehrt von M. C. Ulr. Gaab.

Gaab. Jena. gr. 8. — Akademische Buchhandlung.

(zu Th. I. S. 14. §. 1.)

45. Ueber Deutschlands holzverschwenderische Mißbräuche, wie dieselben abzustellen, und die Holzsparungs-
kunst am sichersten erreicht werden kann; von einem
Patrioten. 8.

(zu Th. II. S. 87.)

46. Walbaum, D. Joh. Jul., Abhandlung von
holzsparenden Feuerstäten in den Wohnhäusern. Lü-
beck. gr. 8. — Bohn und Kompagnie.

(zu Th. II. S. 87.)

47. Walther, F. L., Beschreibung und Abbildung
der nothwendigsten Geräthe, welche in der Forstwissenschaft vorkommen; ein Anhang zu seinem Lehrbuche
der Forstwissenschaft. (Leipzig). gr. 8. mit Kupfern.
— In Kommission bey Meyer.

(zu oben Th. I. S. 140. Nr. 159.)

48. Willdenow, D. Karl Ludw., berlinische
Baumzucht, oder Beschreibung der in den Gärten
um Berlin im Freyen ausdauernden Bäume und
Sträucher. Berlin. gr. 8. mit Kupfern. — Nauk.

(zu Th. I. S. 35. §. 5.)

49. Würnitzer, F. S., Versuch über die Waldkul-
tur für gemeine Förster. Pilsen. 8. — Morgen-
säuler. (Leipzig in Kommission bey Köhler.)

(zu Th. I. S. 141.)

50. Bloch, M. C., Ichthyologie, ou histoire des
Poissons, en VI Parties avec 216 Planches dess.
et colorées d'après nature. Berlin. 8. (Leipzic,
Gleditsch).

(zu oben Th. II. S. 114. Nr. 29.)

25.

25. Verzeichniß der auf der Michaelis=Messe 1796. neu erschienenen Forst = und Jagd = Schriften.

1. **A**bhandlung, gründliche, von den Steinkohlen und Torf; dann von allen Baumaterialien für den Landmann, der sein eigener Baumeister ist. Prag. 8. — Herrl.

(zu Th. II. S. 108. §. 62.)

2. Anweisung, gründliche, alle Arten von Vögeln zu fangen, abzurichten, zu zähmen, ihre Eigenschaften zu erkennen, Bastarde zu zeugen, ihnen fremden Ge= sang zu lehren ꝛc.; nebst einem Anhange von Mi= telli Jagdlust. Aufs neue ganz umgearbeitet und verbessert von J. M. Bechstein. Nürnberg. 8. mit Kupfern. — Monath und Kußler.

(s. Th. II. S. 146. Nr. 7.)

3. Beyer, J. Mark., Lehrbuch der praktischen Feld= meßkunst für Oekonomen, Jäger, Gärtner und ge= meine Geometer, welche nicht im Stande sind, gründ= lichen Unterricht zu genießen, sondern diese Wissen= schaft nach Handgriffen erlernen wollen. Halle. 8. mit Kupfern. — Hendel.

(zu Th. I. S. 19. §. 2.)

4.

4. Siedler, Karl Wilh., systematisches Handbuch
der Forstwissenschaft, zum Gebrauch für junge Forstmänner. Eisenach. 8. — Wittekindt. (Leipzig, in
Kommission bey Kummer.)

(zu Th. I. S. 141.)

5. Siedler, Karl Wilh., systematischer Katechismus
der Forstwissenschaft; ein Versuch für Jünglinge, die
sich dem Forstwesen gewidmet haben. Eisenach. 8.
— Wittekindt. (Leipzig, in Kommission bey
Kummer.)

(zu Th. I. S. 141.

6. Forsyth, Wilhelm, über die Krankheiten und
Schäden der Obst- und Forstbäume, nebst der Be-
schreibung eines von ihm erfundenen und bewährten
Heilmittels; aus dem Englischen übersetzt von Georg
Forster. Zweyte Auflage. Maynz. gr. 8. — Fi-
scher.

(s. oben Th. II. S. 2. Nr. 6.)

7. Forst- und Jagd-Kalender (oder Forst- und Jagd-
taschenbuch) für das Jahr 1797. oder IVr Jahrgang, herausgegeben vom Prof. Leonhardi. Leipzig. 16. mit illuminirten und schwarzen Kupfern. —
J. B. G. Fleischer.

(s. oben Th. I. S. 176. Nr. 6.)

8. Suß, Fr., Abhandlung von der gehörigen Bearbeitung der Felder, Wiesen, Küchengärten, Baum-
Wein- Hopfengärten und des Waldbodens. Prag.
8. — Hertl.

(zu oben Th. I. S. 141.)

9.

9. Gotthard's Kultur des unächten Akazienbaums; ein gedrängter doch fruchtbarer Auszug aus den Schriften des Hrn. Reg. Rath Medicus über diesen Gegenstand, nebst einigen praktischen Bemerkungen über die Kultur der Eschen, Erlen, Bruchweiden und Roßkastanien ꝛc. von Johann Ludwig Braun. 8. — Verlagsgesellschaft.

(zu Th. II. S. 22. §. 10. S. 23. §. 13. S. 27. §. 22. S. 30. §. 23. S. 34. §. 28.)

10. Handbuch für praktische Forst- und Jagdkunde, in alphabetischer Ordnung ausgearbeitet von einer Gesellschaft Forstmänner und Jäger. IIr Theil. Leipzig. gr. 8.

(zu Th. I. S. 81.)

11. Heß, J. G. G., Beyträge zur Kenntniß der Kultur und Benutzung der unächten Akazie, oder des amerikanischen Schotendorns. Prag. 8. mit 1. Kupfer. — Karl Barth.

(zu Th. II. S. 27. §. 22.)

12. Journal für das Forst- und Jagdwesen. IVr Band, 2te Hälfte. Leipzig. gr. 8. — Crusius.

(f. Th. I. S. 173. Nr. 6.)

13. Laurop, C. P., über den Anbau der Birke, und deren Vorzüge vor andern Holzarten, besonders in holzarmen Gegenden. Leipzig. gr. 8. — Crusius.

(zu Th. II. S. 21. §. 10.)

14. Medicus, F. C., unächter Acacien-Baum ꝛc. Anhang zum Iten Bande, nebst einem vierfachen Register. Leipzig. 8. — Gräff.

(f.

(f. oben Th. II. S. 27. Nr. 5.)

— — IIten Bandes 3tes und 4tes Stück. Leipzig. 8.
— Gräff.

(f. oben Th. II. S. 27. Nr. 5.)

15. Medicus, F. C., Beyträge zur Forstwissenschaft;
aus des IIten Bandes 1tem und 2tem Stücke von
obiger Schrift besonders abgedruckt. Leipzig. 8. —
Gräffe.

(zu Th. I. S. 173.)

16. Möller, J. A. A., Empfehlung zum Anbau der
Acacien. Dortmund. 8. — Blothe und Kompagnie.

(zu Th. II. S. 27. §. 22.)

17. Naumann, J. A., ausführliche Beschreibung
aller Wald- Feld- und Wasservögel, welche sich in
den Anhältischen Fürstenthümern ꝛc. aufhalten und
durchziehen. Iten Bandes 3tes Heft. Köthen. gr. 8.
— Aue.

(zu Th. II. S. 147. §. 75.)

18. Reichsanzeiger oder allgemeines Intelligenzblatt
zum Behuf der Justiz, der Polizey und der bürgerlichen Gewerbe im teutschen Reiche ꝛc. Jahrgang 1795.
Ir und IIr Band. Jahrgang 1796. Ir Band. Gotha.
4. — Beckerische Verlagshandlung.

(zu Th. I. S. 192.

19. Sierstorpf, C. H. von, über die forstmäßige Erziehung, Erhaltung und Benutzung der vorzüglichsten
N. Fofstarchiv, III. Band. Q Holz-

Holzarten, nebst einigen Beyträgen, welche das Forstwesen überhaupt betreffen. Iten Theils 2te Abtheilung.
Hannover. gr. 4. mit illuminirten Kupfern. — Gebrüder Hahn.

(zu Th. I. S. 141.)

20. Späth, J. L., Abhandlung über das Wachsthum der Waldbäume, in Anwendung auf die mög-
lichste Nutzung des Bodens. Nürnberg. 8. —
Stein.

(zu Th. I. S. 141.)

VI.

VI. Vermischte Nachrichten.

26. Anzeige von der Herzoglich = Sächsisch = Gothaischen und Altenburgischen Societät der Forst = und Jagdkunde zu Waltershausen, nebst den vorläufigen Statuten derselben.

Ein charakteristischer Zug unsers an Erfahrungen, neuen Kenntnissen und wichtigen Entdeckungen wirklich reichen Jahrhunderts ist die Gleichgültigkeit, mit der man einen grossen Theil des gesammelten Schatzes der Erkenntniß in sich beruhen läßt, und, zufrieden mit der Speculation, die Ausführung künftigen Generationen, das heißt, der Zeit und dem Zufall überläßt. Die Wichtigkeit manches sonst ganz vernachläßigten oder obenhin betriebenen Zweiges unserer Erkenntniß ist neuerdings anerkannt, und was man durch Speculation allein bewerkstelligen konnte, hat man gethan; man hat zerstreute Kenntnisse in Systeme, und Geschäfte aller Art die der Routine überlassen waren, in die Form einer Wissenschaft gebracht, und wir dürften uns Glück wünschen, wenn die Praxis überall verhältnißmäßig dabey gewonnen hätte.

Es läßt sich wohl mit Zuverläßigkeit behaupten, daß in unsern Zeiten niemand mehr zweifelt, ob die Forstkunde ein würdiger Gegenstand gelehrter Forschung sey, so wenig als es jemanden einfallen wird, die Forstprodukte und Benutzung entbehrlich zu finden; eben so bekannt ist, welche Verdienste sich seit einigen Jahrzehenden Männer von Talenten und Kenntnissen um diesen Zweig der Land = und Staatswirthschaft erworben haben; aber jemehr bis jetzt geschehen ist, jemehr leuch-

tet

tet jedem Sachkundigen die Nothwendigkeit und die Vortheile einer thätigen Fortsetzung des angefangenen Werks in speculativer und praktischer Hinsicht in die Augen.

Noch blieb die Bildung junger Leute zu Forstge= schäften nach wie vor der Routine überlassen, noch ist der Einfluß besserer Theorien auf die Forstwirthschaftung durch nichts gesichert.

Es wäre traurig, wenn auch hier die wissenschaftli= chen Untersuchungen das Schicksal anderer Speculatio= nen haben, wenn ihre Anwendung der ungewissen Zu= kunft überlassen werden sollte, um desto mehr, da die Mittel dazu näher liegen, als man vielleicht glaubt.

Nicht von obenher angeordnete Forsteinrichtungen, obgleich sie nicht zurückbleiben dürfen und werden, sind es zuerst und vorzüglich, welche die Befolgung richtiger Grundsätze bey der Forstwirthschaft sichern; sondern richtige und vollständige, theoretische und praktische Kenntnisse der Forstbeamten, deren Ermessen stets der größte Theil der forstwirthschaftlichen Geschäfte überlas= sen bleiben, und deren richtige oder unrichtige Kenntniß also von dem größten Einfluß seyn muß.

Gute und zweckmäßige Bildung junger Forstmän= ner, und hinreichender theoretischer und praktischer Un= terricht über die Forstwirthschaft im allgemeinen, und alle einzelne Zweige und vorkommende Geschäfte ist also das erste, einzige und sichere Mittel dem, was für die Forstwissenschaft als Wissenschaft geschehen ist, auch in der Ausübung Einfluß zu verschaffen.

Zu diesem Zweck habe ich vor einiger Zeit eine Bildungsanstalt für angehende Forstmänner eröffnet, deren Einrichtung aus dem deswegen besonders gedruck=
ten,

ten, auch in dem Reichsanzeiger abgedruckten Anzeigen,
oder aus dem, in des Hrn. Reg. Rath von Wildungen Neujahrsgeschenk für Jäger eingerücktem Auszuge,
wo man sich darüber Raths erholen kann, vielen Forstmännern schon bekannt seyn wird *).

Unumgänglich nothwendig ist es aber auch besonders zum zweckmäßigen Unterrichte junger Leute, daß
die Wissenschaft als Wissenschaft sich immer weiter in
allen ihren Zweigen ausbilde, und die Forstkunde den
Namen der Forstwissenschaft mit allem Rechte führe.

Und verdient die Forstwissenschaft, das heißt, die
Wissenschaft von der Erzeugung bestmöglichsten Benutzung aller in unsern Waldungen vorkommenden Produkte, also eines großen Theils unserer Lebensbedürfnisse,
als eine solche, nicht eben sowohl diesen Namen, als
die Wissenschaft oder Bewahrung unsers Körpers vor
Krankheiten und ihrer Heilung? — Verdient sie
nicht eben sowohl öffentliche Lehrstühle und den
Namen einer Facultät als die Arzneykunde, und
alle andere, welche diesen Namen führen?

Die verehrungswürdigen Männer, welche das meiste daran gethan haben, unsern Erfahrungen über das
Forstwesen die Form einer Wissenschaft zu geben, werden es mir am ersten verzeihen, daß ich hiervon noch
nicht als von einer geschehenen Sache rede; sie werden
es am besten wissen, wie viel vereinte Kräfte noch würken müssen, um dies zu Stande zu bringen.

Keine Wissenschaft wurde noch je, selbst durch die
angestrengteste, aber zerstreute Thätigkeit einzelner Män-

Q 4   ner

---

*) Eine kurze Nachricht davon befindet sich auch in diesem
Neuen Forstarchiv, Th. I. S. 59.
                                        A. d. H.

ner zu dem Grade der Vollkommenheit erhoben, auf den
sie durch das Zusammenwirken mehrerer Köpfe und ver=
einter Kräfte hinterher geführt wurde. Dieß gilt viel=
leicht von keiner Wissenschaft mehr, als von der Natur=
kunde im allgemeinen und ihrem besondern Zweige, der
Forstwissenschaft. Die Natur in ihren tausend heimli=
chen Winkeln und Grotten, auf ihren tausend versteckten
krummen= und verschlungenen Wegen, will an tausend
Orten, von tausend Augen unablässig beobachtet seyn.
Eine Menge, an verschiedenen Orten, zu verschiedenen
Zeiten, jahrelang fortgesetzter Beobachtungen und ge=
sammleter Erfahrungen, kann über viele Gegenstände
derselben allein Licht verbreiten. Wie viel nöthiger,
als in jeder andern, ist also in dieser für die Bedürfnisse
der Menschen im allgemeinen und gut eingerichteter
Staaten insbesondere so wichtigen Wissenschaft, das Zu=
sammentreten und Zusammenwürken einer Menge von
Individuen an verschiedenen Orten und in verschiedenen
Gegenden.

Die Schriftstellerey, das grosse Mittel seine Ideen
und Erfahrungen in den gesammten Ideenschatz der
Menschheit niederzulegen, ist verhältnißmäßig gegen andere
Wissenschaften nur sehr wenig und seit kurzer Zeit in
der Forstwissenschaft erst zur Würksamkeit gekommen;
weil nur die bey welten kleinere Anzahl von Forstmän=
nern Trieb oder Fertigkeit hat, als Schriftsteller aufzu=
stehen, und seine Erfahrungen der Welt zur Prüfung
vorzulegen. So entschlummern denn vielleicht in ei=
nem, mit der gelehrten Welt und selbst mit seinen
Zunftgenossen in keiner wissenschaftlichen Verbindung ste=
henden Manne, zuweilen Beobachtungen und Erfahrun=
gen, die für die Menschheit von Wichtigkeit hätten seyn
und werden können. Reihen von Jahren, und sehr
glücklich zusammentreffende Umstände gehören dann oft
dazu,

dazu, ehe diese Beobachtungen an einem Orte, mit eben der Gewißheit und in eben dem Umfange gemacht, und der Welt bekannt werden können.

Wer sollte hier nicht wünschen, unter so vielen thä-tigen, für ihr Fach eifrig bemüheten Männern, ein Band geknüpft zu sehen, durch das die Mittheilung ihrer wech-selseitigen Kenntnisse und Erfahrungen erleichtert, die Wissenschaft selbst vervollständiget und zu dem mögli-chen Grade ihrer Vollkommenheit gebracht würde? —

Ich gestehe, daß dies, seit ich den ersten Entwurf zu der jetzt bestehenden Bildungs-Anstalt für Forstmän-ner niederschrieb, mein innigster Wunsch, und mit in den Plan dieser Anstalt verwebt war.

Ich habe mich seitdem überzeugt, daß meine Wün-sche in dieser Rücksicht mit den Wünschen des Publikums übereinstimmen, eine Anzahl der verdientesten und be-rühmtesten Forstmänner hat mich ihrer Mitwürkung ver-sichert, und Sr. Herzogl. Durchl. zu Sachsen-Gotha und Altenburg, haben nach Genehmigung des Plans sowohl der öffentlichen Lehranstalt, als einer So-cietät der Forst- und Jagdkunde, beyde allergnä-digst bestätigt.

Es bleibt mir nichts übrig, als die Freunde der Natur- Forst- und Jagdkunde mit der nähern Einrich-tung der Societät bekannt zu machen, und sie zur Mit-würkung für unsern gemeinschaftlichen Zweck aufzufordern.

Vorläufige Statuten der Societät der Forst- und Jagdkunde.

§. 1. Der Zutritt zu der Forstsocietät (welche eine Gesellschaft praktischer Forstmänner und Natur-liebhaber ist, die durch Zusammenkünfte oder Corre-

spondenz

sondern; und dadurch bewürkte Mittheilung ihrer gesammleten Erfahrungen zunächst sich selbst belehren, sodann aber durch die Bekanntmachung ihrer wichtigsten Erfahrungen durch den Druck auch ausserhalb ihres Kreises über die Wissenschaft Licht zu verbreiten sucht) — steht jedem rechtschaffenen Forstmanne und Naturforscher frey, gleichviel wes Ranges oder Standes, der seinen Wunsch zur planmäßigen Mitwürkung der Gesellschaft, oder vorläufig mir als Direktor, schriftlich zu erkennen geben wird.

§. 2. Gelehrte Kenntnisse sind also kein nothwendiges Erforderniß zur Aufnahme in die Societät, und es dürften sonach durch die Gesellschaft auch die Erfahrungen von Männern zur Sprache kommen, die nicht eigentlich von gelehrten Untersuchungen und Schriftstellerey Gebrauch machen.

§. 3. Für Gegenstände ihrer Forschungen hält die Societät alle Theile der niederen und höheren Forstkunde, so wie alle Gegenstände der Jagd, Naturlehre und Naturgeschichte, Chemie, Baukunst, der reinen und angewandten Mathematik ꝛc., welche und insofern sie auf die Forstwirthschaft Bezug haben.

§. 4. Die Mitglieder der Gesellschaft theilen sich nach Maasgabe ihrer mehreren oder minderen Thätigkeit in:

A. ordentliche Mitglieder. Diese sind entweder:

a) inländische thätige Mitglieder, die den gewöhnlichen Zusammenkünften beywohnen, und die Pflichten eines Mitgliedes im weitesten Umfange erfüllen, und meist aus inländischen Forstmännern und Naturfreunden bestehen; oder

b) cor=

c) correspondirende thätige Mitglieder, welche
an den Verhandlungen der Gesellschaft durch
Briefwechsel und eingesandte Abhandlungen Theil
nehmen.

B. In Ehrenmitglieder.

§. 5. Das Centrum der Societät ist die von
Sr. Herzogl. Durchl. zu Sachsen=Gotha und
Altenburg autorisirte Waltershäuser öffentliche
Lehranstalt der Forst= und Jagdkunde. Der je=
desmalige Director derselben hat auch die Direction
der Gesellschaft. Ausserdem hat die Societät einen be=
ständigen Secretär.

§. 6. Die inländischen Mitglieder halten ihre or=
dentlichen Zusammenkünfte jährlich viermal, und auf=
serordentliche, deren fürs erste auch etwa vier seyn dürf=
ten, zu vorher zu bestimmenden Zeiten. In denselben
werden

1) die Abhandlungen der gegenwärtigen, oder die von
auswärtigen Mitgliedern eingelauffenen, durch den
Secretär verlesen, die Wahlen neuer Mitglieder
vorgenommen, Diplome für Ehrenmitglieder befre=
tirt, nöthig befundene Gesetze in Vorschlag ge=
bracht und bestätigt ꝛc.

2) über vorgeschlagene streitige Sätze aus der Forst=
und Jagdwissenschaft, unter dem Vorsitze des Di=
rectors oder eines andern erwählten Mitgliedes
(um nebenbey sich in der so nöthigen Ordnung im
Denken zu üben) disputirt;

3) über die verschiedenen Gegenstände dieser Wissen=
schaften der Ordnung nach, fürs erste nach Anlei=
tung der beyden Theile des von Burgsdorfischen
Forst=Handbuchs Unterredungen angestellt.

§. 7.

§. 7. Der Director leitet die Thätigkeit der Gesellschaft im Allgemeinen, bestimmt die Versammlungstage, die Sätze zu Disputationen u. s. w.

§. 8. Der Secretär führt das Protokoll bey den Versammlungen, die Aufsicht über das Archiv, die Correspondenz, revidirt die für den Druck bestimmten Abhandlungen, wenn sie von Männern abgefaßt sind, die nicht selbst Schriftsteller sind, um ihnen die zum Druck erforderliche Form zu geben, und legt der Gesellschaft von Zeit zu Zeit den Extract des Briefwechsels vor.

§. 9. Jedes thätige Mitglied wird nicht unterlassen, die in seinem Kreise gemachten Beobachtungen und Erfahrungen, so wie ausserordentliche die Forst= und Jagdwissenschaft betreffende Vorfälle der Gesellschaft mitzutheilen, und verpflichtet sich in so fern zur Correspondenz. Ob sich gleich für die übrige Thätigkeit eines Mitgliedes kein festes Maas bestimmen läßt, so hofft man doch, daß sie nie negativ ausfallen werde, in welchem Falle ein solches Mitglied als lebendig todt aus der Reihe der thätigen Mitglieder abzuführen seyn würde.

§. 10. In wie fern die ausserordentlichen Mitglieder für das Beste der Societät thätig seyn wollen, bleibt lediglich ihnen überlassen.

§. 11. Die Einsendung instruktiver Naturalien, Instrumente, Bücher ꝛc. für das Gesellschaftscabinet und Bibliothek, so wie zum Behuf der Lehranstalt, wird die Gesellschaft mit Dank erkennen, und diese Geschenke mit dem Namen der Schenker öffentlich anzeigen.

§. 12. Die wichtigsten ihrer Verhandlungen macht die Gesellschaft in einer ohnlängst unter dem Titel: Diana, oder Zeitschrift zur Erweiterung der Natur=

Natur = Forst = und Jagdkunde, angekündigten
Schrift bekannt.

§. 13. Der Ertrag dieser Zeitschrift fällt, da
die Gesellschaft keinen andern Fond hat, zum dritten
Theile dem Direktor als ersten Mitarbeiter, zum dritten
Theile dem Secretär der Gesellschaft, und zum dritten
Theile dem Gesellschafts = und Lehranstalts = Cabinette
und der Bibliothek, welche beyde den ordentlichen Mitgliedern zum Gebrauch offen stehen, anheim.

§. 14. Geldbeyträge werden nicht gegeben, so
nöthig sie bey einem Institute der Art scheinen könnten.

§. 15. Neue Mitglieder, die nicht als Schriftsteller bekannt sind, in Vorschlag bringen, kann der
Direktor allein. Männer, die schon als Schriftsteller
bekannt sind, und der Gesellschaft beyzutreten wünschen,
wenden sich unmittelbar an diese. Um den Titel eines
Ehrenmitgliedes findet, wie sich von selbst versteht, keine
Bewerbung statt.

§. 16. Die Censur der in der Zeitschrift ein=
zurückenden Abhandlungen übernehmen noch ausserdem mit der Gesellschaft verbundene Gelehrte, welche un-
widersprechlich das Zutrauen des Publikums haben.
Diese sind für jetzt, das Forstwesen betreffend, die Herren Oberforstmeister von Burgsdorf und von Wangenheim, und das Jagdwesen anlangend, der Herr
Reichsgraf von Mellin und Herr Regierungsrath
von Wildungen.

§. 17. Das Porto der Correspondenz so-
wohl von den Mitgliedern an die Gesellschaft, als von
dem Secretär an die Mitglieder, tragen die letzteren,
ausgenommen, wenn die Briefe mit Abhandlungen,
Naturalien, Instrumenten u. d. gl. für die Gesellschaft
beschwert

beschwert sind. Man sendet die Briefe unter der Addresse des Direktors an die Societät der Forst- und Jagdkunde zu Waltershausen *).

Johann Matthäus Bechstein,

Direktor der öffentlichen Lehranstalt und der
Societät der Forst- und Jagdkunde.

---

27. Anweisung zur Akazien-Saat nebst Bekanntmachung der darauf gesetzten Belohnung für die Nürnbergischen Landleute und Gärtner; von der Gesellschaft zur Beförderung der vaterländischen Industrie. Nürnberg 1796. (Gedruckt auf 1 Bogen in 4.)

Die anerkannten großen und wichtigen Vortheile, welche den nürnbergischen Stadt- und Landbewohnern durch eine ausgebreitete Erziehung des weißblühenden Akazienbaums zu Theil werden können, haben die Gesellschaft zur Beförderung der vaterländischen Industrie bewogen, demjenigen Nürnbergischen Landmann oder Gärtner eine Belohnung von 25 fl. auszusetzen und abreichen zu lassen, welcher im Frühjahr 1797 Akaziensaamen aussäet, denselben nach der Vorschrift behandelt,

---

*) Man erlaube mir, daß ich bey dieser Gelegenheit dieser neuen Societät meinen ehrerbietigen Dank öffentlich für die mir mir durch die Ernennung zu seinem Ehrenmitgliede derselben erwiesene Ehre abstatte.

A. d. H.

handelt, und davon im May 1798 die mehresten Stämme aufgezogen haben wird.

Von denjenigen beyden Landleuten oder Gärtnern hingegen, welche nach diesem die mehrsten Stämmchen von diesem Alter aufweisen können, soll der erste 12 fl., der andere aber 9 fl. erhalten.

Der Nutzen des Akazien-Baums ist unstreitig sehr vielfach. Er wächst ungleich schneller in die Höhe, und wird zugleich stärker, als alle bisher bekannten Bäume. Sein Holz und seine Kohlen übertreffen an Hitzkraft selbst die Eiche und Buche: in 60 bis 80 Jahren giebt dieser Baum wohl 4mal so viel Holz, als die Buche.

Wird der Akazienbaum im Frühling an der Erde abgehauen, so treiben seine Wurzeln im nemlichen Sommer noch eine Menge junger Sprößlinge hervor.

Will man ihn, wie die Weiden, köpfen, so wachsen seine Aeste schnell und stark in wenigen Jahren, daß man sie zu Pfählen und Reifen nutzen kann, die, wegen ihrer langen Dauer, beynahe unverweßlich sind.

Pflanzet man ihn zu Wäldern an, so lassen sich in 40 bis 50 Jahren die dauerhaftesten Baumstämme und in 70 bis 80 Jahren die stärksten Sägschröte daraus erziehen.

Die aus seinem gelben Holze verfertigten Schreinerarbeiten sehen ungemein schön aus. Aber den größten Nutzen erhält man von diesem Baume, wenn er alle 12 bis 15 Jahre, wie die Erle vom Stocke rein abgehauen wird, wodurch die Wurzeln gleichsam gezwungen werden, junge Triebe hervorzutreiben.

Auch zu Hecken kann man ihn mit Vortheil anpflanzen, weil seine mit langen Stacheln versehenen Aeste

Aeste das Durchbrechen des Viehes verwehren. Sein Laub kann endlich mit eben so viel Nutzen als der Klee gefüttert werden, wodurch manchem Landmann der Anbau des empfohlenen Baums dereinst gewiß großen Vortheil gewährt.

Die Blüthen kommen Traubenweise entweder zu Ende May, oder Anfangs Juny hervor; sie gleichen in der Größe und Gestalt den Erbsenblüthen, sind weiß, und von einem vorzüglich angenehmen Geruch. Einige wenige nierenförmige Körner in einer bräunlichen Hülse sind der Saamen, der im September reif wird, und nicht länger zur Aussaat brauchbar ist, als für das nächstfolgende Frühjahr; indem er nicht mehr aufgeht, so bald er über ein Jahr alt ist.

Zur Aussaat des Akaziensaamens wählt man das beste, mildeste Gartenland, das den ganzen Tag von der Sonne beschienen wird, hinlänglich vor den rauhen Mitternachtwinden geschützt, und auch vor den Hasen und anderem Wildpret gesichert ist.

Ist das ausgewählte und im Herbste wohlgedüngte Land im Frühjahr nochmals tief umgegraben, so theilt man es in 4 Schuhe breite Beete ab; zwischen diesen Beeten ziehet man kleine Furchen oder Gänge, damit man es von Unkraut bequem reinigen kann, welches fleissig geschehen muß.

Zu Ende Aprils ist die Saatzeit. Es wird aber der Saamen vor der Aussaat drey Tage lang eingeweicht, dann an der Luft wieder abgetrocknet, damit er leichter gesäet werden könne, und nicht viele Körner auf einen Platz zusammen fallen. Die Linien, in welche er gesäet wird, macht man 6 Zoll von einander entfernt, und bedeckt den Saamen höchstens einen Zoll hoch mit Erde.

Anfangs

Anfangs wird er gering und zwar nur bey trockener
Witterung begoſſen; ſo wie aber die Pflanzen wachſen
und die Kraft der Sonne zunimmt, ſo muß auch mit
dem Begieſſen vor Sonnen-Aufgang und nach Sonnen-
Untergang bey trockner Witterung unausgeſetzt fortgefah-
ren werden.

Nun hat man, auſſer dem Beſprengen und der
ſorgfältigen Reinigung der Pflanzenbeete von Unkraut,
nichts zu beſorgen. Sollten ſich die Erdflöhe oder Blatt-
läuſe einfinden, ſo werden die Pflanzen mit Aſche be-
ſtreuet, und ſie ſind vor weitern Beſchädigungen ge-
ſichert.

Damit aber die jungen Pflanzen vor dem eintretenden Winter feſt und holzig werden mögen, ſo werden
ſie mit Anfang des Septembers ſparſamer, und am Ende
dieſes Monats gar nicht mehr begoſſen.

Um die drückende Hitze der Sonne von den künftigen neuen Waldbäumen abzuhalten, ſo ſtreuet man dür-
res, aber nicht verfaultes Laub zu Ende Septembers
9 Zolle hoch auf die Saamenbeete, wodurch auch die
Schädlichkeit des heftigen Winterfroſtes von den Wurzeln abgehalten wird. Dieſes Laub ſetzt ſich durch Regen und Schnee feſt zuſammen; man ſtreuet daher abermals neues Laub zwiſchen die Bäume. Dieſe doppelte
Decke von Blättern und Streu nimmt man im folgenden Frühjahre nicht weg, da ſie zugleich die Stelle des
Düngers vertritt. Im zweyten Jahre wird das Begieſſen unterlaſſen, und das Ausreiſſen des Unkrauts iſt
nur in dem Falle nothwendig, wenn es allzuſehr überhand nimmt.

Im dritten Frühjahr werden die jungen Stämme
alſo verpflanzt: das Loch, worein ſie geſetzt werden ſollen, wird gröſſer gemacht, als der Umfang der Wurzeln

es erfordert; indem die jungen Wurzelfasern leichter durch die lockere Erde durchschieben können, als durch die feste. Wird auf dem Grund des Lochs umgewandter Rasen gelegt, und darauf einige Schauffeln klarer Erde geworfen, so wird das schnelle Wachsthum gar sehr begünstiget. Wenn es nicht schon starker Boden ist, die Erde durch etwas Begiessen beym Einsetzen gleichsam anzuschlemmen, ist nützlich; indem sich dadurch das Erdreich an jede zarte Wurzel gewiß anhängt, und bey eintretender Dürre das Wachsthum nicht so leicht gehindert wird, als bey unterlassenem Begiessen.

Will man mit den jungen Stämmchen Waldungen anpflanzen, so werden sie 6 Schuhe weit in die Vierung von einander gesetzt. Man braucht auf einen Morgen 1422 Stämme. Nach 2 oder 3 Jahren werden die jungen Stämme an der Erde abgehauen, und das Land durch eine Egge oder seicht gestellten Pflug aufgelockert.

Wenn auch selbst die Wurzeln durch dieses Auflockern beschädigt, oder vielmehr verwundet werden, so schadet es nichts; sie treiben dem ungeachtet, gleich den Quecken, junge Sprößlinge hervor. Alle 10 oder 12 Jahre kann man diesen Holzhieb wiederholen, und je weiter die Wurzeln auslauffen, und sich verbreiten, desto zahlreicher werden die Wurzelausschläge, und desto schneller wachsen sie zu einer ansehnlichen Grösse und Stärke heran.

Wer noch eine noch ausführlichere Anweisung zur Aussaat und weitern Anbau des Akazienbaums zu lesen wünscht, dem kann die Schrift des Herrn Regierungsrath Medicus zu Mannheim, der sich sehr grosse Verdienste um den Anbau dieses Baums zum gemeinen Besten erwarb, wofür die späte Nachkommenschaft ihn noch dankbar segnen wird, — anempfohlen werden. Sie ist erschienen unter dem Titel:

„Un-

„Unächter Acacien-Baum. Zur Ermunterung
„des allgemeinen Anbaues dieser in ihrer Art ein-
„zigen Holzart,“

und enthält lauter vieljährige Erfahrungen über den
Anbau dieses so vortrefflichen und nützlichen Baumes.
Durch sorgfältige und häufige Erziehung desselben können wir uns und unsere Nachkommen nicht nur vor dem
Holzmangel schützen, sondern uns auch überdies eine nie
versiegende Quelle von Einkünften verschaffen: daher
den häufigen Anbau des Akazienbaums angelegentlichst
wünschet

Nürnberg, den 6. Junius 1796.

Die Gesellschaft zur Beförderung
der vaterländischen Industrie.

---

28. Gutachten eines Forstverständigen über die Verschiedenheit des Waldmaaßes in den Rheingegenden.

Aus der Geschichte der Deutschen ist hinlänglich bekannt, daß bey denselben in Uebergabe oder Verkauf der Fluren und Ländereyen niemals auf eine sorgfältige und genaue Ausmessung gesehen worden, sondern
diese wurden nur nach dem Augenmaaße in ohngefähre
Abschätzung genommen, und zwar dergestalten öfters,
daß man für Einen Morgen eben so viel zu dem Maaße
annahm, als nehmlich vom Morgen bis an den Abend
in Einem Tage mit zwey Stück Vieh geackert und bearbeitet werden konnte, und auf gleiche Weise geschah
es in der Folge bey Wiesenland, das nach den Kräften
eines arbeitenden starken Mannes auch angenommen

wurde, was dieſer in Einem Tage mit der Senſe dar-
nieder zu legen vermochte, und dieſes nannte man alsdann eine Mannesmaadwieſe; von dem erſtern lieſſe
man ferner 20, 24 bis 30 ſolcher Stunden Feldes oder
Tagwerke für Eine Haushaltungsnothdurft gelten, die
dann mit den Namen Hube oder Huſe beleget wurden.
Von Waldungen aber war damalen um ſo weniger
eine Sprache, als ſelbige annoch ungeheure landesſtre-
cken bildeten, und wenigen Werth hatten: weil nun
aber unter den gemachten urbaren ländereyen in Anſe-
hung der lagen und Erdreichs eine Verſchiedenheit ent-
ſtanden, auch bald auf dieſem Platz eine nicht ſo große
landesſtrecke für einen Bewohner und ſeinen Unterhalt
erfordert worden, als an einem andern Ort, das einen
nicht ſo gut geeigenſchafteten Boden hatte; und weil
auch wegen gleich darauf ſchon erfolgten Streitigkeiten
die Nothwendigkeit mit eingetreten, nach dem Beyſpiel
der Römer ein gewiſſes Maaß dafür, in dem Flächeninnhalt nach Quadratruthen, feſtzuſetzen, welches ſich
auf mathematiſche Meſſungsgrundſätze ſtütze, dardurch
haben die in voriger Zeit angenommenen Tagwerke die
beſtimmliche Benennung von Acker und Morgen erhalten.

Gleichwie aber die großen und kleinen ländereyen
Deutſchlands mehrfach vertheilet, und ſo vielerley Be-
herrſcher erhalten und gehabt, folglich ein ſolches öffent-
liches Geſetz ſich nicht gleich werden können, eben daher
entſtund bis auf die gegenwärtige Zeit die noch andauren-
de Ungleichheit nicht allein zwiſchen ganzen ländern, ſondern ſelbſt bey den darinn gelegenen einzelnen Städten,
ja ſogar Dörfern, deren letztere ſogar, wie in hieſigen
Rheingegenden der Fall iſt, dahin gegangen ſind, zwiſchen gut, mittel und ſchlechter lage eine Abſonderung
zu machen, und für die erſtere Gattung ſtatt des rec-
pirten alten Maaßes per Morgen ad 128 Quadratruthen,

ruthen, oder des neuen Maaßes ad 160 Quadratruthen
nur 80 Quadratruthen per Morgen gelten zu lassen,
und anzunehmen, welche Verschiedenheit noch in mehreren andern Ländern auch bestehet, und wo theils 100,
150 und 180 Quadratruthen für den Morgen Land angenommen werden, wie zum Beyspiel in dem Herzogthum Würtemberg hält der Morgen 150 Quadratruthen, die Ruthe aber 16 Schuhe ins Gevierte, 256
Quadratschuhe in Braunschweig und Hannöverischen Landen, der Morgen 120 Quadratruthen, und die Ruthe
16 Schuhe. Die Churfürstl. Mainzische Forstordnung
d. A. 1744. bestimmt Einen Morgen Holz auf 160
Quadratruthen und jede Ruthe auf 18 Werkschuhe lang,
nach dem Magdeburgischen Maaß und Fuß aber ist der
Morgen 180 Quadratruthen groß, und zur Hufe 30
derley Morgen bestimmt *), auch in den allhiesigen
Rheingegenden bestehet ein zweyfaches Morgenmaaß,
jenes, welches man nach der Steuerregulirung angenommen, und neues Maaß heisset, wurde zur 160 Quadratruthen per Morgen festgesetzet, und das alte Maaß bestehet nur in 128 Quadratruthen per Morgen, und so
wurde auch bey Abmessung des allhiesigen Unteramts
Dielsperg verordnet, daß nach dem alten Maaß des
Rheinischen Decimalschuhes von dem Morgen Acker
160 Quadratruthen, und für den Morgen Wald 170
derley Quadratruthen gerechnet werden sollen.

Obgleich nun auch die Rheinlande das von langen Zeiten her recipirte eigene Maaß unter dem Namen
Rheinländischen Fuß oder halben Rheinländischen Elle
haben, und deren 16 Fuß in 10 Decimalfuß getheilet,

R 3   zu

*) f. Hrn. von Burgsdorf Forstlehrbuch 1788. p. 617. und
das Königl. Preußische Reglement, d. d. 10. April 1787.
Hiernach ist der Wald Morgen zu 180 Ruthen Rhein-
ländisch Maaß festgesetzet.

zu den Vermessungen angewandt werden, so ist es doch
fast auch allgemein, daß sich bey Vermessung der Felder
und Waldungen jener Ruthe ad 16 gemeine Nürnberger Werkschuhe, die in 10 Decimalschuhe abgetheilet
sind, anjetzo bedienet werde.

Inzwischen bestehet allhier ein bestimmliches allgemeines Gesetz nicht, welche Quadratruthenzahl, noch
welches Fußmaaß besonders bey Waldungen angewendet
werden solle, sondern dieses ist bishero immer den Eigenthümern selbst noch überlassen geblieben, und diese
ließen ihren adhibirten Geometern auch manchmal noch
die freye Wahl, welches Maaßes dieselben sich darzu
bedienen wollten, das aber dermalen, wo zugleich die
regelmäßige Eintheilung in Schläge mit beabsichtet,
nach der obenbesagten Nürnberger gemeinen Werkschuh-
ruthe ad 16 Schuhe in 10 Decimalschuhe abgetheilet,
und davon 160 Quadratruthen zu dem Morgen gerechnet, durchgehends beybehalten wird; ja, wie aus vielfältig schon im Druck ergangenen Forstschriften entnehm-
lich, ist die Annahme des Waldmorgens zu 160 Ruthen
aus dieser Ursache das allergeringste, weil diese Ländereyen
in Vergleich der urbaren Feldungen meistentheils der
schlechtern Qualität sind, und in Ansehung der zu liefernden Ausbeute schon einen größeren Raum erfordern,
und es ist auch hieraus die Veranlassung genommen
worden, für den Waldmorgen nicht 160 Quadratruthen,
sondern 170 und 180 gleiche Ruthen gelten zu lassen.

In Streitfällen richtet sich dieses nach dem Lan-
desherbringen und des öfters allgemein angenommenen
Maaßes der Ruthenzahl, wie viel deren auf Einen Morgen gerechnet, auch welches Fußmaaß dabey gebrauchet
werden solle, wo aber über bereits bestimmte Angaben
und vorliegende Vermessungen dann deren gezogenen
Resultat eine Differenz sich ergiebt, und eine der andern
Opera-

Operation nicht gleich stimmet, welches doch, wenn die
Geometer nach den wahren mathematischen Grundsätzen
und praktischen Regeln verfahren haben, unmöglich fehlen kann, so unterstellen sich vorzüglich dieserthalben jene
Fragen:

1) Welcher Ruthen und Faßmaaße ein und der
andere Geometer sich dabey bedienet habe, wäre dieses
differenter Art, so weiset sich dieses von selbst, daß

2) solche zuerst gegen einander zu vergleichen
seyen, welches sohin die Verhältnisse gewähret; die
Art und Weise verdienet aber weiter

3) eine genaue Prüfung, wie die Geometre in
der Vermessung zu Werk gegangen seyen. Schon darinnen lieget ein großer Unterschied, und es können sich
ungleiche Resultate ergeben, wenn einer mit der Kette,
der andere aber mit der Ruthenstange, und so wiederum dieser mit der Mensal, und jener mit dem Astro-
labio oder Boussole das Geschäft verrichtet, und die
Berechnungen des Flächengehalts nach diesen verschiedenen Arten veranstaltet haben, und ob

4) alle die erwählten Messungslinien horizontal,
oder nur nach dem Steigen und Fallen des Landes
genommen. Endlich, wie in ältern Zeiten im Gebrauch
gewesen, sich hierzu des so trügerischen Krummbogens
bedienet worden, als durch welch letzteres Verfahren eine
Accuratesse niemals erhalten, und die größten Unrichtigkeiten entstehen, die sich

5) Ebenfalls auch zu tragen, wenn ein oder der
andere ohne Durchschlagslinien, welche bey Waldungen von denen geometrisch gern vermieden werden, aber
die Rectificirung der Arbeit liefern, lediglich sich mit
Vermessung der Gränzen und Winkel der Peripherie

R 4 nach)

nach begnüget, und seine Flächenberechnungen darauf gründet, welchem Verfahren eben so wenig zu trauen
ist, und die Fehler derselben entdecken sich leicht dardurch, wenn denselben durch angebrachte Durchschlagslinien die Nachmessung geschiehet, und das hierdurch erfindende Maaß mit jenem nicht übereinkommt,
das der Geometer in seinem über den Flächengehalt vor-
gelegten Plan und Figuren dafür aufgeführet hat.

Eine ächte und allen Glauben verdienende geome-
trische Operation setzet einen solchen Mann voraus, der
mit der theoretischen und praktischen Wissenschaft auf
das Pünktlichste genugsam bewandert, bey seinen Arbeiten alle mögliche Accuratesse und Fleiß anwendet, sich
genau justirter und guter Instrumente bedienet, und das
zu vermessen aufgegebene Land zu Papier solchergestalten
vorleget, wie es nach der Natur würklich beschaffen ist,
zur Rechtfertigung seiner Arbeit muß eine solche Dar-
stellung benebst dem verjüngten genauen Maaßstab, und
pünktlicher Aufzeichnung des wahren Schuhmaaßes,
womit derselbe seine Arbeit verrichtet hat, die wahren
Messungslinien, welche auf dem Terrain horizontal genommen, als auch jene Linien, die zur Berechnung des
Flächeninnhalts gewählet worden, deutlich nach Ruthen-
fläche und Zoll angegeben, sammt den Graden der
Winkel enthalten, durch welche die ganze Fläche einge-
schlossen wird, beyzufügen, verstehet sich auch von selbst
die Berechnung nach dem Morgengehalt jedes einzelnen
kleinern Theils, so wie endlich des Ganzen, der Wege
nach Norden und übrigen Weltgegenden, dann deren
Wege, Stege, Bäche und Flüsse, oder sonstige Merkwür-
digkeiten, die bey Waldungen besonders ihre richtige An-
deutung erfordern.

Ganz allein solchen Operationen gebühren auch
Prüfungen, die ein jeder Anderer gleich Erfahrner anstellen

stellen kann, und um ganz überzeugende Beweise darüber zu haben, darf dieser nur Problinien oder Durchschläge anstellen, und das Zutreffen derselben mit dem angegebenen Maaße des zur Vermessung angestellt gewesenen rechtfertiget den angewendeten Fleiß und Pünktlichkeit alsdann zur Genüge, so daß in deren Richtigkeit kein Zweifel mehr zu setzen ist.

Alle andere aber, die nicht dergestalten geeigenschaftet, und deren sowohl jene sind, welche von ältern Zeiten herrühren, und die mit dem Mangel solcher wesentlicher Erfordernisse behaftet sind, als auch worunter solche zu rechnen, die von solchen Arbeitern geliefert worden, denen die so nöthigen wahren Grundsätze und praktische Regeln der Geometrie notorisch mangelt, diese können um so weniger eine Richtschnur abgeben, gestalten dabey eine Entsprechung der wahren natürlichen Wege und dessen wirklichen Gehalts sich nicht denkbar ist, und wie in so vielen Ländern die mehrfachen Fälle vorhanden sind, daß derley Ausmittlungen lediglich nur nach dem Augenmaaß und aufs Ohngefähr vor sich gegangen seyen. Heidelberg, den 7ten Sept. 1793.

29. Bestimmung und Reduktion des Nieder-Oesterreichischen Holz-Klafters auf das kurpfälzische Maas, nach der von dem k. k. Ober-Kriegs-Commissariat gegebenen Erklärung; vom 1. Dec. 1796.

1. Das Scheitholz muß zum Aequivalent eines reglementsmäßigen niederösterreichischen Klafters wenigstens drey hiesige Schuhe lang seyn; da hingegen bey dieser Scheiterlänge

2) Die Klafterhöhe in sechs und die Breite ebenfalls in sechs hierländischen Schuhen bestehen; wenn aber

3) die Scheiterlänge drey und einen halben hiesigen Schuh haben sollte, so wird ein Klafter von obiger Höhe und Breite, für ein und ⅛ niederösterreichische, und wenn bey gleicher Höhe und Breite die Scheiter vier Schuhe lang seynd, für ein und ⅜ niederösterreichische Klafter angenommen und quittiret, oder es kann bey der Scheiterlänge von drey und einem halben Schuh an der Höhe des Klafters ein Schuh, bey vier Schuh Scheiterlänge aber ¾ Schuh in der Höhe, und ¾ Schuh in der Breite abgehen.

4) Ein Klafter weiches Holz (worunter Tannen, Forlen oder Aspen gerechnet werden) wird für drey Viertel Klafter hartes Holz gerechnet.

5) Zu dem Scheitholz können stets zwey Fünftel in Prügeln (oder Rundholz, Klappern) geliefert werden.

Mannheim, den 1. Decemb. 1796.

---

30. Anzeige der sämtlichen gedruckten Schriften des Herrn Friedrich August Ludwig von Burgsdorf's, königlich preußischen Oberforstmeisters zu Berlin, nach ihrer Zeitfolge*).

Jahr. Nr.

1780.   1. „Beyträge zur Erweiterung der „Forstwissenschaft, durch Be- „kannt-

---

*) Ein Auszug aus: von Burgsdorf's Forsthandbuch. Th. II. S. XI — XVI.

Jahr. Nr.

„kanntmachung eines Holz = Taxa=
„tions = Inſtruments und deſſen leich=
„ten vielfachen Gebrauchs. Berlin
„und Leipzig, bey G. J. Decker. 8.
„146 Seiten, mit 3 Kupfern.

(Dieſe Schrift enthält praktiſche Auf=
gaben, nebſt Erklärungen und Beſchreibun=
gen praktiſcher Handgriffe bey Ausmeſſung
und Berechnung ſtehender Bäume und lie=
gender Hölzer. ſ. oben Th.I. S. 21. Nr.13.)

1781.	2. In der Krünitz'ſchen ökonomiſchen Ency=
klopädie Th.XXIII. iſt der Artikel: „Zirſch"
zum Theil vom Verfaſſer bearbeitet.

3. Ebendaſelbſt Th.XXIV. der Artikel: „Holz".

1782.	4. „Abhandlung über die Pottaſche" im
49ten Stücke der Berliniſchen neueſten
Mannichfaltigkeiten.

1783.	5. „Phyſikaliſch=ökonomiſche Abhandlung
„von den verſchiedenen Knoppern, als
„ein Beytrag zur Naturgeſchichte der
„Eichen und Inſekten, mit 2 Kupfer=
„tafeln;" im IVten Bande der Schrif=
ten der Berliniſchen Geſellſchaft natur=
forſchender Freunde. S. 1 — 12.

(Sie enthält eine Beſchreibung der ver=
ſchiedenen Knoppern, die wir zum Gebrauch
der Manufakturen aus der Levante, aus der
Moldau, aus Polen und aus Böhmen be=
kommen.)

1783.	6. „Abhandlung von den eigentlichen
„Theilen und Gränzen der ſyſtemati=
„ſchen

„schen, aus ihren wahren Quellen her-
„geleiteten experimental- und höhern
„Forstwissenschaft; ebendaselbst S. 99
„— 127."

(Ist ein tabellarischer Entwurf sowohl
der Hülfswissenschaften, in Beziehung auf
sie, als der Forstwissenschaft selbst.)

7. „Versuch einer vollständigen Geschichte
„vorzüglicher Holzarten, in systemati-
„schen Abhandlungen zur Erweiterung
„der Naturkunde und Forsthaushal-
„tungs-Wissenschaft, mit einer Vor-
„rede von D. J. G. Gleditsch. Ir und
„einleitender Theil. die Buche. Ber-
„lin, bey J. Pauli. 4. 510 Seiten,
„mit 27 Kupfern.

(In sechs Abschnitten wird gehandelt:
1. vom Namen, Vaterlande und Stande
der Büche. 2. Vom Anbau oder von der
Kultur der Büche. 3. Von den natürlichen
Eigenschaften der Büche. 4. Von den zu-
fälligen Begebenheiten an der Büche, und
von den daraus entstehenden Folgen. 5.
Vom Gebrauch der Büche nach allen ihren
Theilen. 6. Von der Schätzung und nach-
haltigen Bewirthschaftung der Büchen-Re-
viere. s. oben Th. I. S. 123. Nr. 96.)

1784. 8. „Bemerkungen auf einer Reise nach
„dem Unterharz, desgleichen nach De-
„städt, Helmstädt und Harbke im Au-
„gust 1783. Im Vten Bande der Schrif-
„ten der Berlinischen Gesellschaft na-
„turforschender Freunde. S. 148 —
„215."

1785.

Jahr. Nr,

1785. 9. „Aufmunterung zur sorgfältigen Mit-
„erforschung der Verhältnisse, welche
„die Gewächsarten, bey ihrer Vege-
„tation gegen einander beobachten, mit
„einer grossen Tafel der Tegelschen
„Baumzucht, zu meteorologischen Be-
„merkungen. Berlir. 1785. 4. 1 Bogen
„und 1 Tabelle in groß Folio.“
(Befindet sich auch im VIten Bande
der Schriften der Berlinischen Gesellschaft naturforschender Freunde. S.
236 — 246, und ist im besondern Abdrucke
in ganz Europa zur Miterforschung ausge-
theilt worden. s. oben Th. I. S. 30. Nr. 17.)

10. „Beyträge zur Naturgeschichte des
„Rothhirsches (Cervus Elaphus L.);
„ebendaselbst S. 411 — 415.“
(Sie betreffen die Ausmessungen eines
erst zur Hälfte getragenen Kalbes, und zeigen die Verhältnisse, in welchen das Wachsthum der Theile vor sich geht.)

1786. 11. „Ueber die in den Waldungen der
„Churmark Brandenburg befindlichen
„einheimischen, und in etlichen Gegen-
„den eingebrachten fremden Holzarten.“
Dieses systematische Verzeichniß steht in:
Borgstedes statistisch - topographischen Beschreibung der Churmark Brandenburg. 4.
Th. I. S. 224. ff. Desgleichen im Iten
Bande der Beobachtungen und Entdeckungen aus der Naturkunde von der
Gesellschaft naturforschender Freunde
zu Berlin. Berlin. 1786. 1787. 8.
1787.

Jahr. Nr.

1787. 12. „Verſuch einer vollſtändigen Geſchichte
„vorzüglicher Holzarten. IIr Theil.
„Die einheimiſchen und fremden Ei-
„chenarten. Ir Band. Naturgeſchichte.
„Berlin, bey J. Pauli. 1787. 4. 256
„Seiten, mit 11 Kupfern.‟
(ſ. oben Th. I. S. 123. Nr. 96.)

13. „Anleitung zur ſichern Erziehung und
„zweckmäßigen Anpflanzung der ein-
„heimiſchen und fremden Holzarten,
„welche in Deutſchland und unter ähn-
„lichem Klima im Freyen fortkommen.
„Berlin, beym Verfaſſer. 8. II Theile.
„231 und 271 Seiten, mit 3 Kupfer-
„tafeln.‟

(Nach einer vorläufigen Einleitung,
welche eine allgemeine Ueberſicht der Abſichten bey dem Pflanzungsweſen, Kenntniß
des Bodens, und über Erziehung und Wartung der Pflanzen giebt, betrifft der erſte
Theil die hauptſächlichſten und geprüfteſten
Saat- und Pflanzungsregeln, welche in ſy-
ſtematiſcher Ordnung in ſechs Abſchnitten
vorgetragen werden. Im erſtern werden die
Grundſätze des Pflanzungsweſens gegeben;
im zweyten wird von der Ausſaat der Saamen; im dritten von den Verſetzungsgeſchäf-
ten; im vierten von der Auspflanzung ins
Freye; im fünften von dem Erfolg aus der
Baumzucht gehandelt; der ſechste enthält ein
allgemeines alphabetiſches Namenverzeichniß
der Holzarten, die im Freyen fortkommen,
zu welchen im zweyten Theil die Kultur an-
gewie-

gewieſen wird. Sie beſtehen aus 674, theils
einheimiſchen, theils ausländiſchen Holzarten,
welche mit lateiniſchen, deutſchen, franzöſiſchen und engliſchen Benennungen aufgeführt
ſind. — Dieſes Werk wird den jährlichen
100 Sorten Saamenkiſten jedesmal beygefügt, und dadurch der Unterricht zu deren
Behandlung mitgetheilt. — ſ. oben Th. I.
S. 49. Nr. 7.)

1788. 11. „Forſthandbuch. Allgemeiner theore-
„tiſch-praktiſcher Lehrbegriff ſämmtli-
„cher Förſterwiſſenſchaften, auf Sr.
„königl. Majeſtät von Preußen aller-
„höchſten Befehl abgefaßt; nebſt vie-
„len Tabellen und einer illuminirten
„Forſtkarte. Ir Theil. Berlin, beym
„Verfaſſer. gr. 8. 832 Seiten.„

(Durch eine vorläufige Einleitung in
die Forſtwiſſenſchaft, werden die eigentlichen
Theile und Gränzen der Förſterwiſſenſchaften
beſtimmt. Das Buch zerfällt in vier Ab-
ſchnitte. Der erſte handelt über die Natur-
kenntniſſe eines Forſtbedienten; der zweyte
über die erforderlichen mathematiſchen För-
ſterkenntniſſe; der dritte über die ökonomiſch-
techniſchen Kenntniſſe eines Förſters; der
vierte über Forſt-Kameral-und Polizey-
ſachen für Förſter. Den Beſchluß macht
eine kurze Kalender-Ueberſicht der Holzkul-
tur-Forſt-und Jagdhaushaltungsgeſchäfte
nach ihrer gehörigen Zeitfolge. — ſ. oben
Th. I. S. 128. Nr. 110.)

1789.

Jahr. Nr.

1789. 15. „Ueber das Umwerfen und Ausreiß-
„reissen oder Ausroden der Bäume,
„anstatt des Abhauens, zur Ersparung
„eines Fünftheils der sonst zu Brenn-
„holz und Kohlen erforderlichen Stäm-
„me, so wie zu mehrerer Vortreflich-
„keit des Bau = Nutz = und Werk-
„holzes.“ In der Sammlung der
deutschen Abhandlungen, die in der königl. Akademie der Wissenschaften zu
Berlin in den Jahren 1788 — 1789.
vorgelesen sind, S. 62 — 80.
(Mit einer Note des Staatsministers
Grafen von Herzberg).

1790. 16. „Abhandlung über die Vortheile vom
„ungesäumten, ausgedehnten Anbau
„einiger in den königlichen preußischen
„Staaten noch ungewöhnlichen Holz-
„arten, vor der königl. Akademie der
„Wissenschaften zu Berlin gelesen, den
„14. Januar 1790. Berlin, bey J.
„Pauli. 4. 2½ Bogen.
(s. oben Th. I. S. 132. Nr. 127.)
Anmerk. 1) In diesem Jahre erschien die
zweyte rechtmäßige Auflage von Nr. 14.
(s. oben Th. I. S. 128. Nr. 110.)
2) Erschien der erste Heft der: Abbildungen der hundert deütschen wilden
Holzarten, nach dem Nummernver-
zeichnisse im Forsthandbuche (Nr. 14.),
als einen Beytrag zu diesem Werke,
herausgegeben von Reitter und
Abel. (Auf Royal-Imperial-Papier illu-
minirt. s. oben Th. I. S. 135. Nr. 140.)
1791.

Jahr. Nr.

1791.   Erschien die zweyte rechtmäßige, revidirte Auflage von Nr. 13.
(s. oben Th. I. S. 49. Nr. 7.)
Erschien der 2te Heft von Abel's Abbildungen.
(s. oben Th. I. S. 135. Nr. 140.)

1792.   Erschien zu Würzburg bey Stahl ein Nachdruck der zweyten rechtmäßigen Auflage von Nr. 14. (Frankfurt und Leipzig).
(s. oben Th. I. S. 128. Nr. 110.)
Erschien der 3te Heft von Abel's Abbildungen.
(s. oben Th. I. S. 135. Nr. 140.)

1794.   Erschien der 4te und letzte Heft von Abel's Abbildungen.
(s. oben Th. I. S. 135. S. 140.)

1795.   Erschien zu Gießen bey Krüger (Typographische Gesellschaft: Frankfurt und Leipzig) ein Nachdruck der zweyten rechtmäßigen Auflage von Nr. 13, welche auch unter dem Titel zu haben ist: Auserlesene Sammlung der besten und brauchbarsten Schriften über Oekonomie- Garten - und Forstwirthschaft. Ir Band.
(s. oben Th. I. S. 49. Nr. 7.)

1796. 17. „Forsthandbuch, IIr Theil, allgemei- „ner theoretisch=praktischer Lehrbegriff „der höhern Forstwissenschaften. Ber- „lin, beym Verfasser. gr. 8. 774 Sei- „ten, nebst 6 Tabellen."
(zu oben Th. I. S. 128. Nr. 110.)

Jahr. Nr.

18. Unter der Presse ist: „Forst-Chemie, nach „den neuesten Grundsätzen, als ein „Beytrag zum Forsthandbuch (bearbei-tet von Hrn. Prof. (Hermbstädt), welche auf Subscription beym Hrn. Herausgeber herauskömmt.

1797. 19. In der Ostermesse erscheint der IIte Band des IIten Theiles — „Versuch einer voll-„ständigen Geschichte vorzüglicher „Holzarten — die Eichenarten, deren „Gebrauch und nachhaltige Bewirth-„schaftung. Berlin, bey J. Pauli. 4." (zu Th. I. S. 123. Nr. 96.)

Da die Menge meiner Leser wünschen dürfte, die obigen zerstreueten einzelnen Abhandlungen zusammen zu besitzen, ohne sich die Werke, in denen sie stecken, an-schaffen zu dürfen; so bin ich bereit — solche zu revidi-ren und durch neuere Beobachtungen und Erfahrungen bereichert, in einer Sammlung herauszugeben; wenn die Anzahl der Subscribenten innerhalb Jahresfrist die-ses Unternehmen begünstigen sollte.

F. A. L. von Burgsdorf

31.

31. Erklärung der auf beygefügter Kupfertafel abgebildeten zum Torfbrennen dienlichen Heerde und Oefen. *)

Die Maschine Nro. I., welche der äußern und innern Einrichtung wegen doppelt abgebildet ist, hat die Beschaffenheit, daß man dabey für 40 und 50 und mehrere Personen zugleich kochen kann, und weil sie, wegen der gepackten Hitze, überaus wirksam ist; so könnte sie den Klöstern, Spitälern, Kasernen, Gasthäusern oder sonst zahlreichen Haushaltungen vorzüglich behagen.

Sie ist rund und cylinderförmig gebaut, unten ausgebogen, und kann eben deswegen mit desto mehrern Häfen, welche auf den auswärts gebogenen eisernen Stangen ruhen, und theils von unten ihre Hitze bekommen, umstellet werden, deren einer dem andern seine Hitze mittheilet und erhält. Sie hat einen doppelten Rost, der obere AA ist weitschichtig, damit die Kohlen auf den untern BB, der enger ist, durchfallen, und durch diesen wieder die von den Kohlen abgelöste Asche weiter befördert werde. Der unten an dem Gewölbe CC angebrachte Schieber DD, dessen Arm E, um sich nicht daran zu stoßen, mit einem Gewerbe F versehen werden kann, dienet, den Zug der Luft durch Auf- oder Zu-

S 2 schieben

*) Die hier beschriebenen und abgebildeten Heerde und Oefen zum Torfbrennen wurden von dem Herrn Hofkammerrath Johann Baptist Freyherrn von Villiez zu Mannheim, aus patriotischer Absicht, unentgeltlich öffentlich zur Schau ausgestellt. — Eben derselbe macht sich durch die zu Käserthal angelegten Torfgräbereyen und Verkohlungs-Anstalten des Torfs sehr verdient um die Pfalz.

A. d. H.

schieben zu mindern oder zu vermehren, und zugleich die durch den Rost abgefallene Asche aus dem Trichter G abzuziehen. Das vornen am Heerd angebrachte Thürchen K dienet, die auf den Rost BB gefallenen Kohlen herauszunehmen, wenn man deren braucht. Auf dem obern rostförmigen Ring HH, den man nach Belieben abnehmen und aufsetzen kann, wird ein Kessel, Marmitte, Casserolle oder anderes Geschirr gesetzet, um auch die daselbst aufsteigende Hitze, die sehr heftig ist, zu benutzen, daher dienet er auch, um in der Geschwindigkeit Wasser zu jedem Gebrauche kochen zu machen. Der Torf wird von oben eingelegt.

Anmerkung: Wenn der Heerd unter der eisernen Platte, und ober dem Trichter, so hoch nämlich der Hals NN von Sturzblech zwischen dem obern und untern Rost ist, inwendig ringsum hohl gelassen wird, so möchte in diesem hohlen Raum die sich durchaus verbreitende Hitze zum Obstdörren, Backen und Warmhalten allerley Speisen benutzt werden können. Alsdann aber müßten, um den hohlen Raum LL zu besagten Dingen zu benutzen, an den beyden Seiten des Heerdes mehrere Thürchen, wie bey M auf eine zum Einschieben bequeme Art angebracht, der Heerd selbst aber mit einer eisernen Platte oder mit starkem Sturzbleche belegt werden. Eben dieses kann auch von der nebenstehenden Maschine

Nro. II. gesagt werden, welche ebenfalls in doppelter Abbildung zu sehen ist, und ein länglichtes Viereck vorstellet, fast von gleicher Beschaffenheit und Würkung, nur mit dem Unterschiede, daß der untere enge Rost BB der Oberfläche des Heerdes fast gleich liegt, und nur so weit seyn muß, daß die ausgebrannte Asche gemächlich durchfalle. Die Kohlen werden durch die Oeffnung i am Rostgestelle herausgenommen. HH ist

der

der obere roſtförmige Ring; AA ſind nur einige Eiſen-
ſtängelchen, wie in Nro. III. Lit. DD zu ſehen iſt.
Uebrigens kann auch bey dieſer, wie bey der Maſchine
Nro. I. der doppelte Roſt, das vordere Thürchen an der
Mitte, und die übrigen Thürchen an den Seiten des
Heerdes angebracht werden, damit der Hals zwiſchen
beyden Röſten und der hohle Raum durch den Heerd
von gleicher Höhe werde.

Nro. III. iſt ein beweglicher Heerderoſt, welcher
verhältnißmäßig nach jeder Haushaltung größer oder
kleiner, ein länglichtes oder gleichſeitiges Viereck ſeyn
kann. Er hat oben zwey roſtförmige Halbringe AA,
die man nach Erforderniß mittelſt der angebrachten Stef-
ten aufſetzen und abnehmen kann, je nachdem man ſich
der beyden oder nur des einen bedienen will. Vornen
hat der Roſt eine Oeffnung B, theils die Kohlen herauszunehmen, theils auch den Torf hineinzuſchieben, welches zwar auch hauptſächlich von oben geſchehen kann.
Unten hat der Roſt vier Füße, CCCC, etwa 3 Zoll
hoch, damit man die durchfallende Kohlen und Aſche gemächlich hervor- und um die Häfen herumziehen könne.
DDD, ſind 2, höchſtens 3 Stängelchen, die in der halben Mitte angebracht werden, und dazu dienen, damit
der noch nicht ganz durchgebrannte Torf in der Mitte
ruhig fortbrennen, und die Kohlen auf den untern Roſt
EE, welcher 3 Zoll Weite haben muß, leicht durchfallen
können. Sollten aber Steinkohlen gebrannt werden, ſo
müßte der untere Roſt enger ſeyn.

Nro. IV. zeiget, wie man die hier zu Lande gewöhnlichen Oefen, ohne Veränderung derſelben, zum
Torfbrennen zurichten könne. Nur iſt zu erinnern, daß
der Nro. V und VI von vornen und von der Seite gezeichnete Einſchieber wohl paſſe, und genau ſchließe, damit die ziehende Luft unmittelbar unter den Roſt wirken

S 3 möge,

möge, und daß der Torf in dem Ofen immer aufrecht
stehen müsse. Ist die Hitze zu heftig, so kann sie dadurch gedämpft werden, daß man das bewegliche Thürchen E des Einschiebers entweder ganz oder zum Theil
zumacht. Demnach ist A der untere Theil des Ofens;
B der in denselben passende Rost; C der Einschieber,
wodurch der Ofenhals genau geschlossen wird. D zwey
Federn an demselben, um ihn aufrecht zu halten; E das
bewegliche Thürchen an dem Einschieber; F der Stiel,
womit der allenfalls zu heiß gewordene Einschieber aus-
gezogen und wieder eingeschoben wird. Der Rost B im
Ofen aber muß ein bis an den Einschieber reichendes
Blech i haben. Ein auf besagte Art eingerichteter
Ofen bewirket, daß, wenn auch Holz in demselben gebrannt wird, nichts von der Hitze verloren gehe, welches
an allen gewöhnlichen Oefen der Fall ist, wo die Thürchen außer dem Zimmer angebracht, die Hitze bis dahin,
und also die Mauer unnöthiger Weise erwärmen lassen,
wodurch dem Zimmer viel Hitze entzogen wird, welches
durch den Gebrauch des Einschiebers gar leicht verhindert, und manches Stück Holz oder Torf ersparet werden kann.

Nro. V. stellet diesen Einschieber C von vorne besonders mit den Federn DD mit dem Thürchen E und
dem Stiel F dar.

Nro. VI. zeigt eben diesen Einschieber von der
Seite und zugleich bey G ein an der innern Seite des
Einschiebers befestigtes vorstehendes Blech, welches unter das an dem Rost angebrachte Blech I eingeschoben
wird, damit der Zug der Luft geradezu unten auf den
Rost wirken könne. Diese zwey Bleche müssen genau
die Weite des Ofenhalses haben.

Erste

Erſte Anmerkung: Dieſe 4 Maſchinen können,
eine wie die andere, auch zu Stein- und Holzkohlen und
zu Lohkäs brennen, die 3 erſten aber auch die Stähle
glühend zu machen, mit gleichem Vortheile gebraucht
werden.

Zweyte Anmerkung: Weil der Torf etwas mehr
Zeit braucht, bis er in Flamme oder Glut übergeht, ſo
kann anfänglich ein kleines Feuer mit Spänen oder
klein gemachtem Holze angezündet werden. Der Torf
aber muß beym Anfang der Feuerung häufig angelegt,
und die Röſte damit ganz angefüllt werden. Die glü-
hende Aſche ſammt den durch den Roſt fallenden Kohlen wird merkliche Dienſte leiſten, wenn ſie um die rings-
herum ſtehenden Häfen gezogen wird.

Dritte Anmerkung: Die Nro. I. II. III. aufrecht ſtehenden Stängelchen müſſen 2 Zoll weit von einander ſtehen, damit die Hitze deſto geſchwinder auf die
herumſtehenden Häfen wirke.

Vierte Anmerkung: Die gewöhnlichen Heerdröſte
wie Nro. III. können für jede Haushaltung füglich nur
12 bis 14 Zoll länge und 8 Zoll Weite haben; die
Höhe vom untern Ring 1 bis zum obern Ring 2 mit
eingerechnet 8 Zoll. Vom Ring 2 bis zum Aufſatz 3,
6 Zoll Oeffnung, damit friſcher Torf gemächlich nach-
gelegt werden kann, und die Spitze der Flamme um ſo
leichter ihre Wirkung auf die oben ſtehenden Geſchirre
machen könne. Dieſe ganz einfache Maſchine kann
höchſtens 10 bis 12 Pfund wiegen, und kann alſo um
einen leidlichen Preis verfertiget werden.

Fünfte Anmerkung: So vortheilhaft nun wegen
dem gepackten Feuer die hier abgebildeten und erklärten
Röſte und Feuerheerde für zahlreiche Haushaltungen
ſind; ſo können doch kleinere Haushaltungen, beſonders
S 4   welche

welche alle Kosten scheuen, den Torf, wie oben schon erinnert worden, auf ihrem bloßen Heerde, mit der sehr
geringen Einrichtung brennen, daß sie in ihren gewöhnlichen Heerd ein rundes oder viereckigtes Loch durchbrechen, wie N. II. bey der untern Figur, dieses Loch mit
einem Rost bedecken, der aber nicht tiefer, sondern gleich
mit der Fläche des Heerdes liegt, auf diesem Rost wird
der Torf ganz oder in Stücken gebrennt, und die Häfen
herumgestellt. Der Erfinder kann aus Erfahrung ver-
sichern, daß der brennende Torf von unten her durch das
Aschenloch hinlänglichen Luftzug erhält, und die Kohlen
sich von der durch den Rost fallenden Asche reinigen, welche nöthigen Falls immer wieder aus dem Aschenloch an
und um die Häfen auf den Heerd gebracht werden kann;
und so brauchte auch der Heerd mit keiner eisernen Platte,
sondern könnte bloß mit Backsteinen belegt werden.

---

32. Von der besten Behandlungsart des Steinkohlenbrandes in Oefen, zur Ersparung des Holzes.

Für diejenigen, welche mit dem Steinkohlenbrand in
Oefen nicht bekannt seyn:

Um sich der Steinkohlen mit Vortheil zu bedienen,
kömmt es darauf an: daß der Ofen auf die erforderliche
Art gesetzt werde, daß man mit dem Brennmateriale
recht umgehe, es gehörig vorbereite, und beym Anma-
chen des Feuers und dessen Unterhaltung die nöthigen
Regeln beobachte.

Bey gegenwärtiger Anleitung wird vorzüglich auf
die Gattung kleiner Kohlenöfen Rücksicht genommen,
wovon

wovon bereits einige in Heidelberg zum Gebrauch vor-
gerichtet ſeyn. Ohne alſo mehr davon zu ſagen, können
dieſe Oefen den Schloſſer und Häfner, welche dergleichen zu verfertigen haben, zum Muſter bienen.

1. Zum Einfeuern werden ſechs bis acht kleine
dürre Holzſpäne durch das Mundloch quer auf den Roſt
geſchichtet, und mit etwas Kienholz angezündet.

2. Sobald dieſe in Flamme brennen, legt man
acht, zehn bis zwölf Stücke Steinkohlen darauf, welche
zu Beförderung des Feuers nicht ſtärker als von der Größe
einer welſchen Nuß oder höchſtens eines Hühnereyes ſeyn
dörfen. Die größern müſſen zerſchlagen werden.

3. Alsdann wird ſogleich die Thüre an dem Mundloch, welche wohl anpaſſen muß, geſchloſſen; und in
ganz kurzer Zeit werden die Kohlen von der durch den
Aſchenfall eindringenden Zugluft in helle Flammen auf-
geblaſen.

4. Auch hat die Erfahrung gelehrt, daß in Er-
manglung der Holzſpäne und des Kienholzes eine kleine
Schippe mit brennenden Holzkohlen zum Anzünden hinreichend iſt.

5. Nach Verlauf einiger Zeit ſieht man durch das
Thürchen, ob die Flamme etwas nachgelaſſen hat. Findet man, daß ſie niederer brennt, ſo rührt man mit dem
Hacken oder Stoßeiſen die Kohlen ein wenig auf, ſchöpft
eine, zwey oder drey Schippen, je nachdem man warm
haben will, von dem Gries, Krütze oder kleinem Zeug
der Steinkohlen, auf die brennende Kohlen, und ver-
ſchließt das Thürchen von Neuem.

6. Nach Verlauf einer Viertelſtunde, auch weniger, wird die Flamme den Gries wieder durchbrochen
haben; alsdann iſt es Zeit, den Fächer oder die Klappe

S 5

an

an der Röhre zu schliessen, um den geschwindern Ab-
brand zu vermeiden.

7. Hätte allenfalls die Flamme den Gries in dieser Zeit noch nicht gezwungen, so darf man nur mit dem
Hacken ein wenig oben darauf stüren, so bricht sie augen-
blicklich durch).

8. Den ganzen Tag kann man auf solche Art das
Feuer mit kleinem Zeug unterhalten, wenn jedesmal vorher die Kohlen aufgerüttelt werden.

9. Dieses Aufrütteln muß aber, wenn man pur
Steinkohlen brennt, nicht zu stark und zu tief geschehen,
weil sonst viel von dem brennenden Gries durch den Rost
fällt.

10. Läßt man das Feuer den Tag über ausgehen,
so hat man nicht nöthig, den Rost zu räumen; sondern
verfährt nur, wenn man es wieder anzünden will, nach
der Vorschrift Nro. 1. und 2.

11. Die halb ausgebrannten Kohlen und das feine
Zeug, was mit der Asche durch den Rost fällt, wird des
folgenden Tags aus dem Ofen geschafft, und die Asche
davon gesondert, das Uebrige aber in ein Geschirr gethan. mit Wasser wohl angefeuchtet, und den Tag über
wieder verbraucht; nemlich so, daß man die Kohlen,
wenn sie in völliger Glut seyn, mit einer, auch zwey
Schippen voll dieses nassen Zeugs deckt.

12. Oder aber: Man mischt besagten Abgang und
frisches Gries zu zwey Theilen mit einem Theil Leimen,
macht es naß, formt diese Masse in Kugeln, oder zu so-
genannten Kluden, hebt sie zum Gebrauch trocken auf,
und verbraucht dieselben, wenn man eine gemäßigte und
anhaltende Wärme haben will. Sie müssen jedoch vorher in Stücken geschlagen und genässet werden, ehe man
die Glut damit deckt.

13.

13. Wenn bey Beobachtung obiger Handgriffen das Feuer dennoch nicht so gut als gewöhnlich brennt, so ist es ein Zeichen, daß entweder in dem Aschenfall zu viel Asche liegt, oder die Ofenröhre verrufet ist; mithin ausgefegt werden muß. Die Einrichtung der Röhre zeigt, daß, ohne dieselbe auseinander zu nehmen, nur die daran sich befindenden Büchsen abgethan werden dörfen, um die Röhre ohne Mühe von dem Rus zu reinigen. Der Rus an sich ist nicht harzartig, sondern unentzündbar. Die Asche kann nur zum Düngen gebraucht werden.

33. Forst- und Jagdpersonale in den sämmtlichen pfalzbaierschen Ländern zu Anfange des Jahres 1797.

1) **Churfürstliches Oberstjägermeisteramt zu Mannheim.**

Oberstjägermeister.
Sr. Excellenz Hr. Clemens Reichsgraf von Walbkirch.
Oberstforstmeister.
Hr. Carl Freyherr von Buchwiß.
Nachfolger: Hr. Nikola Reichsgraf von Portia.
Forstkommissär.
Hr. Carl Joseph Blesen, zugleich Regierungs- und Jagdrath, auch Fiskal.
Jagdsekretär.
Hr. Joseph Anton Sedelmeyer.
Registrator und Expeditor.
Hr. Johann Hauenstein.

Kanzel-

Kanzellisten.

Hr. Georg Wilhelm Rottmann.

Jakob Halbach.

Johann Georg Löw, Accessist.

Kanzleydiener: Michael Burger.

Jagdboth: Johann Adam Klingelsteiner.

Hofjägerey.

Oberjäger: Hr. Adam Breithaupt, auch Förster zu Schwezingen.

Bürschmeister: Hr. Johann Daniel Haag, auch Förster zu Gayberg.

Vicebürschmeister: Hr. Johann Montanus, auch Förster zu Waldorff.

Heegbereiter: Hr. Gabriel Niederreiter, zu Niederflörsheim.

Adam Breithaupt.

Zeugmeister: Hr. Peter Seitz.

Nachfolger: dessen Kinder.

Fasanmeister bey Sandhausen: Hr. Joseph Seibel.

Bergeordnete: dessen Söhne.

Fasanmeister im Hegenig: Hr. Johann Georg Raisberger.

Entenfänger zu Briel: Hr. Paul Junken.

Nachfolger: dessen Kinder.

6 Besuch- und Riedenknechte.

Hirschplanjäger: Anton Bronn, zugleich Forster zu Schwezingen.

Aufseher der Sternallee und Trüffeljäger: die Köhlersche Wittwe und Kinder.

2) Churfürstliches Oberstjägermeisteramt zu München.

Oberstjägermeister.

Sr. Excellenz Hr. Theodor Reichsgraf von Waldkirch.

Vice-

Viceoberſtjägermeiſter.
Hr. Sigismund Graf von Preyſing.

Beygeordneter: Hr. Carl Reichsgraf von Oberndorff.

Jagdcavaliers.
Hr. Theodor Reichsfreyherr von Ingenheim.

Antonin Graf von Prambero.

Theobald Graf Buttler von Clonebuch.

Marquard Reichsfreyherr von Pfetten.

Chriſtian Reichsgraf von Yrſch.

Chriſtoph Reichsgraf von Waldkirch.

Gejaidamtsverwalter.
Hr. Joſeph Emanuel Reichsedler von Wenger, churfürſtl. würkl. Hofkammerrath.

Meiſterjäger.
Hr. Johann Adam Moosmüller, zugleich Pfleger im
churfürſtl. Jägerhauſe, dann Schirm- und Bar-
quemeiſter.

Andreas Streidl, zugleich Wildbahner und Au-
meiſter.

Auguſtin Reckſelſen, zugleich Wildbahner und Hetz-
meiſter.

Mathias Neunzer, zugleich Wildbahner diſſeits der
Iſar.

Johann Baptiſt Kollſtätter, Wildbahnmeiſter jenſeits der Iſar.

Franz Seraph Schubert, Wildbahnbereiter.

Faſanmeiſter.
Zu Hartmannshofen: Hr. Franz Anton Speer.

Moſach: Caſpar Hämmerl.

Nymphenburg: Anton Diſtl.

Schleißheim: Johann Reindl.

Faſanmeiſter in der Menagerie zu Nymphenburg:
Hr. Georg Schmetzer.

Oberjäger im Thiergarten nächſt Nymphenburg:
Hr. Franz Xaver Zinsmeiſter.

Zwirch-

Zwirchmeiſter: Hr. Joſeph Föderl.
18 Hof= und Landjägerjungen.
1 Hundskoch.
1 Wagenmeiſter.
7 Zeugdiener.

3) Churpfälziſche Hofforſtkammer.

Präſident.
Sr. Excellenz Hr. Anton Freyherr von Perglas.
Vicepräſident.
Hr. Franz Freyherr von Wrede.
Adeliche Räthe.
Hr. Carl Freyherr von Buchwitz.
Friedrich Freyherr von Venningen.
Direktor.
Hr. Stephan Grua.
Räthe.
Hr. Johann Peter Kling, Forſtkommiſſär.
Carl Bleſen.
Franz Jakob Edler von Dawans.
Arnold Link, zweyter Forſtkommiſſär.
Secretär.
Hr. Sebaſtian Heckmann.

4) Churpfälziſche Landjägerey.

Oberamt Alzei.
Forſtmeiſter: Hr. Franz Martin, auch Forſtmeiſter zu
  Oppenheim und Förſter zu Kriegsfeld und Ru-
  pertseck.
Förſter zu Ham: Hr. Georg Schlindwein.
     Mörsfeld: Johann Michael Haag.
                    Nachfolger :   Gottfried
                       Haag.
     Offenheim: Wilhelm Breitenſtein.
     Standebiel: Franz Wägele.

Hüner

Hünerfänger zu Aspisheim: Johann König.

Dienheim: Philipp Sebald.

Mölsheim: Georg Heinrich Schnatz.

Osthosen: Stephan Haag.

Weissenhelm am Sand: Wilhelm Breidenbach, auch Hasenfaut zu Laubsheim.

Hasenfaut zu Alzei: Nikola Damian.

Nachfolger: einer dessen Söhne.

Hangenweißheim: Joseph Jaud.

Odernheim: Anton Pries.

Oberamt Bacharach und Caub.

Forstmeister: Hr. Joseph Benedikt Strasser, auch Forstmeister zu Simmern, Stromberg und Veldenz, dann Förster zu Argenthal.

Förster: Hr. Gerard Utsch.

Oberamt Boxberg.

Forstmeister: Hr. Carl Ludwig Freyherr von Helmstat.

Simon Fridrich Freyherr von Tubeuf, auch Förster zu Boxberg.

Förster zu Daimbach: Hr. Johann Andreas Müller.

Nachfolger: einer dessen Söhne.

Oberamt Bretten.

Forstmeister: Hr. Jakob Scheidt, auch Förster zu Weingarten.

Nachfolger: Hr. Graf von Chester.

Förster zu Bretten: Hr. Franz Brugger.

Beygeordneter: Carl Brugger.

Eppingen: Andreas Waldmann.

Heidelsheim: Stephan Gramlich.

Caspar Dolles.

Zeisenhausen: Johann Keller.

Nachfolger: Heinrich Karl Keller.

Oberamt Germersheim.

Forstmeister: Hr. Carl Theodor Ludwig.

Förster

Förſter zu Bellheim: Hr. Johann Daniel Niederreitter.
　　　　Nachfolger: Simon Niederreitter.
　　Duttenheim: Georg Melchior Schlindwein.
　　Euſſerthal: Sebaſtian Haag.
　　Goſſersweiler: Jakob Niederreitter.
　　Hördt: Anton Brechtel.
　　　　Nachfolger: deſſen Söhne.
　　leimersheim: Philipp Jacob Wolff.
　　Pleisweiler: Jacob Gramlich.
　　　　Nachfolger: Daniel Haag.
　　Schwegenheim: Johann Peter Müller.
　　Weſtheim: Andreas Albrecht.
Hühnerfänger zu Göcklingen: Ignatz Gramlich.
　　　　Steinweiler: Valentin Knaubert.
　　　　Nachfolger: Ludwig Knaubert.

Oberamt Heidelberg.

Forſtmeiſter: Hr. Carl Freyherr von Buchwitz.
Nachfolger: Hr. Nikola Graf von Portia.
Förſter zu Blankſtatt: Hr. Georg Michael Wilhelm.
　　　　Nachfolger: deſſen Söhne.
　　Geiberg:　　　　Johann Daniel Haag.
　　　　Nachfolger: Jacob Braam.
　　Hockenheim:　　Friedrich Borlock.
　　Keſſerthal:　　Adam Eberlein.
　　　　Nachfolger: deſſen Tochtermänner.
　　Kirſchgartshauſen: Peter langer.
　　　　Nachfolger: Franz Hupka.
　　Neckarau:　　　Anton Bronn.
　　　　Beygeordn. Friedr. Breithaupt.
　　Nußloch:　　　Johann Georg Stauch.
　　Schönau:　　　Ignatz Blank.
　　Schriesheim:　　Wendelin Mayr.
　　　　Nachfolger: Michael Benning.
　　Schwetzingen:　Adam Breithaupt.
　　Waldolf:　　　Johann Montanus.

　　　　　　　　　　　　　　Nach-

Nachfolger: deſſen Kinder.
Weinheim: Daniel Goth.
Ziegelhauſen: Valentin Bronn.
Beygeord. Georg Bronn.

Amt Dilsberg.

Forſtmeiſter: Hr. Engelhard von Kettner, auch Forſtmeiſter zu Moßbach und Forſter zu Neukirchen.
Nachfolger: Hr. Johann von Kettner, auch Nachfolger
der Forſtmeiſtersſtelle zu Moßbach und Forſters-
ſtelle zu Neukirchen.
Forſter: Hr. Chriſtian Franz Lippe, zu Dilsberg und
Waldwimmersbach.

Oberamt Kreuznach.

Forſtmeiſter: Hr. Joſeph Bott.
Förſter: Hr. Conrad Melsheimer, des untern Theils
Sonnwalds.
Nachfolger: Aegid und Ignatz Melsheimer.
Friedrich Utſch, des obern Theils Sonnwalds.
Adam Waſſerburger, Forſter zu Sobernheim,
Waldböckelheim, Wonſingen und Nußbaum,
Unteramts Böckelheim.
Beygeordneter: Adam Greſſer.
Bartolome Lehr, Förſter zu Höchſtätten.
Philipp Delſeid, zu Ebernburg.
Nachfolger: Jakob Lehr.
Hühnerfänger zu Freylaubersheim: Hr. Joſeph Greſſer.
Hr. Carl Schömenauer, zu Hedesheim an der Gul-
denbach.
Nachfolger: deſſen Söhne.

Oberamt Ladenburg.

Forſtmeiſter: Hr. Carl Freyherr von Buchwltz.
Nachfolger: Hr. Nikola Graf von Portia.
Forſter zu Hamſpach: Hr. Philipp Hebenſtreit.

Oberamt Lauterecken.

Forſtmeiſter: Hr. Franz Daniel Rettig.

Förſter zu Lauterecken: Hr. Chriſtian Barth.
      Reichenbach: Andreas Neumann.

Oberamt Lautern.

Forſtmeiſter: Obiger Hr. Franz Rettig.
Förſter zu Enkenbach: Hr. Gottfried Hilbert.
      Hochſpeier: Friedrich Oſterheld.
      Hohenecken: Johann Peter Nolz.
      Otterberg: Friedrich Stauch.
            Nachfolger: deſſen Söhne.
      Ramſtein: Daniel Feth.
            Nachfolger: deſſen Söhne.
      Rockenhauſen: Dionis Oſterheld.
            Beygeord. Nikola Oſterheld.
      Weilerbach: Johann Ventulet.
      Wolfſtein: Michael Hering.
      im Holzland: David Jaberg.

Oberamt Lindenfels.

Forſtmeiſter: Hr. Carl Freyherr von Buchwiß.
Nachfolger: Hr. Nikola Graf von Portia.
Förſter zu Lindenfels: Hr. Georg Gooth.
      Waldmichelbach: Friedrich Stauch, auch
            Zentſchultheiß und
            Gerichtſchreiber.

Oberamt Moßbach.

Forſtmeiſter: Hr. Engelhard von Kettner.
Nachfolger: Hr. Johann von Kettner.
Förſter zu Dalau: Hr. Johann Kopp.
      Eberbach: Franz Carl Bohrer.
            Nachfolger: deſſen Kinder.
      Hilſpach: Ferdinand Hinkel.
      Lohrbach: Philipp Jakob Louis.
            Beygeordnet. Joſeph Louis.
      Obrigheim: Carl Müller.
      Sinsheim: Stephan Rauſchmüller.
            Nachfolger: deſſen Söhne.
                    Ober

Oberamt Neuſtatt.

Forſtmeiſter: Hr. Conr. Glöckle, auch Forſter zu Nel-
benfels.

Nachfolger: deſſen Kinder.

Förſter zu Elmſtein: Hr. Gottfried Haag in Breit-
ſchelder Theil.

Caſpar Oſterheld im Bläße
kolber Theil.

Igelheim: Engelhard Bohrer.
Neuhofen: Friedrich Erlenſpiel.
Oggersheim: Franz Kettner.
Oppau: Georg Philipp Schlindwein;
Schifferſtadt: Hermann Niederreiter.

Nachfolger: Peter Niederreiter.

Speyerdorf
und Haard: Joſeph Schmiß.

Hühnerfänger zu Mutterſtadt: Hr. Maſſeneg.

Verwalter: Hr. Kaſpar Dolles.

Oberamt Oppenheim.

Forſtmeiſter: Hr. Franz Martin.

Förſter: Hr. Valentin Schätz auf der Knoblauchsaue.

Nachfolger: Stephan Stauch.

Franz Joſeph Waltherr zu Gimbsheim.

Beygeordneter: Dominicus Waltherr.

Johann Wilhelm Dietrich, im Ingelhei-
mer Grunde, auch Hühnerfänger zu
Eſſenheim und Stadtecken.

Nachfolger: Einer ſeiner Söhne.

Oberämter Oßberg und Umſtadt.

Forſtmeiſter: Hr. Carl Valentin Gambs.

Gemeinſchaftl. reitender Forſter: Hr. Aloys Greſſer.

Unterförſter: Heinrich Beßwald.

Balthaſar Kohlenberger.

Oberamt Simmern.

Forſtmeiſter: Hr. Joſeph Straſſer.

T 2

Förſter zu Biebern: Hr. Joſeph Steiner.
    Laubach: Franz Jacob Cornelius.
    Mengerſchied: Franz Scheffer.
    Nachfolger: Franz Mels-
    heimer.
    Rheinböllen: David Breitenbach, eme-
    ritus.
    Bartholome Melsheimer.

Oberamt Stromberg.

Forſtmeiſter: Obiger Hr. Joſeph Straſſer.
Förſter zu Stromberg: Hr. Joſeph Melsheimer.
    Wald-Algersheim: Ludwig Fink.

Oberamt Veldenz.

Forſtmeiſter: Obiger Hr. Joſeph Straſſer.
Forſter zu Veldenz: Hr. Joſeph Wenninger.
    Nachfolger: Anton Wirt.

5) Forſtkammer zu München.

Präſident.

Se. Excellenz Hr. Joſeph Reichsgraf von Törring und
    Gronsfeld, zu Jettenbach ꝛc.

Vicepräſident.

Hr. Maximilian Reichsgraf von Laroſſee.

Director.

Hr. Johann Peter Kling.

Herren Räthe.

Carl Reichsgraf von Oberndorff, Oberforſtmeiſter Ober-
    lands Baiern.
Chriſtoph Reichsgraf von Waldkirch, Oberforſtmeiſter
    Unterlands Baiern.
Johann Nepomuck von Thoma.
Georg Grünberger.
Joſeph Reichsedler von Wenger.
Joſeph Hazzi, zugleich Forſtfiskal.
Johann Georg Seybold.

                            Forſt-

Förſtkommiſſarien und Taxatoren.
Hr. Matthäus Schilcher im Oberland.
Franz Sales Schilcher im Unterland.
Sekretarien.
Hr. Johann Nepomuck Sölch.
Joseph Edler von Mayr.
Johann Michael Krelttmayr.
Controleur und Tabelliſt.
Hr. Joseph Ferdinand Wilhelm.
Kanzelliſten.
Hr. Joseph Obenhin.
Johann Baptiſt Schaller.
Cajetan Lieb.
Caſpar Ländlſperger.
Kanzleyboth: Peter Urban.

6) Forſtſchule zu München.
Vorſtand.
Hr. Maximilian Reichsgraf von Laroſee.
Profeſſoren: Hr. Anton Dätzl.
Eligius Maier.
Lehrer: Hr. Dismas Berchtold.
Franz Xaver Seiſſerd.
Pedell: Aloys Dändler.
Triftamt.
Kommiſſär: Hr. Georg Grünberger.
Triftverwalter: Hr. Joachim Roſer.
Nachfolger: Eins deſſen Kinder.
Amts- und Gegenſchreiber: Hr. Valentin Berüff.
Triftmeiſter: Lorenz Strohſchneider.

7) Zum Oberjägermeiſteramt gehörige Jägerey
in Baiern.

Churfürſtl. Wildbahn jenſeits der Iſar.
Wildbahner: Hr. Johann Baptiſt Kollſtätter.
T 3	Jäger

Jäger zu Aſchheim: Franz Deibl.

Grasbrunn: Simon Hizelſperger.

Neiching: Fidel Freyherr von Oſterberg.

Paarſtorf: Anton Schuſter.

Pogenhauſen: Joſeph Kienblbacher.

Oberjägeramt Haag.

Oberjäger: Hr. Johann Nepomuck Vorherr.

Förſter zu Aſchmayr: Hr. Georg Seidl.

Kemmäting: Carl Schmid.

Pfäffing: Ignaz Dobler.

Stauden: Willbald Waldherr.

St. Wolfgang: Georg Kienblbacher.

Oberjägeramt Illerdieſſen.

Oberjäger: Hr. Johann Michael Leirel.

Förſter zu Vöringen: Hr. Franz Xaver Legler.

Oberjägeramt Schleißheim.

Oberjäger und Oberforſter zu Schleißheim: Herr Franz Anton Heiß.

Jäger zu Gerching: Peter Schmid.

Oberjägeramt Wald.

Oberjäger: Herr Michael Schwarzenberger.

Jagdamt Wertingen.

Förſter zu Wertingen: Hr. Joſeph Zintler.

Hohenreichen: Andreas Seemiller.

Illemad: Michael Niggl.

Nordheim: Joſeph Brunner.

Revierjäger im churfürſtl. reſervirten Wildbahn.

Zu Gern: Hr. Johann Georg Rottenfuſſer.

Germering: Johann Georg Schmid.

Sendling: Anton Holzapfel.

8) **Churfürſtl. Oberforſtmeiſteramt Oberlands Baiern.**

Oberforſtmeiſteramt München.

Oberforſtmeiſter.

Forſt - und Wildmeiſter: Hr. Carl Reichsgraf von Obeundorff.   Ober-

Oberforster: Hr. Ignaß Dillis.
Forster zu Anzing: Hr. Maximilian Perger.
Unterförster zu Ebersberg: Aloys Oswald.
   Lindach: Joseph Echter.
   Pöring: Hieronimus Mayr.
   Pürcka: Nikola Anderl.
   Schwaben: Martin Strohschneider.
Forster zu Forstenried: Max Anton Jägerhuber.
Unterförster zu Neuried: Franz Aichbüchler.
   Paybrunn: Johann Hörmann.
   Puchendorf: Joseph Jägerhuber.
Forster zu Grünewald: Wolfgang Mannhart.
  Nachfolger: Wolfgang Mannhart.
Unterförster zu Deisenhofen: Lorenz Pichelmayr.
   Gärching: Michael Mauser.
   Perlach: Korbinian Straucher.
Forster zu Hohenkirchen: Michael Michl.
Unterförster zu Pfrämering: Franz Jägerhuber.
Forster zu Hofolding: Johann Baptist Heiß.
Unterförster zu Helfendorf: Dominikus Reisberger.
   Argat: Johann Näßl.
   Otterfing: Balthasar Kirchmayr.
Forster zu Wolfrathshausen: Felix Kloiber.
Unterförster zu Farchach: Lorenz Hilgenhainer.
Förster zu Allach: Michael Jägerhuber.
  Krandsberg: Joseph Klaß.
  Perchting: Joseph Krueg.
  Prunnen: Steph. Kirchmayr.
  Purch: Paul Mayr.
  Schneck: Leonhard Häinerl.
   Forstmeisteramt Aichach.
Forst= und Wildmeister: Hr. Christian Graf von Wiser.
Förster zu Ainbling: Hr. Nepomuck Vötter.
  Eratsburg: Joseph Aumiller.
  Friedberg: Franz Xaver Kollmann.
    T 4   Förster

Förſter zu Haunſtetten:	Hr. Carl Pleyer.
Illemat:	Andreas Stigl.
Mehringerau:	Obiger Carl Pleyer.
Nordhelm:	Joſeph Prumer.
Schiltberg:	Quirin Hartl.
	Simpert Kauß.
Schrobenhauſen:	Anton Ligſalz.
Wechtering:	Michael Kramer.

Forſtmeiſteramt Landsberg.

Forſt-undWildmeiſter: Hr.WillbaldAntonJägerhuber.
Oberförſter, Oberjäger, dann Revierjäger zu Schey-
ring: Hr. Joſeph Jägerhuber.

Förſter zu Eismannsberg:	Georg Kolb.
Dieſſen:	Thomas Riedl.
Dünzlbach:	Franz Laver Nesl.
Erlsried:	Johann Krauttner.
Hofſtetten:	Peter Kirchmayr.
Liechtenberg:	Euſtach Hund.
Mehring:	Franz Laver Völkh.
Mühlhauſen:	Johann Frühholz.
Olching:	Joſeph Straucher.
Pfluegdorf:	Nep. Schilcher, Oberjäger.
Schwabhauſen:	Maximilian Maxhoſer.
Utting:	Franz Sales Jägerhuber.
Wildenroth:	Franz Laver Nesl.
Zillenberg:	Caſpar Puttner.

Revierjäger zu Landsberg: Joſeph Bacher.

Forſtmeiſteramt Miesbach.

Forſt- und Wildmeiſter: Hr. Franz Laver Edler von
Rothkammer, des H. R. R. Ritter.
Oberforſter: Hr. Joſeph Carl von Guttmann.

Förſter zu Auerburg:	Hr. Paul Gruber.
Auerdorf:	Joſeph Simon Gruber.
Aybling:	Iſt unbeſetzt.
Brannenberg:	Jacob Reiſerer.

Förſter

Förster zu Ellbach: Hr. Joseph Weissenbacher.

    In der vordern Riß: Peter Lettner.

    Am Kolber: Andreas Anderl.

    Nußdorf: Christoph Walter.

    Rosenheim: Augustin Katz.

    Schliersee: Joseph Paur, Oberjäger.

    Freyresig. Math. Paur, Oberjäger.

    Tirwang: Wolfgang Katz.

    Tölz: Joseph Riesch.

    Wäkirchen: Caspar Auracher.

    Warngau: Martin Jägerhuber.

    Zell: Michael Kaindl.

Forstmeisteramt Neuenötting.

Forst = und Wildmeister: Se. Excell. Hr. Theodor Reichsgraf von Waldkirch.

Beygeordneter: Hr. Christ. Reichgraf von Waldkirch.

Forstgefäll = Einnehmer, Rechnungsführer und Forst= richteramts=Verweser: Hr. Joseph Alexius Riedl.

Oberforster: Hr. Wolfgang Peter.

Förster zu Alzgern: Hr. Paul Reckseisen.

    Daxenthal: Ferdinand Klein.

    Holzfeld: Franz Vorherr.

    Julbach: Thomas Gasteiger.

    Kastl: Aloys Heiß.

    Kauflanden: Joseph Pfliegel.

    Mörmosen: Joseph Mayr.

    Simpach: Andreas Gasteiger.

Ueberreiter zu Ampfing: Engelbert Sandner.

Forstmeisteramt Prissenberg.

Forst = und Wildmeister: Hr. Johann Nepomuck Mengwein.

Oberforster: Hr. Jacob Wüstner.

Förster zu Apfeldorf: Hr. Albert Heiß.

    Eberfing: Joseph Heiß, Oberjäger.

Förster

Förſter zu Groſſenweil: Hr. Euſtach Dillis, Oberjäger.
          Häbach :   Magnus Vogler.
          Horn :   Franz Oſtler.
          Niederhofen: Joh. Georg Straubinger.
          Oberpeiſſenberg: Thomas Frühholz.
          Schongau :   Franz Xaver Heiß.
          Traubing :   Ferdinand Föderl.
          Trackau: Joſeph Straubinger.
          Uffing: Iſt unbeſetzt.
Revierjäger zu Schwabſoyen: Balthaſar Glöck.
          Forſtmeiſteramt Waſſerburg.
Forſt ⸱ und Wildmeiſter: Hr. Fidel Freyherr von
     Oſterberg, auf Pfühl und Oſterberg.
Oberforſter zu Waſſerburg, Oberjäger, dann Re⸱
     vierforſter zu Kling: Hr. Joſeph Hörmann.
Förſter zu Pittenbach: Hr. Georg Sachenbacher.
          Pruting :   Joſeph Fürholzer.
          Schönſtätt :   Michael Finſterwald.
          Steinbuch :   Ignatz Dobler.
          Trosberg :   Johann Georg Keller.
             Forſtmeiſterämter
 der churfürſtl. Reichsherrſchaften in Schwaben.
             Mindelheim.
Forſt ⸱ und Wildmeiſter : Hr. Joſeph Schilcher.
 Förſter zu Angelberg: Anton Unterberger.
          Darberg :   Joſeph Streitl.
          Dirlewang :   Joſeph Scherer.
          Dorſchhauſen :   Johann Scherer.
          Erisried :   Benno Höringer.
          Ettringen :   Johann Erhard.
          Hildeſing :   Johann Härtl.
          Mindelheim :   Jacob Hund, Oberjäger.
          Preittenbrunn :   Benedict Dayſer.
          Rämingen :   Jacob Heyß.
          Salgen: Leonard Geyer.

                                   Förſter

Förster zu Türkheim: Hr. Joseph Kleinhenne, Oberj.
    Zeisertshofen: Silvest Marx.
Zeugdiener zu Türkheim: Anton Dolch.
    Unterkamlach: Franz Xaver Märkh.

Wiesensteig.

Forst = und Wildmeister: Hr. Erasmus Kollmann,
  emeritus.
Oberforster und Oberjäger zu Wiesensteig: Hr. Franz
  Martin.
Förster zu Deggingen: Hr. Michael Pindter.
    Ganslosen: Ist unbesetzt.
    Grunebingen: Michael Reitter.
    Macholsheim: Jacob Reiter:
    Schlatt: Christoph Biegele.
    Westerheim: Johann Vogler.
    Strachstein: Ist unbesetzt.
    Wiesensteig: Johann Schroß.

9) Churfürstl. Oberforstmeister Unterlands Baiern.

Oberforstmeister.

Hr. Christoph Reichsgraf von Waldkirch.

Forstmeisteramt Dorffen.

Forst = und Wildmeister: Hr. Fidel Freyherr von
  Osterberg.
Förster zu Giebing: Hr. Wolfgang Dillis.
    Wartenberg: Georg Manhard.
Ueberreiter zu Neiching: Obiger Freyherr von Oster-
  berg.
Wildbahner zu Niederdieng: Sebastian Stark.

Forstmeisteramt Furth.

Forst = und Wildmeister: Hr. Johann Benedict von
  Sonnenburg.
Beygeordneter: Hr. Maximilian von Sonnenburg.

Förster

Förſter zu Furth: Hr. Kaſpar Reutter,
                     Joſeph Peter.
    in der Lahm: Georg Gigl.
                     Franz Friſch.
    zu Kamerau: Joſeph Schwarz.
    Kötzing: Joſeph Kayſer.
    Zifling: Ignatz Franzis.
        Forſtmeiſteramt Geiſenfeld.
Forſt- und Wildmeiſter: Hr. Maximilian Joſeph
    Reichsfreyherr von Leyden, auf Aſſing, des hohen
    Maltheſerordens Ritter.
Förſter zu Aperſtorf: Hr. Ludwig Peter.
    Ensgaden: Anton Schreiner.
    Högg: Georg Schreiner.
    Mainburg: Lukas Weber.
    Mihlhauſen: Aloys Halder.
    Münchsmünſter: Bernard Hörmann.
    Neuſtatt: Michael Micheler.
    Neuſtraßberg: Maximilian Deibl.
    Pfaffenhofen: Joſeph Kaing.
    Rotteneck: Philipp Gerhauſer.
    Siegenburg: Franz Höringer.
    Wohlnzach: Sigismund Zirkl.
        Forſtmeiſteramt Griesbach.
Forſt- und Wildmeiſter: Hr. Heinrich Reichsfreyherr
    von Schleich.
Förſter zu Eggenfelden: Hr. Jakob Hündtl.
    Inkam: Wilhelm Meſſert.
    Köſtlarn: Georg Pfriendter.
    Pintered: Joſeph Lang.
    Plainting: Joſeph Sellmair.
    Reittern: Joſeph Pfriendtner.
        Forſtmeiſteramt Kehlheim.
Forſt- und Wildmeiſter; Hr. Georg Joſeph Schmid.

                                    Frey-

Freyreſignirter Forſt = und Wildmeiſter: Hr. Joh.
Erhard Schmid.
Förſter zu Abensberg: Hr. Andreas Sachenbacher.
   Euchendorf: Anton Mayr.
               Andreas Arnold, reſignirt.
   Kehlheim: Michael Schweizer.
               Carl Rotthammer.
               Thomas Schreiner, reſign.
   Rieb: Joſeph Zanner.
   Sauſagger: Mathias Kammel.
   Forſtmeiſteramt Köſching.
Forſt = und Wildmeiſter: Hr. Joſeph Obich.
Förſter zu Appertshofen: Hr. Thomas Hörmann.
   Ingolſtadt: Aloys Jägerhuber.
   Köſching: Leonard Hörmann.
   Neuhat: Georg Lukas.
   Riedenburg: Michael Keindl.
   Salvator: Joſeph Mayr.
   Wemding: Joſeph Jägerhuber.
   Forſtmeiſteramt Landshut.
Forſt = und Wildmeiſter: Hr. Anton Reichsgraf von
Pletrich.
Oberforſter, zugleich Revierjäger zu Moosburg: Hr.
Melchior Auerbach.
Förſter zu Berg: Hr. Georg Mayr, Wildbahner.
   Ergoltsbach: Johann Adam Huber.
   Eſſenbach: Ignatz Carl.
   Ganghofen: Sebaſtian Gerhager.
   Iſareg: Iſt unbeſetzt.
   Lanquard: Joſeph Strallberger.
   Nandlſtadt: Joſeph Kögl.
   Ohnerstorf: Mathias Kerbl.
   Siebenſee: Joſeph Baptiſt Stipart.
   Forſtmeiſteramt Straubing.
Forſt = und Wildmeiſter: Hr. Reichsgraf von Yrſch.
                             Förſter

Förſter zu Eſchlbach: Hr. Joſeph Hünbtl.
    Hofdorf: Johann Deigl.
    Landau: Sebaſtian Auerbach.
    Leonsberg: Klemens Kienblbacher.
    Mündraching: Mathias Weinzierl.
    Natternberg: Joſeph Baumann.
    Schwarzach: Joh. Georg Schuhmann.
    Streifenau: Philipp Rueland.
    Weibing: Joſeph Haban.

Forſtmeiſteramt Zwiſel.

Forſt- und Wildmeiſter: Hr. Maximilian von Stab-
lershauſen.

Oberforſter: Hr. Johann Sethaller.

Förſter am Sonnenwald: Hr. Anton Jlgmayr.
    Waldhauſe: Georg Forſter:
    an den Waldhäuſern: Ignaß Muckenſchnabel.
    zu Auerkiel: Franz Reiſner.
    Bernſtein: Cajetan Schreiner.
    Biſchofsmais: Anton Bayerer.
    Brändern: Joſeph Brunbauer:
    Deggendorf: Joſeph Vilsmayr.
    Gfrädert: Jakob Gigl.
    Jckenbach: Georg Laus.
    Langdorf: Michael Stöckl.
    Lembach: Joſeph Mauſer.
    Marktbüchen: Joſeph Hörmann.
    Regen: Georg Aerdinger.
    Wünzer: Jacob Vogl.

10) **Churfürſtl. Landjägerey der Herzogthümer
der obern Pfalz Sulzbach.**

Oberforſtmeiſteramt Amberg.

Oberforſtmeiſter: Hr. Clemens Reichsgraf von Holn-
ſtein aus Bayern.

Jagdbeamter: Hr. Johann Philipp Miller.

Grenz

Grenzjäger zu Hambach: Anton Beyerl.

Forſtmeiſteramt Auerbach.

Forſtmeiſter: Hr. Maximilian Eder.

Unterförſter zu Engltyal: Joſeph Filchner.

Krotenſee: Paul Filchner.

Beygeordneter: Anton Filchner.

Leibs: Friedrich Haider.

Sand: Johann Georg Halder.

Wellack: Joſeph Feißner, Forſtknecht.

Oberforſtmeiſteramt Pruck.

Oberforſtmeiſter: Hr. Peter Freyherr von Vieregg.

Gegenſchreiber: Hr. Dionis Pamler.

Forſtmeiſter zu Taxöldern: Hr. Franz Xavier Schmid.

Waidhauß und Treßwitz: Friedrich Koppmann von Kolnberg.

Waldmünchen: Johann Paul Halb.

Amtsförſter zu Peuting: Hr. Sigismund Schmid.

Tennesberg: Andreas Mosmiller.

Förſter zu Einſiedel: Hr. Georg Reber.

Kemnath bey Fuhrn: Wolfgang Krauß.

Neubau: Wolfgang Glaßer.

Pruck: Chriſtoph Mosmiller.

Roding: Joachim Jägerhuber.

Peter Dieſtl, reſignirt.

Röß: Martin Glaſer.

Schwarzhofen: Clemens Möhrer.

Forſtmeiſteramt Deinſchwang und Pfaffenhofen.

Forſtmeiſter: Hr. Joſeph Carl Wienhaußer.

Unterförſter zu Berg: Andreas Beck.

Itzlohn: Iſt unbeſetzt.

Ulmſtorf: Johann Georg Feißner.

Forſtmeiſteramt Eſchenbach und Grafenwörth.

Formeiſter: Hr. Primian Finck.

Freyreſignirter Forſtmeiſter: Hr. Franz Xavier Finck.

Unterförſter zu Aicha: Georg Diepolt.

Unterförſter zu Weyern: Johann Lottner.
Forſtmeiſteramt Floß.

Forſtmeiſter: Hr. Carl Gemmingen Freyherr von Maſſenbach.

Freyreſignirter Forſtmeiſter: Hr. Carl Joſeph Gemmingen Freyherr von Maſſenbach.

Oberförſter zu Floſſenburg: Hr. Johann Chriſtian
Finck.

Gränzjäger: Chriſtoph Jacob Bergmann.

Jäger zu Glashütten: Hr. Johann Ott.

Helweinsreuth: Georg Holzinger.

Nachfolger: Joh. Georg Holzinger.

Forſtmeiſteramt Freyhöls und Freudenberg.

Forſtmeiſter: Hr. Georg Michael von Faber.

Unterförſter zu Aſchbach): Joſeph Berghammer.

Freudenberg: Joſeph Dornhauſer.

Kreuth: Johann Dürr.

Rabburg: Sebaſtian Bachhuber.

Rinningen: Franz Dach.

Forſtmeiſteramt Hirſchwald und Rieden.

Forſtmeiſter: Hr. Franz Joſeph Edler von Huber, des
H. R. R. Ritter.

Unterförſter zu Rieden: Joſeph Manglberger.

Salleröd: Johann Winckler.

Taubenbach: Georg Manglberger.

Reſignirt: Conrad Manglberger.

Forſtmeiſteramt Kulmain.

Forſtmeiſter: Hr. Ferdinand Graf von Worawizky.

Unterförſter zu Fichtelberg: Ferdinand Schüller.

Beygeordneter: Johann Schüller.

Lienlas: Martin Schüller.

Punreith: Michael Bayerl.

Treſſau: Sebaſtian Lobwaſſer,
Gränzſchütz.

Forſt-

Forstmeisteramt Neumarckt.
Forstmeister: Hr. Joseph Graf von Arcko.
Unterförster zu Eraspach: Joseph Schilling.
   Puechberg: Leonard Höllrigl.
   Rothenfels: Johann Höllringl.
    Beygeordneter: Michael Höllrigl.
Forstmeisteramt Parckstein und Weyden.
Forstmeister: Hr. Joseph Hann von und zu Weyherrn.
Oberjäger: Hr. Aloys Fraunhofer.
Jäger zu Erbendorf: Hr. Johann Pinapfel.
     Lorenz Pinapfel, resignirter.
  Ezenrieb: Joseph Pfab.
     Joh. Georg Pfab, resignirter.
  Kaltenbrun: Jacob Baumann.
     Nachfolg. Mathias Baumann.
  Kollberg: Conrad Kiswetter.
  Mantel: Georg Gretsch.
  Parckstein: Christoph Jauvin.
  Weyden: Johann Jacob Ruff.
   Forstmeisteramt Pressath.
Forstmeister: Hr. Franz Benno von Forster.
Unterförster zu Grafenwörth: Joh. Georg Neumayer.
   Pressath: Jacob Angerer.
Gränzschütz zu Pinzerhof: Ullerich Lohewasser.
  Forstmeisteramt Sulzbach und Königstein.
Forstmeister: Hr. Christoph Freyherr von Juncker.
Oberjäger: Hr. Johann Peter Gunther.
Jäger zu Ecketsfeld: Hr. Johann Zahner, Revierjäger.
  Großalbertshof: Georg Konrad Bergmann.
  Königsstein: Johann Georg Zahner.
  Pachetsfeld: Franz Jäger.
     Nachfolg. Erdmann Jäger.
  Pannershoff: Johann Stecher.
     Nachfolg. Johann Stecher.
  Poberg: Georg Dörfuß, Mauthaussey.

Jäger zu Siebeneichen: Hr. Wolfgang Heinrich Günther.

Siegras: Obiger Georg Bergmann.

Forſtmeiſteramt Walldeck und Pullenreith.

Forſtmeiſter: Hr. Franz Carl Finck.

Nachfolger: Deſſen Frau und Kinder.

Unterförſter zu Albenreuth: Johann Angerer.

Langentheilen: Anton Bayerl.

Trefeſſen: Johann Bayerl.

Anton Bayerl, reſignirter.

Forſtamt Hartenſtein.

Amtsförſter: Hr. Joſeph Filchner.

Forſtamt Hirſchau.

Amtsförſter: Hr. Peter Kraus.

Forſtamt Pleyſtein.

Forſtverweſer: Hr. Philipp Freyherr von und zu Leon-
roth.

Adminiſtrator: Hr. Joſeph Pröſl.

Jäger zu Frentſch: Hr. Chriſtoph Zell.

Joſeph Zell, reſignirt.

Pleyſtein: Michael Zell.

Nachfolger: Vitus Zell.

Spilberg: Joſeph Michael Lang.

Forſtadminiſtration Plößberg.

Adminiſtrator: Hr. Johann Pracher.

Jäger zu Plößberg: Hr. Adam Hayn.

Forſtamt Salern und Zeitlarn.

Forſtamtsinspector: Hr. Franz Paul Freyherr von
Aſch)

Amtsförſter zu Zeitlarn: Hr. Caſpar Jäger.

Forſtamt Schnaittach.

Forſtverwalter: Hr. Franz Anton Kleber.

Förſter zu Schnaittach: Hr. Chriſtoph Carl Halder.

Reſignirter: Carl Halder.

Forſtamt Thurndorf.

Forſtinspector: Hr. Joſeph von Miller.

Förſter:

Förster: Hr. Georg Haider.
Forstamt Vohenstrauß.
Forstverweser: Hr. von Emmerich.
Amtsverweser: Hr. Joseph Günther.
Jäger: Hr. Jacob Lehr.
Landgraffchaft Leuchtenberg.
Forstmeister: Hr. Oswald Freyherr von Anethann.
Meisterjäger zu Pfreimdt: Hr. Philipp Ostler.
Förster zu Leuchtenberg: Hr. Johann Schiller.

	Michael Mauser, resignirt.
Neudorf:	Jacob Sechser.
Schurniz:	Theodor Fürst.
Wernberg:	Ignaz Pröls.

Reichsherrschaft Sulzberg und Pyrbaum.
Oberjäger zu Sulzberg: Hr. Johann Martin Fürholzer.

Pyrbaum:	Georg Lorenz Sonntag.

Unterjäger zu Pyrbaum: Franz Xavier Pottner.

11) Erboberstjäger = und Oberstforstmeisteramt zu Neuburg.
Erboberstjäger und Oberstforstmeister: Hr. Aloys Freyherr von Haacke.
Oberjagdamtskommissär: Hr. Carl von Reisach, Reichsgraf von Steinberg.
Forstschreiber: Hr. Franz Leopold Schepper.
Oberjäger: Hr. Johann Peter Hagn.
Oberförster zu Bergen: Obiger Hr. Peter Hagn.

	Nachfolg. Jacob Elgen.
Bittenbrunn:	Franz Joseph Ernst.
Daiting:	Franz Xav. Baldauf.
Ensfeld:	Philipp Niederreiter, Amtsförster.
Grinau:	Franz Anton Pestalizi.
Gunzenheim:	Joseph Weis, Amtsförster.

U 2   Nach=

Nachfolger: Joſeph Huber.

Oberförſter zu Haſenreuth: Hr. Joſeph Algen, Amtsförſter.

Marxheim: Andreas Schmutterer,
zugl. Wörthförſter.

Monnheim: Johann Georg Hagn.

Rögling: Arnold Leberſorg.

Unterhaußen: Johann Georg Niederreiter.

Welchering: Joſeph Gödl.

Zwergſtras: Franz Xavier Algen,
Amtsförſter.

Unterförſter zu Annbach: Michael Faigel.

Ballerſtorf: Johann Faigel.

Berckheim: Mathias Faigel.

Brugg: Narzis Geiger.

Laſſenau: Mathias Schmutterer.

Neuhauſſen: Franz Löſler.

Reichertshofen: Franz Neuhard.

Niedensheim: Joſeph Grabler.

Wolferſtatt: Andreas Merz, zugleich
Beyzoller.

Hofjäger: Franz Xavier Löſler.

Franz Anton Schepper.

Jacob Eigen, zugleich Zeugknecht und
Hauspfleger.

Triffelſucher: Joſeph Kigler, zugleich Schutt- und
Grromethüter.

Oberforſtmeiſteramt am Nordgau.
Zu Burglengenfeld.

Oberforſtmeiſter: Hr. Moriz Freyherr von Juncker.

Forſtſchreiber: Hr. Joſeph Peſerl.

Oberjäger: Hr. Joſeph Streidl, auch Oberförſter zu
Kallmünz.

Oberförſter zu Berathshauſen: Hr. Balthaſar Dorner.

Ober-

Oberförſter zu Bilchheim: Hr. Georg Adam Royer.

Edelhaußen: Johann Dorner.

Grafenwein: Graf Anton Albuzio.

Kallmünz: Obiger Joſeph Streidel.

loysniz und Samſpach: Johann Adam Heinl.

Schwaighauſen: Franz Xavier Kaul.

Amtsförſter zu Burglengenfeld: Hr. Joſeph Wenzel Zaſchka.

Eichhofen: Maximilian Thanhaußer.

lupperg: Jacob Rummel.

Pettenhoffen: Joſeph Carl Philipp.

Pielhoffen: Peter Heinl.

Ponnholz: Joſeph Rumel.

Unterförſter zu Berathshaußen: Johann Peter Hopf.

Kallmünz: Johann Michael Hopf.

Rittenorf: Georg Scherrer.

Ottenfeld: Georg Royer.

Regenſtauf: Ignaz Hagn.

Schweighauſen: Georg lippert.

Wirlshofen: Joſeph Scheidl.

Zeugknecht zu Burglengenfeld: Obiger Joſeph Zaſchka.

Forſt = und Jagdbott: Georg Gräf.

Forſtmeiſteramt Heydeck, Hilpoltſtein und Allersberg.

Forſtmeiſter: Hr. Franz Carl Edler von Straſſern.

Nachfolger: eines deſſen Kinder.

Oberförſter zu Allersberg: Hr. Joſeph Ant. Baldauf.

Nachfolger: Joh. Georg Ertner.

Heydeck: obiger Hr. Carl von Straſſern.

Oberförſter zu Hilpoltſtein: Hr. Peter Eglii.

Unterförſter zu Heydeck: Mathias Schmutterer.

Forſtmeiſteramt Höchſtätt.

Oberforſtmeiſter: Sr. Excell. Hr. Mathias Reichsgraf von Vieregg.

Nach‒

Nachfolger: Sr. Excell. Hr. Philipp Reichsgraf
von Vieregg.
Forſtmeiſteramtsadminiſtrator: Hr. Joſeph Inbert.
Förſter zu Bernheim: Hr. Anton Halgel.

Erlingshofen:	Franz Xavier Nittbauer.
Kicklingen:	Joſeph Halgel.
Oberliezheim:	Euſtach. Stuhlmiller.
Petersworth:	Anton Winckler.
Wolferſtätten:	Franz Xavier Gunzner.

Forſtmeiſteramt Painten.

Forſtmeiſter: Hr. Anton von Fabris.
Beygeordneter: Hr. Franz von Fabris.
Oberförſter: Hr. Anton Streidel.
Unterförſter: Martin Faigel.
Nachfolger: Aloys Faigel.
Forſtknecht: Anton Rummel.
Amtsförſter zu Langenkreit: Hr. Johann Amberger.

Parsberg.

Forſtmeiſter: Hr. Carl Edler von Gobin.
Revierjäger: Stephan Pezolt.
Unterförſter: Hieronimus Göz.

12) Jülich- und Bergiſches Oberforſt- und Jagdamt.

Präſidium.

Sr. Excellenz Hr. Carl Freyherr von Hompeſch.
Hr. Franz Freyherr von Berghe.

Herren Räthe.

Johann Engelbert Fuchſius.
Franz Freyherr von Collenbach.
Johann Wilhelm Windſcheid.
Johann Gottfried Francken.
Johann Wilhelm Jäger.

Sekretär und Regiſtrator.

Hr. Fridrich Breitenſtein.

Expe-

Expeditor und Kanzeliſt.

Hr. Franz Joſeph Feigel.

Kanzleydiener: Adam Reinhard.

Jülichiſche Jägerey.

Jülichiſcher Oberſtjägermeiſter und Generalbuſchin-
ſpektor: Sr. Excell. Hr. Franz Carl Freyherr von
Hompeſch.

Adminiſtrator und Oberforſtmeiſter zu Monjoye: Hr.
Erneſt Freyherr von Hompeſch zu Rurich).

Jagdamtskommiſſarien: Hr. Engelbert Fuchſius.
Johann Wilhelm Jäger.

Jagdamtsſekretär: Hr. Bernard Fromarts.

Forſtmeiſter zu Monjoye: Hr. Franz Ferd. Keſſelkaul.

Oberjäger zu Hambach: Hr. Gottfried Krapp.

Forſtſchreiber zu Hambach: Hr. Gottfried Vaaſen.

Amtsjäger zu Gieſſendorf: Hr. Wilhelm Wirz.

Gohr: Schmiß.

Beygeordneter: Heinrich Schmiß.

Jülich: Sebaſtian Rebinger.

auf der Kappen: Werner Holz.

Monnheim: Johann Möller.

Merſenich: Wilhelm Schlömmer.

Monjoye: Peter und Joſ. Jörris.

Stetterich: Franz Aßmann.

Beygeordneter: Georg Aßmann.

auf dem Hohenwald: Joſeph Schmiß.

Förſter des Aperbuſches: Hr. Franz From.

Beſuchknechte zu Mörſch: Werner Schracher.

auf der Kappen: Werner Holz.

13) Bergiſches Oberſtjägermeiſteramt.

Oberjägermeiſter und Generalbuſchinſpector.

Hr. Franz Freyherr von Berghe, genannt Trips.

Hr. Ignatz Freyherr von Berghe, genannt Trips.

Jagdamtskommiſſarien.

Hr. Johann Engelbert Fuchſius.

Johann Wilhelm Jeger.

Buſchkommiſſär zu Angermünd: Hr. Carl Obrien.

Jagdamtsſekretär: Obiger Hr. Carl Obrien.

Nachfolger: Hr. Franz Obrien.

Forſtverwalter: Hr. Franz Fromm.

Nachfolger: deſſen Söhne.

Hofjägerey.

Oberjäger zu Bensberg: Hr. Sebaſtian Kettner.

Nachfolger: deſſen Söhne.

Jagdzeugmeiſter: Obiger Hr. Franz Fromm.

Nachfolger: deſſen Söhne.

Jagdzeugwärter: Joſeph Gunttermann.

Chriſtoph Schutz.

Beſuchknechte: Georg Fridrich Pezer.

Carl Nachtigall.

Hofjäger: Wilhelm Hammelrath.

Johann Rummershauſen.

Adolph Krapp.

Fridrich Alf, zugleich Forſtgeometer.

Jacob Zeitz.

Hundskoch: Ludwig Schorn.

Landjägerey.

Amtsjäger zu Angermünd: Hr. Ludwig Ruhroth.

Beyenburg: Johann Jacob Fuhr.

Blanckenberg: Gerard Hammelrath, auf dem Lohmarer Wald.

Johann Hammelrath, Wildför-ster allda.

Benrath: Johann Heinrich Strohmayer.

Beygeordneter: deſſen Sohn.

Bornefeld: Johann Georg Grün.

Düſſeldorf: Jacob Heinemann.

Eller: Heinrich Strohmayer.

Amts-

Amtsjäger zu **Elverfeld**:　Johann Schlömmer.
　Hückeswagen: Obiger Georg Grün.
　　Wild= und Waldförſter: Johann
　　　Fiſcher zu Burg.
Lulsdorf:　　Johann Herzberger.
Landsberg:　Franz Fromm, zugleich
　　　Förſter des Angerwaldes.
　　Nachfolger: deſſen Söhne.
Löwenberg:　Conrad Hammelrath, des
　　　obern Theils, auch Wald=
　　　=förſter allda.
　　　Johann Becker, des un=
　　　tern Theils.
　　Beygeord. Johann Jacob Becker.
Mettmann:　Wildförſter Klein.
　　　Joh. Adolph Kurtenkeuler.
　　　Waldförſter: Johann Volberg.
Miſelohe:　Joſeph Fromm.
Monnheim:　Rudolph Kettner.
Porß:　　Johann Peter Käsmann,
　　　auch Waldförſter.
　　Wildförſter: Wilhelm Hammelrath.
　　　Peter Hammelrath.
　　　Gottfried Krinn.
Sohlingen:　Johann Peter Ruroth.
Windeck:　Oberförſter: Joſ. Clauth.
　　　Unterförſter: Rur.
　　　　Sollbach.
　　Johann Hollſtein.
　　Johann Solbach.

34. Preiſe von Holzſaamen, welche bey dem Hofjäger Streubel in Glaſten ohnweit Grimma in Sachſen zu haben ſind.

1 Pfund lerchenbaumſaamen	1 Rthlr.	16	Ggr.
1 — rothblühende Ahorn	1 —	16	—
1 — Kieſer ohne Flügel	— —	11	—
1 — Fichten ohne Flügel	— —	5	—
1 — Tannen ohne Flügel	— —	5	—
1 — italiäniſche Linde	— —	16	—
1 — Maßerlen	— —	8	—
1 — Erlen	— —	5	—
1 — Eſchen	— —	4	—
1 — Ahorn	— —	3	—
1 — Weißbuchen	— —	3	—
1 — Birken	— —	3	—

Obige Holzſaamen ſind ſowohl einzeln, als in gan-zen Quantitäten zu haben. Briefe und Gelder erbittet man ſich aber poſtfrey.

Nachricht für den Buchbinder.

Aus Verſehen des Correctors iſt der Bogen B ſtatt mit den Seitenzahlen 17 bis 32. mit 33 bis 48. und der Bogen C ſtatt mit den Seitenzahlen 33 bis 48. mit 49 bis 64. bezeichnet wor-den, woran ſich aber der Buchbinder nicht zu ſtoſen hat.

Die beyliegende Kupfertafel wird zu Seite 275 gebunden.

www.ingramcontent.com/pod-product-compliance
Lightning Source LLC
Chambersburg PA
CBHW021503210326
41599CB00012B/1115